Android程序员面试笔试宝典

猿媛之家　组编

黄建红　楚　秦　等编著

机械工业出版社

本书覆盖了 Android 开发中的各个主要方面，所给出的试题均取材于各大 IT 公司的 Android 面试真题。全书分为 Java 部分与 Android 部分。因为 Android 开发是用 Java 语言来编写的，所以这里所讲的 Java 知识都是基础方面，而且跟 Android 开发有关的其他基础知识都会在 Java 部分进行讲解。而 Android 部分，则从面试中经常考的知识点入手，对 Android 进行全面的学习，对常见面试真题进行分析与讲解，培养读者解决面试题思路的同时，也能系统学习到 Android 开发。

本书内容丰富，讲解思路清晰且详细，涵盖的知识点非常多，不但是一本用来解决程序员面试的 Android 实用工具书，也是一本适合任何 Android 开发者学习的好书。

图书在版编目（CIP）数据

Android 程序员面试笔试宝典 / 猿媛之家组编；黄建红等编著．—北京：机械工业出版社，2021.2

ISBN 978-7-111-67526-6

Ⅰ. ①A… Ⅱ. ①猿… ②黄… Ⅲ. ①移动终端-应用程序-程序设计 Ⅳ. ①TN929.53

中国版本图书馆 CIP 数据核字（2021）第 028747 号

机械工业出版社（北京市百万庄大街 22 号 邮政编码 100037）

策划编辑：尚 晨 责任编辑：尚 晨

责任校对：张艳霞 责任印制：张 博

北京玥实印刷有限公司印刷

2021 年 3 月第 1 版・第 1 次印刷

184mm×260mm・18.25 印张・452 千字

0001－2000 册

标准书号：ISBN 978-7-111-67526-6

定价：99.00 元

电话服务

客服电话：010-88361066

010-88379833

010-68326294

封底无防伪标均为盗版

网络服务

机 工 官 网：www.cmpbook.com

机 工 官 博：weibo.com/cmp1952

金 书 网：www.golden-book.com

机工教育服务网：www.cmpedu.com

前　　言

不知不觉已经过了半年，而在这半年里我跟另一位伙伴顺利完成了这本关于 Android（安卓）面试方面的技术书。虽然编写过程辛苦，但一想到可以把自己一直以来总结的知识与经验分享给大家，就有种莫名的兴奋感，这也是我们撰写本书的初衷，希望能对正在学习安卓的或者决定要学习安卓开发的朋友有所帮助，哪怕是只有一点，只要能帮助到各位，这样也足矣。

回想大学毕业时，还没确定好自己该往哪个方向去走向编程这个 1/0 世界，因为马上又是求职季，感觉自己 Java 基础还行，所以从此就选择安卓开发这条路了。直到现在，自己虽然早已不是当初那个懵懂的菜鸟，但在安卓开发上，也一直碰到很多问题。庆幸的是，我都坚持下来，一直系统地学习安卓知识，锻炼自己的编程能力，不断积累自身的项目经验。

所以我始终认为，要学习好安卓，或者是其他编程语言，都要坚持。再一个就是要选对方法，怎样在学习的过程中避坑，而不是一股脑地坚持就行了。我开始学习安卓的那段时期经常会不明所以然，后来自己不断去看相关书籍和网上的大神写的技术文章，这才知道是因为自己关于安卓的知识面太窄了，限制了我的思维。可是就算知道自己知识面窄又能怎样，毕竟一个人的知识体系并不能一下子就丰富起来。所以这时我想到了可以先收集安卓开发中各种知识点的简介，因为通常这些简介都涵盖了对各种知识点的作用的描述，然后我再把它们制作成思维导图，这样虽然不能短时间把所有知识都琢磨透，但起码让我知道它们是干什么的，有什么用，这样我脑海中就形成了一个框架，能把开发中的知识点串联起来，就不会再有那种迷惘感，学习起来也更加高效了。先宏观了解大概，让自己有个知识框架，然后过关斩将，循序渐进地攻克每一个知识点。

最后，既然是从事开发工作，那就一定要实践，编程能力才是你的核心竞争力，努力写好你的代码。

本书内容

本书涵盖了 Java 基础、Android 四大组件（Activity、Service、ContentProvider 和 BroadcastReceiver）、布局、自定义 View、动画框架、常用的第三方框架（Rxjava、Retrofit、OkHttp 和 Glide 等）、消息异步机制、事件分发机制、MVC/MVP/MVVM 和跨进程通信等知识点的讲解，这些知识点不仅在面试的时候经常考察，在实际开发中也是经常要用到的。所以本书将着重详细讲解它们，让大家能切实理解，务必让看本书的读者能培养自己思考问题的思路。毕竟随着技术的发展与进步，安卓开发所涉及的东西也会越来越多，这样公司对面试者的要求也会越来越高，考核的面试题的内容和难度也会随之变多与加深。但是，万变不离其宗，只要掌握了每个知识点以及它的解题思路，那么不仅能用于面试，在开发上也会水到渠成。而本书正是基于这样的目的来讲解有关安卓开发中的知识以及面试题。

致谢

直到现在，我还不敢相信自己能完成本书的撰写。这半年的时间，要感谢的人太多，没有他们，我恐怕是完成不了本书的。

首先，我要在这里感谢《Java 程序员面试笔试宝典》的作者何昊先生与薛鹏先生。当初，我还是一名默默无闻的安卓码农，在微信公众号上偶尔发表一些自己总结的技术文章。何昊先生在看了我公众号上的文章后，邀我写一本关于安卓面试方面的书，而我也最终在他的鼓励下踏上了写书的道路。薛鹏先生也在我编写本书的过程中给予了很大的帮助。还有，机械工业出版社计算机分社时静副社长与尚晨编辑，感谢你们为本书给出的建议与帮助。

其次，我要感谢我的父母，因为没有你们背后的支持与理解，我是完成不了本书的编写。

最后

尽管我们已经尽力去编写了，但毕竟精力有限，可能也会在某些知识的讲解过程中出现纰漏与错误，恳请读者批评指正，也希望大家能将发现的问题向我反馈，不胜感激。除此之外，也欢迎大家与我联系，交流安卓或者编程相关的问题。

编　者

目　　录

第1章　四大组件

四大组件是 Android 面试过程中问得最多的知识点，在实际开发中也是无处不在的，因此是必须要掌握的重点知识点之一。Android 的四大组件分别是活动（Activity）、服务（Service）、广播接收器（Broadcast）和内容提供者（ContentProvider）。

活动：活动即点击一个 App 进去后用户能够看到的界面的组件并且用户可以通过触碰点击页面的各种按钮组件来与活动进行交互。

服务：服务在后台中一直运行，甚至当应用退出后也能继续运行。

广播接收器：可以接收系统和其他应用发送过来的广播消息；同样地，它也能向系统和其他应用发送广播消息。

内容提供者：应用之间进行数据交互的桥梁，为数据提供了供外部访问的各种接口。

接下来本章将会重点介绍它们。

1.1 活动

尽管在面试过程中对活动（Activity）的问法各式各样，但还是离不开 3 个方面：生命周期、启动模式和碎片（Fragment）。

1.1.1　生命周期

Activity 的生命周期是必须要掌握的知识点，如图 1.1 所示。

1）每个方法代表一个阶段，当点击手机系统桌面中的某个应用时，Activity 启动，生命周期从开始一直到结束，会依次执行 onCreate()、onStart()、onResume()、onPause()、onStop()、onDestroy()和 onRestart()这些方法；

2）onCreate()，Activity 第一次被创建的时候调用，通常在该方法里进行一些初始化操作，例如加载布局、组件和绑定事件等；

3）onStart()，当 Activity 创建完后，此时由不可见状态变成可见状态，调用 onStart()；

4）onResume()，处于运行状态（Activity 位于工作栈栈顶）时调用，用户可进行触碰点击页面上的各种按钮，从而与活动进行交互；

5）onPause()，当前 Activity 去启动其他活动时会调用，例如 Activity 在运行中，用户点击某个按钮触发了一个对话框的活动弹出，此时 Activity 处于暂停状态，触发 onPause()，但 Activity 并不是完全不可见的；

6）onStop()，Activity 处于完全不可见状态就调用，注意跟 onPause()的区别；

7）onDestroy()，Activity 销毁前调用，调用之后 Activity 就会被销毁；

8）onRestart()，当 Activity 重新被启动时调用，由停止状态变为可见状态，然后继续运行。

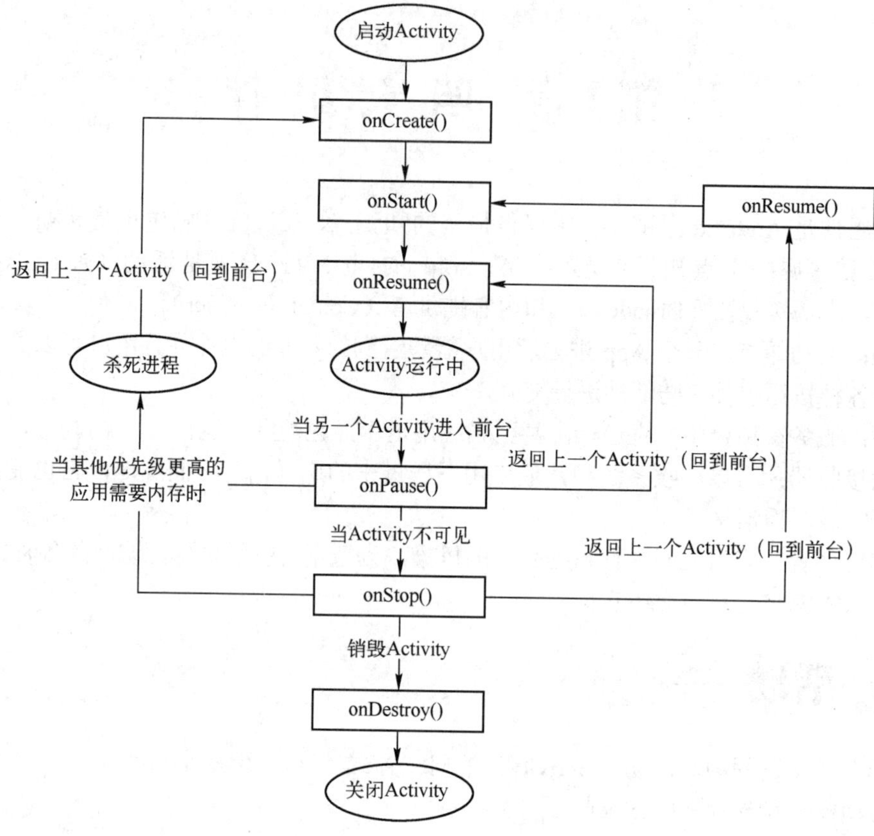

图 1.1　Activity 生命周期

1.1.2　启动模式

启动模式的意思就是一个 Activity 是以怎样的一种启动方式来跳转到当前页。设置启动模式的方法也有两种。第一种用得比较多：在配置文件 AndroidManifest.xml 里用 android:launchMode 来指定，有四种模式可指定，分别是 standard、singleTop、singleTask 和 singleInstance。这四种模式将在本节中逐一详细讲解；第二种设置方式则是通过在 Intent 中设置标记位来指定启动模式。

在讲解启动模式之前，还需要知道“任务栈”的概念。什么是任务栈？任务栈，即 Task，它是一种用来保存和管理 Activity 的数据结构，也是所有 Activity 的集合。它遵循“后进先出”规则，假如当前页是 ActivityA，点击按钮启动 ActivityB，此时 ActivityB 就入栈，处于栈顶位置，而 ActivityA 则位于 ActivityB 之下，所以当前页就跳转为 ActivityB 了。这就是正常的启动模式，而往往实际开发中有时并不会只想要正常的启动模式，这时就需要用到上文提到的两种方式来指定其他启动模式了，尤其是第一种方式的四种模式是最常用的。

（1）standard

标准模式，如果不指定 android:launchMode，默认就是 standard 模式。它就是常说的正常情况下的模式，每次启动一个活动时，就会创建一个实例，然后被启动的活动入栈，并处于栈顶的位置。

下面通过代码来实现 standard 模式，在 MainActivity 的 onCreate()方法里用 Intent 来实现跳转，而这里决定让 MainActivity 要跳转的活动是自己，因为这样能更好地看出在 standard 模式下活动是怎样启动的：

```
protected void onCreate(Bundle savedInstanceState) {
    super.onCreate(savedInstanceState);
    setContentView(R.layout.activity_main);
    //打印类信息，确定是否创建新的实例
    Log.d(TAG, "onCreate: " + getClass().getSimpleName() + this.toString());
    Button button1 = findViewById(R.id.button1);
    button1.setOnClickListener(new View.OnClickListener() {
        @Override
        public void onClick(View view) {
            Intent intent = new Intent(MainActivity.this,
                MainActivity.class);
            startActivity(intent);
        }
    });
}
```

然后连续点击按钮 3 次，打印结果如下：

```
onCreate: MainActivitycom.example.pingred.launchmodetest.MainActivity@3492d55
onCreate: MainActivitycom.example.pingred.launchmodetest.MainActivity@923983b
onCreate: MainActivitycom.example.pingred.launchmodetest.MainActivity@a99d01b
```

从运行结果可以看出，MainActivity 的确是被创建了 3 个实例，每启动一次，就创建一个新实例。

（2）singleTop

在该模式下启动 Activity，系统会先检查任务栈栈顶是否有该 Activity 实例，如果有则直接使用它，调用 onNewIntent()方法；如果没有则创建新的实例并且入栈到栈顶。设置该模式的方法就是在 AndroidManifest.xml 文件里用 android:launchMode 来指定：

```
<activity android:name=".MainActivity"
android:launchMode="singleTop">
<intent-filter>
        <action android:name="android.intent.action.MAIN" />
        <category android:name="android.intent.category.LAUNCHER" />
    </intent-filter>
</activity>
```

MainActivity.java 里的代码不变，运行程序，然后再次连续点击 3 次跳转按钮，打印结果如下：

```
onCreate: MainActivitycom.example.pingred.launchmodetest.MainActivity@3b6395
```

从运行结果可以看出，不管按多少点跳转按钮，MainActivity 只有一个实例，因为它在栈顶位置了，只需直接使用它就可以，不需要创建新的实例。

（3）singleTask

经过上文讲解，可以知道 singleTop 是栈顶复用活动实例：活动 A 设置了 singleTop 模式，当活动 A 启动活动 B，然后活动 B 再启动回活动 A 时，因为此时处于栈顶位置的是活动 B 而不是活动 A，所以还是会创建新的活动 A 实例，这是 singleTop 模式的效果。但是如果实际开发中有需求是要求整个应用就只存在活动 A 一个实例，不管怎么启动，都只使用这一个实例，那又该如何实现呢？所以此时就需要设置 singleTask 模式了：

```
<activity android:name=".MainActivity"
android:launchMode="singleTask">
<intent-filter>
        <action android:name="android.intent.action.MAIN" />
        <category android:name="android.intent.category.LAUNCHER" />
    </intent-filter>
</activity>
```

然后创建另一个活动类 BActivity，用它来启动 MainActivity：

```
protected void onCreate(@Nullable Bundle savedInstanceState) {
    super.onCreate(savedInstanceState);
    setContentView(R.layout.activity_b);
    //打印类信息，确定是否创建新的实例
    Log.d(TAG, "onCreate: " + getClass().getSimpleName() + this.toString());
    Button button2 = findViewById(R.id.button2);
    button2.setOnClickListener(new View.OnClickListener() {
        @Override
        public void onClick(View view) {
            Intent intent = new Intent(BActivity.this, MainActivity.class);
            startActivity(intent);
        }
    });
}
```

最后 MainActivity 改为启动 BActivity：

```
Intent intent = new Intent(MainActivity.this, BActivity.class);
startActivity(intent);
```

运行程序后，先点击 MainActivity 的按钮启动 BActivity，然后再点击 BActivity 的按钮启动 MainActivity，打印的结果如下：

```
MainActivity: onCreate: MainActivitycom.example.pingred.rxjavatest.MainActivity@3b6395
BActivity: onCreate: BActivitycom.example.pingred.rxjavatest.BActivity@6b6636a
```

从运行结果可以看出，当在 BActivity 里点击按钮启动了 MainActivity 后，并没有创建新的 MainActivity 实例，这就是 singleTask 模式的作用了。

这里要再介绍一个知识点就是 taskAffinity 属性。该属性跟 singleTask 是密切相关的，因为其实该模式下启动活动时，最先开始还有一个任务栈匹配的过程，就是会先根据需要的任务栈里找活动实例，而这个需要的任务栈就是通过 taskAffinity 属性来指定的。当然也可以不指定，这样就默认为 taskAffinity 值为包名。

所以，最后来总结一下 singleTask 模式：如果是在同一个应用中（taskAffinity 值一样）启动 Activity 时，系统先检测任务栈中是否存在该 Activity，如果存在则直接使用该活动实例，让它置于栈顶，而它之上的其他活动纷纷出栈。如果不存在该实例，则创建该活动新的实例，置于栈顶。如果不是在同一应用中（taskAffinity 值不一样），而是其他应用中来启动该模式下的 Activity 时，那么系统会创建一个新的任务栈，创建该活动新的一个实例，将它置于该新建任务栈栈顶。

（4）singleInstance

在该模式下启动 Activity 时，系统会先创建一个新的任务栈来专门存储与管理该 Activity，而且该 Activity 具有全局唯一性，也就是该任务栈中只有这个 Activity 实例，任何应用只要启动该 Activity，用的都是这一个实例。下面用代码实现该模式下的效果，先把 MainActivity 设置为 singleInstance 模式：

```
<activity android:name=".MainActivity"
android:launchMode="singleInstance">
<intent-filter>
        <action android:name="android.intent.action.MAIN" />
        <category android:name="android.intent.category.LAUNCHER" />
    </intent-filter>
</activity>
```

然后把 MainActivity 的任务栈 id 打印出来：

```
protected void onCreate(Bundle savedInstanceState) {
        super.onCreate(savedInstanceState);
        setContentView(R.layout.activity_main);
        //打印类信息和其任务栈 id，确定是否创建新的实例
        Log.d(TAG, "onCreate: " + getClass().getSimpleName() + "任务栈 id 为：" + getTaskId());
        Button button1 = findViewById(R.id.button1);
        button1.setOnClickListener(new View.OnClickListener() {
            @Override
            public void onClick(View view) {
                Intent intent = new Intent(MainActivity.this, BActivity.class);
                startActivity(intent);
            }
        });
    }
```

接着也把 BActivity 的任务栈 id 打印出来，最后运行程序，在 MainActivity 页面里点击按钮跳转启动 BActivity，然后在 BActivity 页面里点击按钮跳转启动 MainActivity，打印的结果如下：

```
07-25 18:57:08.274 5977-5977/com.example.pingred.launchmodetest D/MainActivity: onCreate: MainActivity 任务栈 id 为：9
07-25 18:57:14.151 5977-5977/com.example.pingred.launchmodetest D/BActivity: onCreate: BActivity 任务栈 id 为：10
```

从运行结果可以看出，两个活动各自所处的任务栈是不一样的，而且最后 MainActivity 也只有一个实例，这就是 singleInstance 模式的作用了。

1.1.3　碎片

碎片（Fragment）其实是 Activity 的缩小版，它与 Activity 类似，可以显示各种组件与布局的页面，使用起来灵活性高，也便于复用。

Fragment 的生命周期也跟 Activity 的生命周期类似，如图 1.2 所示。

1）Fragment 与 Activity 关联时，onAttach()执行，Fragment 的生命周期开始；

2）Fragment 加载布局时，onCreateView()执行；

3）与 Fragment 相关联的 Activity 创建完时，onActivityCreated()执行；

4）与 Fragment 关联的布局被移除时，onDestroyView()执行；

5）Fragment 与 Activity 解除关联时，onDetach()执行；

6）其他方法跟活动的生命周期方法一样，这里就不做解释了。

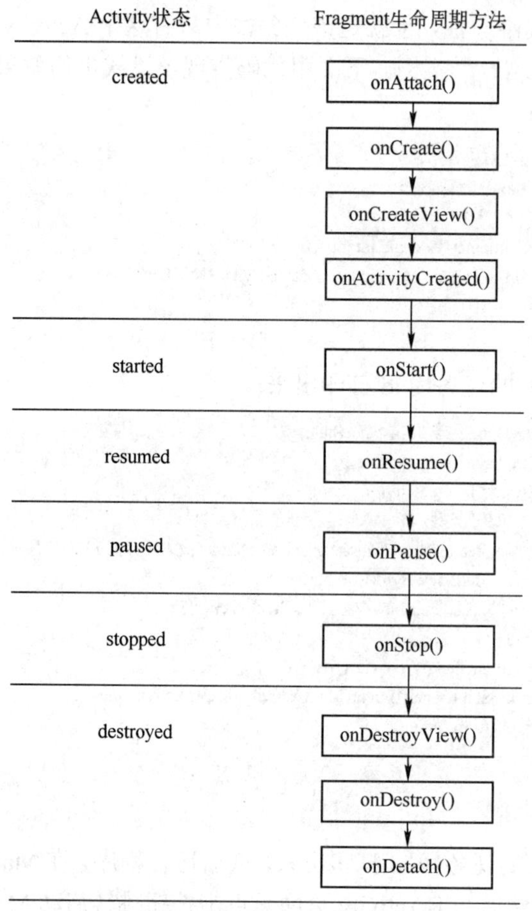

图 1.2　Fragment 生命周期

1.1.4　常见面试笔试真题

1）请描述一下 Activity 生命周期及其各方法。

思路：

遇到此类问生命周期的题第一时间是要先想到 Activity 的一个完整的生命周期是怎样的，然后再具体到每个阶段的方法又是怎样的。

解答：

一个 Activity 的完整生命周期是：

onCreate()→onStart()→onResume()→onPause()→onStop()→onDestroy()。

- onCreate(): Activity 第一次被创建的时候调用，通常在该方法里进行一些初始化操作，例如加载布局、组件和绑定事件等；
- onStart(): 当 Activity 创建完后，此时由不可见状态变成可见状态，调用 onStart();
- onResume(): 处于运行状态（Activity 位于工作栈栈顶）时调用，用户可进行触碰点击页面上的各种按钮，从而与活动进行交互；
- onPause(): 当前 Activity 去启动其他活动时会调用，例如 Activity 在运行中，用户点击某个按钮触发了一个对话框形式的活动弹出，此时 Activity 处于暂停状态，触发 onPause()，但 Activity 并不是完全不可见的；

- onStop()：Activity 处于完全不可见状态就调用，注意它跟 onPause()的区别；
- onDestroy()：Activity 销毁前调用，调用之后 Activity 就会被销毁。

2）如果一个 Activity 正在运行，这时从前台切换到后台，然后再回到前台，这一整个过程 Activity 的生命周期是怎样的？

思路：

这类题就是典型的结合例子来考查面试者对 Activity 生命周期每个方法的熟悉度了。其实不管例子怎么变，只需把题中的几个关键词给找出来，然后与 Activity 生命周期各个方法联系起来即可。很明显，该题中几个关键词分别是："正在运行""前台切换到后台"和"再回到前台"，相信看到这个几个关键词应该能有一个解题思路了吧。

解答：

该 Activity 从被创建到正在运行，依次调用了 onCreate()、onStart()和 onResume()；然后 Activity 从前台切换到后台中，该 Activity 这时调用 onPause()，然后等完全切换到了后台画面后，Activity 调用 onStop()；这时再把 Activity 切换回前台中去，Activity 此时依次调用 onRestart()、onStart()和 onResume()方法。以上就是该题中 Activity 的生命周期全过程了。

3）Activity 在横竖屏切换的时候生命周期是怎样的？

思路：

像这样的题显然靠理论知识是很难推测出来的，所以面试官也是想考察求职者的实践代码能力是否够强。那么就用代码厘清此题的思路。

这里新建一个活动类 BActivity，如下所示：

```
public class BActivity extends AppCompatActivity {
    private static final String TAG = "BActivity";

    @Override
    protected void onCreate(@Nullable Bundle savedInstanceState) {
        super.onCreate(savedInstanceState);
        setContentView(R.layout.activity_b);
        Log.d(TAG, "onCreate: ");
    }

    @Override
    protected void onStart() {
        super.onStart();
        Log.d(TAG, "onStart: ");
    }

    @Override
    protected void onResume() {
        super.onResume();
        Log.d(TAG, "onResume: ");
    }

    @Override
    protected void onPause() {
        super.onPause();
```

```
            Log.d(TAG, "onPause: ");
        }

        @Override
        protected void onStop() {
            super.onStop();
            Log.d(TAG, "onStop: ");
        }

        @Override
        protected void onDestroy() {
            super.onDestroy();
            Log.d(TAG, "onDestroy: ");
        }

        @Override
        public void onConfigurationChanged(Configuration newConfig) {
            super.onConfigurationChanged(newConfig);
            Log.d(TAG, "onConfigurationChanged: ");
        }
    }
```

然后运行，打印它的生命周期方法：

```
07-26 14:23:52.062 7309-7309/com.example.pingred.javatest D/BActivity: onCreate:
07-26 14:23:52.067 7309-7309/com.example.pingred.javatest D/BActivity: onStart:
07-26 14:23:52.073 7309-7309/com.example.pingred.javatest D/BActivity: onResume:
```

然后切换横屏：

```
07-26 14:24:00.206 7309-7309/com.example.pingred.javatest D/BActivity: onPause:
07-26 14:24:00.208 7309-7309/com.example.pingred.javatest D/BActivity: onStop:
07-26 14:24:00.254 7309-7309/com.example.pingred.javatest D/BActivity: onCreate:
07-26 14:24:00.258 7309-7309/com.example.pingred.javatest D/BActivity: onStart:
07-26 14:24:00.259 7309-7309/com.example.pingred.javatest D/BActivity: onResume:
```

现在再切回竖屏：

```
07-26 14:24:29.698 7309-7309/com.example.pingred.javatest D/BActivity: onPause:
07-26 14:24:29.701 7309-7309/com.example.pingred.javatest D/BActivity: onStop:
07-26 14:24:29.736 7309-7309/com.example.pingred.javatest D/BActivity: onCreate:
07-26 14:24:29.741 7309-7309/com.example.pingred.javatest D/BActivity: onStart:
07-26 14:24:29.743 7309-7309/com.example.pingred.javatest D/BActivity: onResume:
```

现在在配置文件 AndroidManifest.xml 中为 BActivity 添加：android:configChanges="orientation"，然后运行后，切换到横屏：

```
07-26 14:50:07.719 7311-7311/com.example.pingred.javatest D/BActivity: onCreate:
07-26 14:50:07.723 7311-7311/com.example.pingred.javatest D/BActivity: onStart:
07-26 14:50:07.724 7311-7311/com.example.pingred.javatest D/BActivity: onResume:
07-26 15:18:43.721 7312-7312/com.example.pingred.javatest D/BActivity: onConfigurationChanged:
```

此时再切回竖屏：

```
07-26 14:50:07.719 7311-7311/com.example.pingred.javatest D/BActivity: onCreate:
07-26 14:50:07.723 7311-7311/com.example.pingred.javatest D/BActivity: onStart:
07-26 14:50:07.724 7311-7311/com.example.pingred.javatest D/BActivity: onResume:
07-26 15:18:43.721 7312-7312/com.example.pingred.javatest D/BActivity: onConfigurationChanged:
```

```
07-26 15:18:54.424 7312-7312/com.example.pingred.javatest D/BActivity: onConfigurationChanged:
```

之后又在 AndroidManifest.xml 上为 BActivity 添加：android:configChanges="orientation|screenSize"，然后重复上面的步骤，打印的结果如下：

```
07-26 14:50:07.719 7311-7311/com.example.pingred.javatest D/BActivity: onCreate:
07-26 14:50:07.723 7311-7311/com.example.pingred.javatest D/BActivity: onStart:
07-26 14:50:07.724 7311-7311/com.example.pingred.javatest D/BActivity: onResume:
07-26 15:18:43.721 7312-7312/com.example.pingred.javatest D/BActivity: onConfigurationChanged:
07-26 15:18:54.424 7312-7312/com.example.pingred.javatest D/BActivity: onConfigurationChanged:
```

解答：

看到上面的分析与打印出来的结果，可以得出如下结论。

① 当不设置 configChanges 属性时，Activity 在切换横竖屏的时候，会执行各个生命周期的方法，横屏执行一轮，竖屏也执行一轮；

② 当为 Activity 设置 android:configChanges="orientation"后，再进行横竖屏切换的时候，Activity 不再执行生命周期其他方法，横竖屏各执行一次 onConfigurationChanged()方法；

③ 当为 Activity 设置 android:configChanges="orientation|screenSize"后，跟设置"orientation"的效果一样。

另外，configChanges 属性的其他值的作用如下：

- orientation：屏幕在纵向和横向间旋转；
- screenSize：屏幕大小改变了；
- keyboard：键盘类型变更，例如手机从 12 键盘切换到全键盘；
- keyboardHidden：键盘显示或隐藏；
- fontScale：用户变更了首选的字体大小；
- locale：用户选择了不同的语言设定。

4）请描述一下 Activity 的 4 种启动模式以及它们的应用场景。

思路：

既然问到启动模式，就首先应该在脑海中把 4 种模式的原理图给想象出来。

standard 模式的原理如图 1.3 所示。

singleTop 模式的原理如图 1.4 所示。

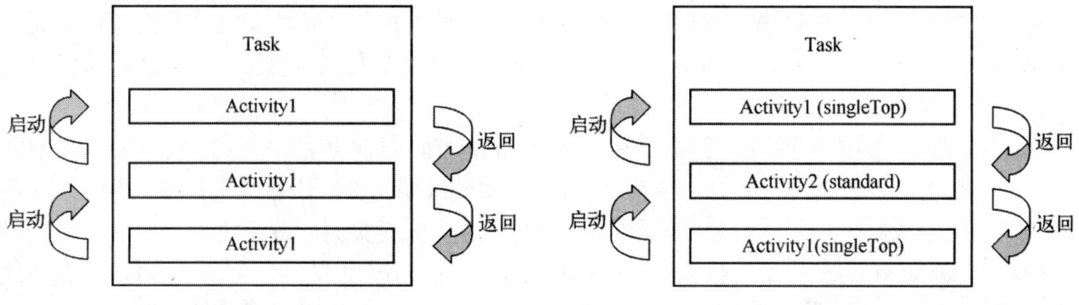

图 1.3　standard 模式　　图 1.4　singleTop 模式

singleTask 模式的原理如图 1.5 所示。

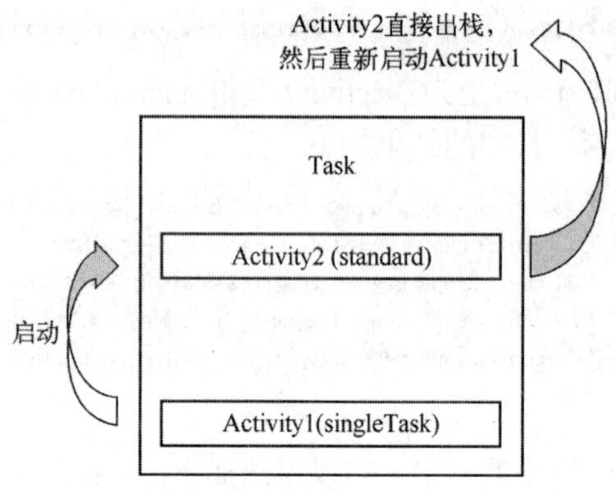

图 1.5　singleTask 模式

singleInstance 模式的原理如图 1.6 所示。

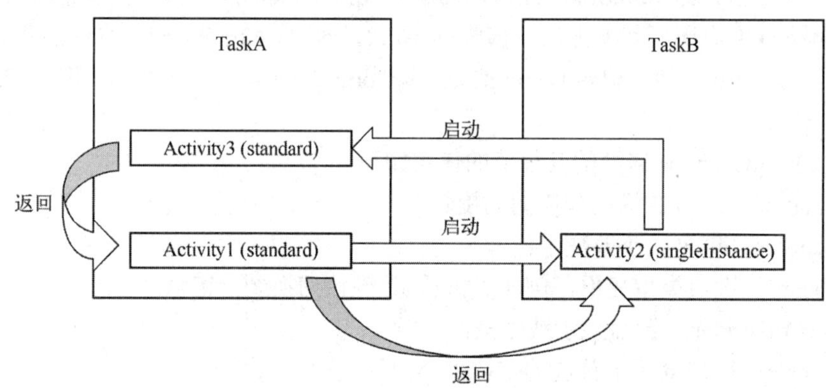

图 1.6　singleInstance 模式

只要能把它们对应的概念图给想出来，那就能把这 4 种模式交代清楚了。

解答：

standard：标准模式，Activity 默认就是 standard 模式。它也是常说的在正常情况下的模式，每次启动一个活动时，就会创建一个实例，然后被启动的活动入栈，并处于栈顶的位置。

singleTop：该模式下启动 Activity，系统会先检查任务栈栈顶是否有该 Activity 实例，如果有则直接使用它，如果没有则创建新的实例并且入栈到栈顶。一般会将具有推送信息展示的 Activity 指定为 singleTop，因为往往实际中可能会有很多条推送发送与展示，不可能每发一条推送，其 Activity 就创建一个新例。

singleTask：如果是在同一个应用中（taskAffinity 值一样）启动 Activity 时，系统先检测任务栈中是否存在该 Activity，如果存在则直接使用该活动实例，让它置于栈顶，而它之上的其他活动纷纷出栈。如果不存在该实例，则创建该活动新的实例，置于栈顶。如果不是在同一应用中（taskAffinity 值不一样），而是其他应用中来启动该模式下的 Activity 时，那么系统会创建一个新的任务栈，然后创建该活动新的一个实例，将它置于该新建任务栈栈顶。一般实际开发中会将具有程序入口等启动页面的 Activity 指定为 singleTask，这样就可避免在启动页退出的时候因存在多个实例而重复点击几次才能退出的问题。而指定 taskAffinity 是在 AndroidManifest.xml 文件里的 activity 标签里指定：

```
<activity android:name=".MainActivity"
android:taskAffinity="com.example.launch"
      android:launchMode="singleTask" />
```

不指定 android:taskAffinity 属性，那么它的值默认就是包名。

singleInstance：该模式下启动 Activity 时，系统会先创建一个新的任务栈来专门存储与管理该 Activity。singleInstance 跟 singleTask 类似，唯一的区别就是在 singleInstance 模式下的 Activity 具有全局唯一性，就是一个任务栈只有该 Activity，任何应用如果启动该 Activity 使用的都是这个任务栈中的这个实例。该模式的应用场景多用于与其他应用进行交互的情况，例如：闹铃或者紧急呼叫等。

5）onNewIntent()与 4 种启动模式有着什么样的关系？

思路：

standard：在默认模式下，每次启动 Activity，创建新的实例，但不会调用 onNewIntent()。

singleTop：在该模式下，启动的 Activity 只要在栈顶，就复用该实例，然后就会触发 onNewIntent()，如果任务栈不存在该实例，就会创建新实例，可此时并不会调用 onNewIntent()。

singleTask：在该模式下，启动的 Activity 只要任务栈存在该实例，就复用它，此时触发 onNewIntent()，如果任务栈不存在该实例，就会创建新实例，可此时并不会调用 onNewIntent()。

singleInstance：在该模式下，启动的 Activity 只要任务栈存在该实例（该模式下的活动是单独占用一个任务栈），就复用它，此时 onNewIntent()触发。

上述情况也可以总结为当 Activity 被 restart 或者 Activity 位于栈顶时被再次 start 这两种情况就会调用 onNewIntent()。所以，无论是哪一种模式，只有 Activity 是在同一个实例的情况下，intent 发生了变化，就会调用 onNewIntent()，onNewIntent()的作用是让开发者在里面对旧的 intent 进行保存，对新的 intent 进行相应处理。

解答：

可以用代码来分析，BActivity 设置为 singleTask 模式，然后点击按钮启动 MainActivity，然后跳转到 MainActivity 页面，再点击按钮启动 BActivity，这两个 Activity 的代码跟 1.1.2 小节中的代码类似，只不过再多增加一个方法：

```
...
@Override
protected void onNewIntent(Intent intent) {
      super.onNewIntent(intent);
      Log.d(TAG, "onNewIntent: ");
}
...
```

然后看一看打印它们的生命周期是怎样的，先运行 BActivity 的代码，结果如下：

```
08-04 00:33:50.979 9162-9162/com.example.pingred.test D/BActivity: onCreate:
08-04 00:33:50.983 9162-9162/com.example.pingred.test D/BActivity: onStart:
08-04 00:33:50.985 9162-9162/com.example.pingred.test D/BActivity: onResume:
```

然后跳转到 MainActivity 后：

```
08-04 00:33:57.464 9162-9162/com.example.pingred.test D/BActivity: onPause:
08-04 00:33:57.510 9162-9162/com.example.pingred.test D/MainActivity: onCreate:
08-04 00:33:57.512 9162-9162/com.example.pingred.test D/MainActivity: onStart:
08-04 00:33:57.512 9162-9162/com.example.pingred.test D/MainActivity: onResume:
```

```
08-04 00:33:58.033 9162-9162/com.example.pingred.test D/BActivity: onStop:
```

可以看到此时 BActivity 最后调用的是 onStop()方法。接着继续点击按钮启动 BActivity 后：

```
08-04 00:34:00.413 9162-9162/com.example.pingred.test D/MainActivity: onPause:
08-04 00:34:00.436 9162-9162/com.example.pingred.test D/BActivity: onStart:
08-04 00:34:00.436 9162-9162/com.example.pingred.test D/BActivity: onNewIntent:
08-04 00:34:00.436 9162-9162/com.example.pingred.test D/BActivity: onResume:
08-04 00:34:00.965 9162-9162/com.example.pingred.test D/MainActivity: onStop:
08-04 00:34:00.965 9162-9162/com.example.pingred.test D/MainActivity: onDestroy:
```

当再次启动 BActivity 时 BActivity 就会执行 onNewIntent()方法。另外需要注意的是如果调用了 onNewIntent()方法，那就需要在 onNewIntent()方法中调用 setIntent(intent)给 Activity 设置 Intent 对象，这样做是为了避免在调用 getIntent()获取 Intent 时，得到的是旧的 Intent 值。

其他模式也可以这样去分析，这里就不做讲解了，可自行去实践探索。

6）假如活动 A 启动活动 B，而活动 B 启动活动 C，现在需要在活动 C 的界面点击 back 键退回到活动 A，应该要怎么做？

思路：

看完这题能想到的思路是跟启动模式有关的，所以这时得想起 4 种启动模式的概念图。然后进行分析，哪种启动模式才是能实现该题需求的。

解答：

可以想象一个任务栈，A 启动 B，那就是在该栈中 B 在 A 上，然后 B 启动 C，那此时栈中从高到低就是 C、B、A，然后题目说需要 C 点击 back 键后退到的页面是 A，那这样显然不对，因为现在的这种方式（其实是 singleTask），C 点击回退键，退到的页面是 B，所以再排除默认模式与 singleTop，剩下的只有 singleInstance 单例模式了。因为上文已经说到了，singleInstance 模式下的 Activity 单独占用一个任务栈，具有唯一性，整个系统就是一个实例，当其他程序要启动该活动时，也是复用的是这个实例，所以活动 B 就是设置了 singleInstance，单独占用了一个任务栈，而 A 和 C 则是同一个任务栈的，而此时活动 C 点击回退键后，C 出栈，而在其后的 A 也就处于栈顶，符合题目的情况了。

如果还是觉得有点抽象，可以看着 singleInstance 模式图来自行理解。

7）Activity 启动模式的标记位有哪些？

思路：

标记位的作用就是指定活动的启动模式，它跟之前在配置文件 AndroidManifest.xml 中用属性 android:launchMode 来指定的方式不一样，标记位是通过代码在 Intent 中设置来指定 Activity 的启动模式的：intent.addFlags(Intent.标记位)。

解答：

经常用到的标记位有以下：

- FLAG_ACTIVITY_NEW_TASK：相当于为 Activity 指定“singleTask”启动模式；
- FLAG_ACTIVITY_SINGLE_TOP：相当于为 Activity 指定“singleTop”启动模式；
- FLAG_ACTIVITY_CLEAR_TOP：此模式下的 Activity 启动时，在同一个任务栈中的所有位于它之上的 Activity 都要出栈。该标记位一般和 singleTask 一起出现，此时 Activity 启动，如果实例存在，则直接使用该实例，并触发 onNewIntent()；
- FLAG_ACTIVITY_EXCLUDE_FROM_RECENTS：该 Activity 不会在最近启动的

Activity 的历史列表中保存。

8）如何启动其他应用的 Activity?

思路：

该题也是考查 Activity 的启动模式。

解答：

启动的是其他应用的 Activity，所以就该使用 singleInstance 模式了，因为 singleInstance 模式下的 Activity 是单独占用一个任务栈，具有全局唯一性，这样其他应用也是复用该实例；当然，也可以使用 singleTask 模式，这样就要在配置文件 AndroidManifest.xml 中指定该 Activity 的 taskAffinity 值，让启动方活动与被启动方活动处在不同的任务栈，这样就能达到同样的效果。

9）Activity 的状态是怎样保存与恢复的？

思路：

回答该题时应该从 3 个方面去思考，Activity 的状态是什么？哪些情况是需要去保存与恢复状态？怎样去保存与恢复？

解答：

① Activity 的状态是什么？其实就是数据，当需要对一些临时的数据进行操作，这时因为一些突发原因，没来得及保存，就被清除了，这时就需要对这些状态数据进行保存与恢复；

② 哪些突发状况需要去保存与恢复？设备配置在运行时发生变化，例如屏幕方向、键盘可用性等；

③ 怎样去保存与恢复？在 Activity 生命周期中，Android 会在销毁 Activity 之前调用 onSaveInstanceState()，以便保存有关应用状态的数据。然后，可以在 onCreate()或 onRestoreInstanceState()期间恢复 Activity 状态。

一般在 onPaused()之后 onStop()之前使用 onSaveInstanceState()保存数据：

```
@Override
public void onSaveInstanceState(Bundle outState) {
    super.onSaveInstanceState(outState);
    //保存销毁之前的数据
    outState.putString("data",data);
    Log.d(TAG, "onSaveInstanceState");
}
```

然后在 onStart()之后 onResume()之前使用 onRestoreInstanceState()对数据进行恢复：

```
@Override
protected void onRestoreInstanceState(Bundle savedInstanceState) {
    super.onRestoreInstanceState(savedInstanceState);
    Log.d(TAG, "onRestoreInstanceState");
    //恢复数据
   String data = savedInstanceState.getString("data");
}
```

当然也可以直接在 onCreate()里恢复：

```
//恢复数据
String data = savedInstanceState.getString("data");
```

10）说一说 Activity 与 Fragment 两者生命周期的区别。

思路：

只要把它们的生命周期都描述清楚，然后再说出 Fragment 那几个 Activity 没有的方法即可。

解答：

Fragment 与 Activity 之间的生命周期：

- Fragment：onAttach()；
- Fragment：onCreate()；
- Fragment：onCreateView()；
- Activity：onCreate()；
- Fragment：onActivityCreated()；
- Activity：onStart()；
- Fragment：onStart()；
- Activity：onResume()；
- Fragment：onResume()；
- Fragment：onPause()；
- Activity：onPause()；
- Fragment：onStop()；
- Activity：onStop()；
- Fragment：onDestroyView()；
- Fragment：onDestroy()；
- Fragment：onDetach()；
- Activity：onDestroy()。

相对于 Activity 来说，Fragment 多了几个方法：

- onAttach()：当 Fragment 与 Activity 建立关联时触发；
- onCreateView()：当 Fragment 创建视图（布局）时触发；
- onActivityCreated()：当与 Fragment 相关联的 Activity 已经创建完时触发；
- onDestroyView()：当 Fragment 的视图被移除时触发；
- onDetach()：当 Fragment 和相关联的 Activity 解除关联时触发。

11）如何实现 Fragment 的滑动？

思路：

实现 Fragment 的滑动有很多组合搭配方案，这么多方案，其实原理都是 ViewPager + Fragment 或使用第三方封装好的滑动组件。

解答：

为 ViewPager 定义一个适配器，这个适配器需要继承 PagerAdapter，传一个 List 数据给该适配器，该 List 数据就是存储 Fragment，想滑动多少个 Fragment 都能放进去，最后实现 ViewPager 的 onPageScrolled()、onPageSelected()、onPageScrollStateChanged()方法，就能实现 Fragment 滑动了，实际上 App 启动轮播页也可以用该方式实现。

12）Fragment 之间传递数据的方式有哪些？

思路：

可以采用最传统的方法就是接口回调，也可以使用现有的框架如 EventBus。

解答：

① 可以在 FragmentA 中定义一个接口以及对应的 set 方法，然后在接口里面定义一个方法 dataChange()，参数 data 是我们要传递的数据：

```
public interface OnDataChangeListener {
    public void dataChange(String data);
}
public void setOnDataChangeListener(OnDataChangeListener mListener) {
    this.mListener = mListener;
}
```

然后采用回调方式进行数据传递：

```
mListener.dataChange(data);
```

此时就能在 Activity 中实现 FragmentA 接口和里面的方法了，最后在 FragmentB 中定义供 Activity 调用的方法，参数的类型跟 FragmentA 中参数 data 的类型一样，也为 String 类型，这样就能达到 FragmentA 与 FragmentB 数据传递的效果了：

```
aFragment.setOnDataChangeListener(new FragmentA.OnDataChangeListener() {
    @Override
            //这里的 data 就是 FragmentA 的 data
    public void dataChange(String data) {
            //调用 FragmentB 定义的方法，把 data 传进去
        bFragment.changeData(data);
    }
});
```

② 用 EventBus 传值，在 FragmentA 中调用 EventBus.getDefault().post()传递数据，然后在 FragmentB 中调用 onEvent()接收与处理传递过来的数据。

13）Activity 与 Fragment 之间如何通信？

思路：

该题跟第 12 题类似，只不过这题是切换到了 Activty 与 Fragment 的交互，可以理解为它们两者怎么获取到对方的实例，这就是关键所在。

解答：

Fragment 可以调用 getActivity()方法来获得 Activity 的实例，获得实例后就能调用 Activity 的各种方法及其数据，当然，这里的 Fragment 和 Activity 是互相关联的。

在第 12 题中，其实已经用 Activity 与 FragmentA 进行交互了，就是利用接口回调的方式进行的：在 Fragment 中定义一个接口以及对应的 set 方法，接口里面定义一个方法，参数是我们要交互的数据，然后我们采用回调方式进行数据传递，最后在 Activity 中实现 Fragment 接口和里面的方法。其中，我们 Activity 要获得 Fragment 的实例，所以调用 FragmentManager 的 findFragmentById() 或者 findFragmentByTag()来获取。

14）什么情况下会考虑使用 Fragment？

思路：

通常为什么会用一样东西，是因为这个东西有它的优点，所以要结合 Fragment 的优点与实际开发需求来思考。

解答：

现在除了手机，还有各种各样的平板电脑也是用 Android 系统的，由于平板电脑的屏幕要比手机的大很多，所以可能会出现这样的现象：一些应用的 UI 在手机上看起来美观，可在平板上显示，就会出现画面被拉大的不协调感，影响了 UI 美观。所以我们开发平板电脑的应用时，可以用 Fragment，因为 Fragment 灵活且复用性强，便于管理各个布局的组合，解耦性强。当要开发一些视图层结构比较复杂的布局，也可以考虑用 Fragment。

15）Activity 之间的通信方式有哪些？

思路：

把常用的方法（Intent、Bundle、工具类等）说清楚，结合代码来分析。

解答：

- Intent，当使用 Intent 进行跳转启动活动时，可以先把要传递的数据放置在 Intent 中，然后当成功启动了另一个活动后，再从 Intent 里取出刚传递过来的数据。

假设 ActivityA 启动 ActivityB，在 ActivityA 中：

```
//创建 Intent 对象
Intent intent = new Intent(ActivityA.this, ActivityB.class);
//把要传递的数据放进 Intent 中去
intent.putExtra("name", "Pingred");
intent.putExtra("age", 25);
startActivity(intent);
```

然后在 ActivityB 中获取数据：

```
//通过 getIntent()获取 intent
Intent intent = getIntent();
//调用 intent.getXXXExtra("键名")来获取数据值
String name = intent.getStringExtra("name");
int age = intent.getIntExtra("age", 18);
```

- Bundle，也可以通过创建 Bundle 的 bundle.putXXX()把数据存进 Bundle 里去，然后再通过 intent.putExtras(bundle)将 bundle 存到 intent 中去，这样等启动了 ActivityB 后就逐一往 intent、bundle 里取数据值。
- 还可以使用 Java 中类的静态成员来进行交互，即“类名.属性名”。所以可以在 ActivityA 中定义一个静态成员，倘若 ActivityB 想访问该静态成员，直接在 AcitvityB 中通过“ActivityA.属性名”格式来获取就可以了：

```
public class ActivityB extends AppCompatActivity {
        @Override
        protected void onCreate(Bundle savedInstanceState) {
            super.onCreate(savedInstanceState);
            setContentView(R.layout.activity_b);
            //获取 AcvityA 的 name 并更改赋值
            ActivityA.name = "Pingred";
            Button button = (Button) findViewById(R.id.button);
            btn.setOnClickListener(new View.OnClickListener() {
                @Override
                public void onClick(View v) {
                }
            });
    }
}
```

- 通过文件存储、SharedPreference、数据库、内容提供者等外部工具来进行交互。

16）onStart()和 onResume()有什么区别？onPause()和 onStop()有什么区别？

思路：

分析它们被调用的时候活动所处于的状态是怎样的。

解答：

onStart()是在活动从不可见变成可见时触发的，但此时活动还不能与用户交互，而 onResume()则是代表活动可以跟用户进行交互，也就是用户此时可以通过触碰可见页面上的各种按钮，此时活动属于运行状态；onPause()是活动因为一些原因（例如对话框形式的活动弹出）导致当前活动处于一种“半透明”显示的暂停状态，此时触发 onPause()，而 onStop()则是代表活动，此时变为完全不可见。

1.2 服务

说到服务（Service），它其实是一个能在后台运行的程序组件，它不需要跟用户进行交互，所以它是不可见的（当然也可以让它是可见的并且与用户交互），能够一直在后台运行。

它依赖于创建服务时那个应用程序进程，而且需要在服务内部创建子线程并在这里处理具体任务，这样也就不会阻塞主线程。

1.2.1 Android 线程

因为服务的运行离不开线程，所以先了解 Android 里的线程知识。跟 Java 的线程一样，Android 线程的使用如下：

```
new Thread(new Runnable(){
    @Override
    public void run(){
        //处理具体任务
    }
}).start();
```

在 Android 中，UI 线程是不安全的，所以如果要更新 UI 组件，必须在主线程中进行，否则会报错。

1.2.2 生命周期

服务的生命周期分两种情况：

1）如果仅是在活动中调用了 startService()方法，这时相应的服务会被创建并启动，onCreate()和 onStartCommand()方法会依次被执行，当然如果下次再调用 startService()方法，由于服务已经被创建了，所以仅执行 onStartCommand()方法。如果停止服务，可以在活动中调用 stopService()方法，此时服务的 onDestroy()方法执行。需要注意的是，由于每个服务都只存在一个实例，所以要停止服务，只需要调用一次 stopService()即可（不管调用了多少次 startService()方法）。生命周期如下：

```
Activity：startService()
Service：onCreate()
Service：onStartCommand()
Activity：stopService()
```

```
Service：onDestroy()
```

2）如果活动调用了 bindService()方法，这时服务被创建并启动，此时依次执行的是 onCreate()和 onBind()方法，当然如果下次再调用 bindService()方法，也只会执行 onBind()方法。活动调用 bindService()可以获取服务的 onBind()里返回的 IBinder 对象实例，这样就能实现活动与服务交互。停止服务只需调用 unbindService()方法，服务的 onDestroy()方法会自动执行。生命周期如下：

```
Activity：bindService()
Service：onCreate()
Service：onBind()
Activity：unbindService ()
Service：onDestroy()
```

这里要注意的是，如果同时调用了 startService()方法与 bindService()方法，那么在停止服务时，需要同时调用 stopService()方法与 unbindService()方法。

1.2.3 服务类型

服务类型主要有普通服务、前台服务与 IntentService，它们主要的区别如下：

1）普通服务：上文提到的就是一般用的服务，启动的方式有 startService()和 bindService()两种；

2）前台服务：想要一直运行而不被系统回收，那就使用前台服务，有时会在手机状态栏看到有些应用的图标在上面显示，其实就是它开启了前台服务，一直在运行。其实前台服务的使用跟一般服务一样，按正常步骤构建好后，就创建 Notification 对象，设置各种参数，然后再调用 startForeground()方法就可以了；

3）意图服务：即 IntentService，由于服务默认运行在主线程中，所以如果直接使用它来处理一些耗时操作，会很容易出现 ANR 问题。所以此时可以使用 IntentService。它可以说是一般服务的升级版，继承 Service，相比于一般服务，它有独立的线程来处理 Intent 请求和各种耗时的操作，所以不用开发者自己动手创建线程。另外，当处理完所有请求后，它会自动停止，所以也不用自己动手调用 stopService()方法。

1.2.4 Handler 机制

在 Android 中 UI 线程是不安全的，但实际开发中会有要在子线程去更新 UI 控件的情况出现，那该怎么办？这时可以使用 Android 的异步消息处理机制，也就是通过 Handler 机制来解决。可以在要更新 UI 控件的那个子线程里创建 Message 对象，并且定义一个 what 字段并赋值，然后调用 Handler 对象的 sendMessage()将这条 Message 发送出去，最后创建 Handler 对象，接收刚刚发出去的消息，在其 handleMessage()里面进行处理，因为 handleMessage()是在主线程运行的，所以当然能在这里对 UI 控件进行更新操作了。

Hanler 异步消息机制主要有 4 部分组成：Message、Handler、MessageQueue 和 Looper：

1）Message：线程间传递的消息，可在消息里添加一些字段，用于识别不同的线程；

2）Handler：消息处理者，用于发送和处理消息。用 sendMessage()发送消息，用 handleMessage()接收消息并处理；

3）MessageQueue：消息队列，用来存储所有发送的消息，等待被处理，每个线程只有一个 MessageQueue 对象；

4）Looper：相当于管理者，执行 loop()，就会进入循环状态，每发现 MessageQueue 里有一条消息，就取出该条消息将它传递给 Handler 的 handleMessage()中。

以上其实就是一条消息从子线程到主线程的过程，所以也就能通过该机制来对 UI 控件进行更新操作。

1.2.5　常见面试笔试真题

1）说一说 Service 的启动方式以及分别对应的生命周期。

思路：

① 如果启动方式为 startService()，那服务的生命周期为：

```
onCreate()--onStartCommand()--onDestroy()
```

② 如果启动方式为 bindService()，那服务的生命周期为：

```
onCreate()--onBind()--onDestroy()
```

解答：

Service 的启动有两种：一种是调用 Context 的 startService()方法，然后服务就会依次执行 onCreate()、onStartCommand()，当然，如果下次再执行启动方法，则服务只执行 onStartCommand()方法；然后当调用 Context 的 stopService()方法后，此时服务会执行 onDestroy()方法；而另外一种启动方式就是绑定服务，就是调用 bindService()方法，然后服务会依次执行 onCreate()、onBind()方法，其中 onCreate()也是当第一次调用启动方法才会执行，要解绑就调用 unbindService()方法，然后服务就会调用 onDestroy()方法。

这个生命周期可以用 Google 官方文档对 Service 的生命周期总结的概念图很好地描述出来，如图 1.7 所示。

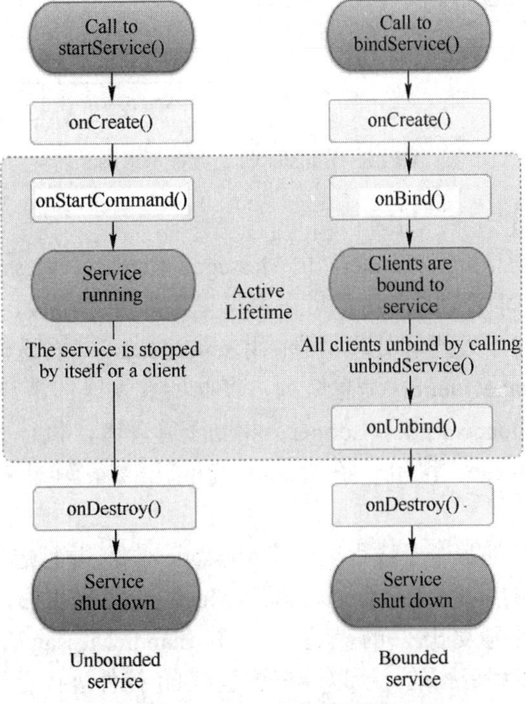

图 1.7　Service 生命周期

图 1.7 左边就是启动方式为 startService()的生命周期，而右边则是启动方式为 bindService()的生命周期。

2）Service 是怎样和 Activity 互相通信的？

思路：

很明显，如果采用第一种启动方式去启动服务，那服务就会马上执行 onStartCommand()方法自行处理逻辑，而启动它的活动根本无法与服务进行交互，也无法控制它。所以如果想要它们能够互相通信，则需要选择用绑定服务的方式去启动服务。

解答：

调用 bindService()，服务会执行 onBind()方法，返回 Binder 对象，所以可以在服务里自定义一个 Binder 类，定义变量和方法，这样活动那边一旦调用方法绑定了服务后，就可以通过创建 ServiceConnection 对象来调用 onServiceConnected()方法，拿到服务的变量同时还可以调用服务里定义的方法，这样就能实现活动与服务互相通信了。

3）谈一谈你对 Handler 的认识，例如机制和实现等。

思路：

还是一样，先把 Handler 机制的概念图在脑海中过一遍，如图 1.8 所示。

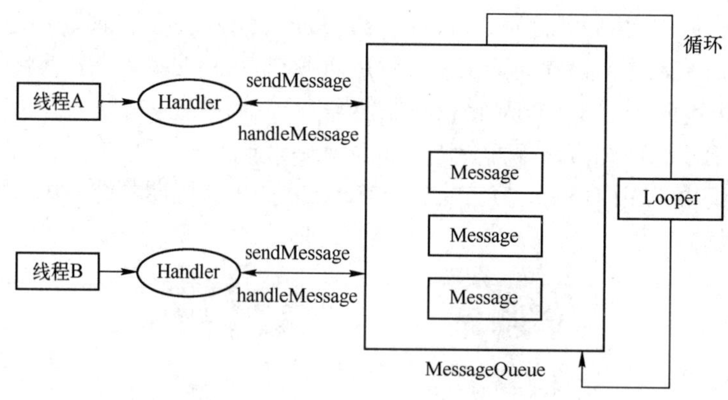

图 1.8　Handler 机制流程示意图

解答：

① Android 的异步消息机制 Handler，由 Message、Handler、MessageQueue 和 Looper 组成；

② Message：线程间传递的消息，可在消息里添加一些字段，用于识别不同的线程。Handler：消息处理者，用于发送和处理消息。用 sendMessage()发送消息，用 handleMessage()接收消息并处理。MessageQueue：消息队列，存储所有发送的消息，等待着被处理。每个线程只有一个 MessageQueue 对象。Looper：相当于管理者，执行 loop()，就会进入循环状态，每发现 MessageQueue 里有一条消息，就取出该条消息将它传递给 Handler 的 handleMessage()中；

③ 在要更新 UI 控件的那个子线程里创建 Message 对象，并且定义一个 what 字段并赋值，然后调用 Handler 对象的 sendMessage()将这条 Message 发送出去，最后再使用之前创建的 Handler 对象，接收刚刚发出去的消息，在其 handleMessage()里面进行处理，因为 handleMessage()是在主线程运行的，所以能在这里对 UI 控件进行更新操作。

4）描述下 Message、Handler、Message Queue、Looper 之间的关系。

思路：

基本上，第 4 题与第 3 题问法虽然不一样，但其实考查的核心都是一样的，就是 Handler 机制，所以，只要把 Handler 机制以及要怎么使用描述清楚即可。

解答：

① Message：线程间传递的消息，可在消息里添加一些字段，用于识别不同的线程；

② Handler：消息处理者，用于发送和处理消息。用 sendMessage()发送消息，用 handleMessage()接收消息并处理；

③ MessageQueue：消息队列，存储所有发送的消息，等待着被处理，每个线程只有一个 MessageQueue 对象；

④ Looper：相当于管理者，执行 loop()，就会进入循环状态，每发现 MessageQueue 里有一条消息，就取出该条消息将它传递给 Handler 的 handleMessage()中。

5）说到服务启动，那其中绑定启动中的 Activity 是怎样和 Service 绑定的？

思路：

考查对绑定服务的启动方式是否熟悉，所以在这里用代码去分析。

解答：

① 首先，自定义一个服务类继承 Service，把该重写的方法重写，然后再定义一个内部类继承 Binder，在这个类中定义变量与方法，最后在 onBind()方法中返回 Binder 对象：

```
public class TestService extends Service {
    ...
    private MyBinder myBinder = new MyBinder();

    class MyBinder extends Binder{
        public void doSomething() {
            Log.d(TAG, "doSomething: ");
        }
    }

    @Override
    public IBinder onBind(Intent intent) {
        return myBinder;
    }

    @Override
    public void onCreate() {
        super.onCreate();
    }
    ...
}
```

② 现在回到 Activity 中去，创建刚刚在服务里定义好的 Binder 对象，然后再创建 ServiceConnection 对象，在它的 onServiceConnected()方法里就能获取 IBinder 对象，从而也就能拿到服务的变量与调用其方法。当然最后，还要调用 bindService(serviceConnection)，这样就绑定成功了：

```
public class BActivity extends AppCompatActivity implements View.OnClickListener{
```

```
        private static final String TAG = "BActivity";
        private TestService.MyBinder myBinder;

    private ServiceConnection serviceConnection =
        new ServiceConnection() {
            @Override
            public void onServiceConnected(
                ComponentName componentName, IBinder iBinder) {
                    myBinder = (TestService.MyBinder) iBinder;
                    //这样就能调用服务的方法
                    myBinder.doSomething();
            }

            @Override
            public void onServiceDisconnected(ComponentName componentName) {

            }
        };

        @Override
        protected void onCreate(@Nullable Bundle savedInstanceState) {
            super.onCreate(savedInstanceState);
            setContentView(R.layout.activity_b);

            Button bindBtn = findViewById(R.id.bind_service);
            bindBtn.setOnClickListener(this);

        }

        @Override
        public void onClick(View view) {
            switch (view.getId()) {
                case R.id.bind_service:
                    Intent intent = new Intent(BActivity.this, TestService.class);
                    //绑定服务
                    bindService(intent, serviceConnection, BIND_AUTO_CREATE);
            }
        }
    }
```

以上就是就是完整的 BActivity 里跟自定义服务 TestService 的交互过程了。

6）谈一谈你对 AsyncTask 的认识。

思路：同样的思路，AsyncTask 是什么？有什么用？怎么使用。

解答：

AsyncTask 是一个工具类，它可以更加方便开发者在子线程中对 UI 操作。它的使用方法为：创建一个类继承它，在继承时给 AsyncTask 类指定 3 个参数，下面是这 3 个参数的说明：

① Params：传入的参数，用于任务中使用；

② Progress：进度单位，显示进度；

③ Result：任务执行完后返回的结果。

然后重写 AsyncTask 的几个方法：

① onPreExecute()：在执行任务前调用，可以做一些 UI 显示的初始化操作；

② doInBackground(Params 参数)：这个方法用来处理耗时任务，因为该方法里的代码都会在子线程中运行。执行完任务后就返回结果，返不返回结果以及返回的结果类型跟在继承时给 AsyncTask 类指定的第 3 个参数 Result 有关；

③ onProgressUpdate(Progress 参数)：这个方法用来对 UI 进行操作。该方法是在调用 publishProgress(Progress 参数)后触发，可以在 doInBackground(Params 参数)里去调用 publishProgress(Progress 参数)，然后 onProgressUpdate(Progress 参数)方法就能拿到 Progress 参数，也就是进度参数，就可以进行 UI 进度等操作；

④ onPostExecute(Result 参数)：当 doInBackground(Params 参数)方法执行完返回执行结果后，该方法执行，而执行结果就会返回到该方法中，然后就可以在这个方法中对结果进行操作。定义一个 AsyncTask 的步骤代码如下：

```
public class MyAsyncTask extends AsyncTask<Integer, Integer, Boolean> {

    @Override
    protected void onPreExecute() {
        super.onPreExecute();
        //初始化组件的操作
    }

    @Override
    protected Boolean doInBackground(Integer... integers) {
        //integers 就是要传入的参数，用于后台任务中
        return null;
    }

    @Override
    protected void onProgressUpdate(Integer... values) {
        super.onProgressUpdate(values);
        //values 就是进度单位参数，用于显示进度
    }

    @Override
    protected void onPostExecute(Boolean aBoolean) {
        super.onPostExecute(aBoolean);
        //aBoolean 就是反馈结果，是 Boolean 类型
    }
}
```

7）你认识 IntentService 吗？它有什么作用？

解答：

① 它由独立的线程来处理 Intent 请求和各种耗时操作，所以不用开发者自己创建线程。另外，当处理完所有请求后，它会自动停止，所以也不用调用 stopService()方法；

② 创建一个类继承 IntentService，调用父类构造方法，重写 onHandleIntent()、onDestroy()等。其中 onHandleIntent()就是要处理耗时操作的方法，该方法是在子线程中运行，所以不会出现 ANR（Application Not Responding，应用无响应）情况。最后在调用方里调用 startService(intent)即可。定义一个 IntentService 的步骤代码如下：

```
public class MyIntentService extends IntentService {
    public MyIntentService() {
        super("MyIntentService");
    }
```

```
        @Override
        protected void onHandleIntent(Intent intent) {
                //该方法已处于子线程中，所以在这里处理具体逻辑
        }

        @Override
        public void onDestroy() {
                super.onDestroy();
        }
}
```

8）在使用 Handler 中，new Handler()是在什么线程下进行的？

解答：

new Handler()都是在主线程下进行的。例如要刷新 UI 组件，主线程中代码为：

```
Handler handler = new Handler();
```

而子线程中的代码为：

```
Handler handler = new Handler(Looper.getMainLooper());
```

Looper.getMainLooper()表示切到主线程里。另外，如果不刷新 UI 组件，仅处理消息，而这时在主线程里还是：

```
Handler handler = new Handler();
```

如果是子线程则调用 Looper.loop()或者 Handler handler = new Handler(Looper.getMainLooper())。

9）在整个 Handler 机制工作的过程中，当 handler 对象发送消息给子线程时，looper 是怎样启动的？

思路：这里需要从源码中一步步去分析。

解答：

① 在主线程中创建 Handler 实例与处理消息：

```
private Handler handler = new Handler(){
        @Override
        public void handleMessage(Message msg) {
                switch (msg.what) {
                        case 1:
                                //UI 操作
                                break;
                }
        }
};
```

② 接着进入到 Handler 源码中，看到它其中一个构造方法：

```
public Handler(Callback callback, boolean async){
        ......
        mLooper = Looper.myLooper();
        if(mLooper == null){
                throw new RuntimeException("Can't create handler inside thread that has not called Looper.prepare()");
        }
        ......
```

```
    }
```

可以看到，这几行代码的作用就是获取当前主线程中的 looper 实例，也就意味着当 handler 发送消息的时候主线程就可以获取到消息。当 looper 实例为空，就会抛出没有 looper 实例的异常，所以当在子线程中没有创建 looper 实例时创建 handler 就会报错，而在主线程中创建 handler 没有报错是因为 main 方法里的 Looper.prepareMainLooper()和 Looper.loop()分别了创建 looper 实例和开始了消息循环，所以发送消息的实例在主线程实例化的时候就已经有 looper 实例了。

以上便是 looper 启动的过程。

10）为什么不能在子线程中更新 UI？

解答：

Google 在设计 Android 时设定了 UI 控件线程是不安全的，所以在多线程中并发访问可能会导致 UI 控件处于不可预期的状态。如果像 Java 那样，给 UI 控件的访问加上锁机制，会让 UI 控件变得复杂和低效，也可能会阻塞某些进程的执行。

所以当一定要在子线程中对 UI 进行操作时，就要使用异步消息机制如 Handler 和 AsyncTask 等。

11）一般在什么情况下会使用 Handler？

思路：考察 Handler 使用的熟悉度，一般要结合实例来阐述比较好。

解答：

当在开发中，假如 UI 界面上面有一个按钮，当点击这个按钮的时候，会进行网络连接，并把网络上的一个字符串拿下来显示到界面上的一个 TextView 上面，这时就出现了一个问题，如果这个网络连接的延迟过大，可能是十多秒甚至更长，那界面将处于一直卡顿状态，造成主线程阻塞，所以这时用线程来解决再合适不过了。

在按钮点击方法里面开启一个线程来进行网络请求，然后把请求回来的数据更新到 UI 上。以上思路是对的，但此时却又会报错，因为在 Android 中的 UI 线程是不安全的，这个新创建的线程不能进行 UI 操作，所以只能在主线程里进行 UI 操作，那么可以用 Handler 异步消息机制来解决，在子线程中进行网络请求，把请求回来的数据使用 Message 方法发送，然后在主线程中创建 Handler 对象来接收并处理消息，因为是主线程，所以拿到数据后就可以对 TextView 进行更新操作。这样就可以实现 UI 操作了。

12）在使用 Handler 时要注意什么？

思路：其实该题考察的内容跟第 8 题类似，转个思路把它阐述清楚即可。

解答：

① 如果要刷新 UI 组件，主线程里 Handler handler = new Handler()，而子线程里就要 Handler handler = new Handler(Looper.getMainLooper())，而 Looper.getMainLooper()是表示切到主线程里；

② 如果不刷新 UI 组件，只是处理消息，而这时在主线程里还是 Handler handler = new Handler()，而如果是子线程就调用 Looper.loop()或者 Handler handler = new Handler(Looper.getMainLooper())。

13）Service 的两种启动方式有什么区别？

思路：该题也是老生常谈了，分别以它们的生命周期和特点来阐述区别即可。

解答：

① 首先以生命周期来讲：

如果启动方式为 startService()，那服务的生命周期为：

```
onCreate()--onStartCommand()--onDestroy();
```

如果启动方式为 bindService()，那服务的生命周期为：

```
onCreate()--onBind()--onDestroy();
```

② startService()启动服务，那服务就会马上执行 onStartCommand()方法自行处理逻辑，而启动它的活动根本无法与服务进行交互，也无法控制它的相关方法；而 bindService()启动，服务会执行 onBind()方法，返回 Binder 对象，所以可以在服务里自定义一个 Binder 类，定义变量和方法，这样当活动一旦调用方法绑定了服务后，可以通过创建 ServiceConnection 对象来调用 onServiceConnected()方法，拿到服务的变量与调用其方法。

1.3 广播接收器

在 Android 中是有一套广播机制的，每一个应用可以注册广播接收器（BroadcastReceiver）来接收系统和其他应用发来的广播，也可以发送广播给其他应用。

1.3.1 动态注册与静态注册

广播接收器的注册有动态与静态两种方式：

1）静态注册：直接用 AndroidStudio 快捷方式创建 BroadcastReceiver，自动会注册，然后就可以在创建的类中的 onReceiver()方法中实现要处理的逻辑；

2）动态注册：在活动中创建一个内部类（该类就是自定义广播接收器），这个类继承 BroadcastReceiver，然后在该类中重写 onReceiver()方法。最后在活动中调用 registerReceiver()，把刚刚定义好的内部类对象作为参数传进该方法，这样就实现了注册，而调用 unregisterReceiver()则进行注销。动态注册比较灵活，可以控制注册与注销，但是要依赖程序启动后才能接收到广播。

这里补充一点，registerReceiver()方法是传两个参数进去，第一个参数是广播接收器对象，也就是开发者创建的自定义接收器。而第二个参数则是 IntentFilter 对象，通过使用 IntentFilter 对象来添加相应 action，从而让广播接收器知道自己监听的是什么广播，如果匹配则进行接收。而 unregisterReceiver()方法只有一个参数，就是广播接收器对象。

1.3.2 广播类型

1）普通广播：是一种完全异步的广播，发出之后，所有广播接收器都能在同一时刻接收到该广播；优点是传递效率高，缺点是安全性不能保证，因为接收器并不能处理拦截广播。它们的工作流程如图 1.9 所示。

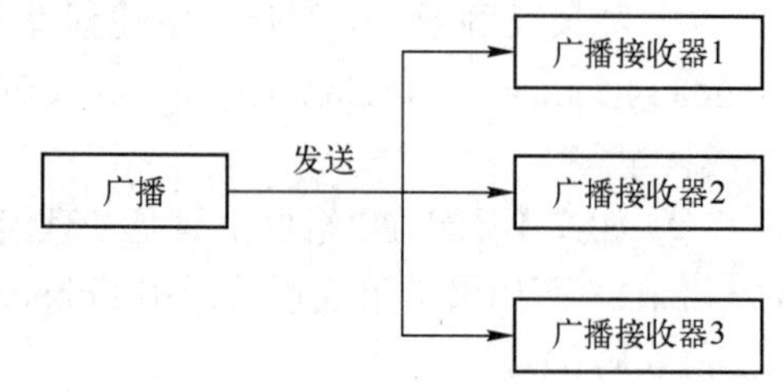

图 1.9 普通广播的工作流程

2）有序广播：是一种同步执行的广播，所以该广播发出后，同一时刻只有一个广播接收器可接收到该广播，并且接收该广播的广播接收器能对该广播进行拦截，如果不拦截，则可继续传给下一个广播接收器。当然，谁先接收该广播也是有分顺序的，就是按照广播接收器的优先级来决定的，是在 AndroidManifest.xml 文件里注册的接收器中的 intent-filter 元素的 android:priority 属性中设置优先级，数越大优先级别越高，取值范围是-1000 到 1000。也可以调用 IntentFilter 对象的 setPriority()进行设置。如果两个接收器定义的优先级相同怎么办？那么就是动态注册的接收器优先于静态注册的接收器；如果不仅是优先级相同，连注册的方式都一样，那么就是先注册的接收器先接收广播。它们的工作流程如图 1.10 所示。

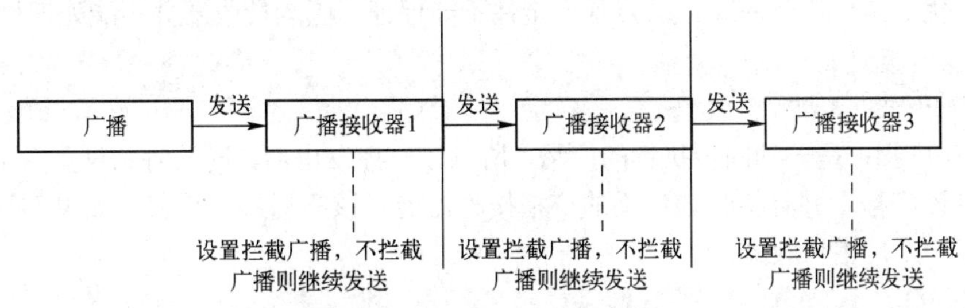

图 1.10　有序广播的工作流程

3）本地广播：有序广播与普通广播都是全局广播，它们发出的广播都是可以被其他应用程序所接收，而自定义的广播器也能接收它们发过来的广播。而本地广播，则是在一个应用程序内进行传播的，所以定义的广播接收器也只能接收来自该应用程序发来的广播。优点是安全性得到保证，传送的广播不会被其他应用程序接收到。

1.3.3　发送广播

1）发送普通广播：

```
Intent intent = new Intent("action");
sendBroadcast(intent);
```

如上所示，通过定义 intent 的 action 来区分每条广播，然后可以给自定义的广播接收器设置能匹配的 action，当广播一发出去，就能进行匹配从而实现接收广播。

2）发送有序广播：

```
Intent intent = new Intent("action");
sendOrderedBroadcast(intent,null);
```

如上，调用 sendOrderedBroadcast()发送有序广播。

然后在注册的广播接收器<intent-filter>里添加属性 android：priority=“数字”设置优先级，这样就算有多个广播接收器设置的 action 都是一样的，而如果设置的优先级不一样，会按照优先级来接收该有序广播。

而当要拦截该广播的时候，可以在接收器里调用 abortBroadcast()方法进行拦截。

3）发送本地广播：

```
Intent intent = new Intent("action");
localBroadcastManager.sendBroadcast(intent);
```

如上所示，基本跟普通广播与有序广播的发送步骤差不多。只不过是通过 LocalBroadcast

Manager 来发送、注册与注销。

1.3.4 常见面试笔试真题

1）分别描述一下广播的类型及其区别。

思路：记住它们的工作流程图以及使用的代码。

解答：

① 普通广播：是一种完全异步的广播，发出之后，所有广播接收器都能在同一时刻接收到该广播；优点是传递效率高，缺点是安全性不能保证，因为接收器并不能处理拦截广播：

```
Intent intent = new Intent("action");
sendOrderedBroadcast(intent,null);
```

② 有序广播：是一种同步执行的广播，所以该广播发出后，同一时刻只有一个广播接收器可接收到该广播，并且接收该广播的广播接收器能对该广播进行拦截，如果不拦截，则可继续传给下一个广播接收器：

```
<receiver
    android:name=".MyBroadcastReceiver"
    .....>

        <intent-filter android:priority="500">
            ......
        </intent-filter>

</receiver>
```

然后发送广播：

```
Intent intent = new Intent("action");
 sendOrderedBroadcast(intent,null);
```

如果要拦截广播则在广播接收器上调用：

```
//拦截广播
abortBroadcast();
```

③ 本地广播：有序广播与普通广播都是全局广播，它们发出的广播都是可以被其他应用程序所接收的，而自定义的广播器也能接收他们发过来的广播。而本地广播，则是在一个应用程序内进行传播，所以定义的广播接收器也只能接收来自该应用程序发来的广播。优点是安全性得到保证，传送的广播不会被其他应用程序接收到：

```
Intent intent = new Intent("action");
localBroadcastManager.sendBroadcast(intent);
```

2）谈一谈你对广播注册的认识及其使用场景。

解答：

① 静态注册：直接用 AndroidStudio 快捷方式创建 BroadcastReceiver，自动会注册，然后就可在创建的类中的 onReceiver()方法中写要处理的逻辑；静态注册一般用于像开机之后就要收到广播的场景，这样就不会依赖于程序；

② 动态注册：在活动中创建一个内部类（该类就是自定义广播接收器），这个类继承 BroadcastReceiver，然后在该类中重写 onReceiver()方法。最后在活动中调用 registerReceiver()，

把刚刚定义好的内部类对象作为参数传进该方法，除此之外，还要同时传入另一个参数 IntentFilter 对象，通过使用 IntentFilter 对象来添加相应的 action，从而让广播接收器知道自己监听的是什么广播，如果匹配则进行接收。把这两个参数传到 registerReceiver()方法中，这样就实现了注册，而注销广播接收器则调用 unregisterReceiver()方法，只传一个参数进去，该参数就是广播接收器对象。动态注册比较灵活，可以控制注册与注销，但是要依赖程序启动后才能接收到广播。一般会用于跟程序有关的通知功能，即当收到广播后就触发的功能。

3）为什么不要在广播接收器里做耗时操作？

解答：

如果实际开发中需要在 onReceive()方法完成一些耗时操作，应该考虑在 Service 中开启一个新线程处理耗时操作，不应该直接在 BroadcastReceiver 中开启一个新的线程，因为 BroadcastReceiver 生命周期很短，在执行完 onReceive()方法后就结束了，如果开启一个新的线程，可能出现 BroadcastRecevier 退出以后线程还在，而此时此刻该线程就会被标记为一个空线程（因为 BroadcastRecevier 已经销毁了，即进程销毁），根据 Android 的内存管理策略，在系统内存不足的情况下，会按照优先级来结束等级低的线程，而空线程是优先级最低的，这样就可能导致 BroadcastReceiver 启动的子线程不能执行完成，所以系统就会在运行程序的时候报错。

4）谈一谈你对广播 BroadcastReceiver 的理解。

思路：这种问的比较广的题可以按照 BroadcastReceiver 是什么，有什么用，怎么使用的思路去答即可。

解答：

① 广播是四大组件之一，相当于一个监听器的作用。Android 广播按角色可以分为广播发送者和广播接收者。按种类来分又可以分为有普通广播、有序广播和本地广播。

② 它就是监听与接收系统或其他应用发出的广播消息，并做出响应。这就使得应用程序间可以互相通信。

③ 广播接收器的注册。

注册的方式分为两种：静态注册、动态注册：

静态注册：在 AndroidManifest.xml 里通过<receive>标签声明。

特点：常驻，不受任何组件的生命周期影响，缺点是耗电、占内存，应用在需要时刻监听广播的情况。

动态注册：在活动中创建一个内部类—自定义广播接收器，继承 BroadcastReceiver，重写 onReceiver()方法；调用 registerReceiver（内部类对象，IntentFilter 对象）注册，调用 unregisterReceiver（内部类对象）注销。

特点：非常驻，灵活，跟随组件的生命周期变化（组件结束 = 广播结束，在组件结束前，必须移除广播接收器）。

④ 动态广播最好在 Activity 的 onResume()里注册，在 onPause()里注销。因为对于动态广播，有注册就必然有注销，否则会导致内存泄漏；另外重复注册、重复注销也是不允许的。

5）请你阐述一下本地广播与全局广播以及它们的区别。

思路：全局广播其实就是普通广播、有序广播以及系统广播，所以把它们和本地广播的区别介绍清楚即可。

解答：

① 全局广播：

● 普通广播：

即开发者自身定义 intent 的广播，也是最常用的；

● 系统广播：

Android 中内置了多个系统广播：只要涉及手机的基本操作（如开机、网络状态变化、拍照等），都会发出相应的广播；

● 有序广播：

发送出去的广播被广播接收者按照先后顺序接收，有序是针对广播接收者而言的；

● 有序广播按顺序接收：

先接收的广播接收者可以对广播进行截断，即后接收的广播接收者不再接收到此广播；

先接收的广播接收者可以对广播进行修改，那么后接收的广播接收者将接收到被修改后的广播。

有序广播的使用过程与普通广播非常类似，差异仅在于广播的发送方式：

```
sendOrderedBroadcast(intent);
```

② 本地广播：

本地广播是在一个应用程序内进行传播，所以定义的广播接收器也只能接收来自该应用程序发来的广播。优点是安全性得到保证，传送的广播不会被其他应用程序接收到。

```
localBroadcastManager.sendBroadcast(intent);
```

通过 LocalBroadcastManager 来发送，注册与注销。

6）如何实现拦截一条短信？

思路：其实很简单，短信接收方式是通过广播来接收，而且这个广播是有序广播。所以可以利用有序广播拦截的方法来拦截短信。

解答：

① 首先添加接收短信的权限：

```
<uses-permission android:name="android.permission.RECEIVE_SMS"/>;
```

② 在 AndroidManifest.xml 中注册广播接收器，设置该广播接收器优先级，尽量设高一点；

③ 创建一个 BroadcastReceiver 来实现广播的处理，并设置拦截器 abortBroadcast()。

7）广播接收器可以请求网络吗？

解答：

广播可以监听网络变化情况，但如果要做网路请求的话，会有可能导致主线程阻塞，因为网络请求是耗时操作，所以要开启子线程去进行网络请求。

8）广播引起 ANR 的时间限制是多少？

解答：超过 10 秒就会引起 ANR 问题。

1.4 内容提供者

其实，要在 Android 里把数据存储起来，可以通过文件存储、sharedpreferences 存储以及

SQLite 数据库技术等来进行数据存储与交互。但是这些方法都是在应用程序里使用的，而其他应用程序如果想要这个数据是不能的，所以，这时候就要利用内容提供者（ContentProvider）了。

内容提供器对要共享给其他应用的数据创建了外部访问接口，其他应用只需调用这些接口就能访问到要交互的数据了。

访问数据需要知道内容的 Uri 是什么，因为它是内容提供器的数据的唯一标识，由 authority、path 和协议声明组成。authority 采用包名命名，区分了不同应用程序，而 path 可命名为"/表名"，用来区分同一应用程序中不同的表；再加上协议声明，内容 Uri 标准写法如下：

```
content://包名/表名
content://com.pingred.app.test/pingred1
```

1.4.1　系统 ContentProvider

系统已经封装好的内容提供器（通讯录、短信等），不用关心提供器的具体实现，可以直接使用：

1）getContentResolver()获取 ContentResolver 实例；

2）Uri.parse("内容 Uri")，解析内容 Uri；

3）调用增删改查方法，跟 SQLite 数据库的增删改查方法类似，只有第一个参数不同而已，而内容提供器的第一个参数则是解析内容 Uri 后得到的 Uri 对象。

1.4.2　自定义 ContentProvider

首先继承 ContentProvider 类，然后重写下面 6 个抽象方法：

1）onCreate()：内容提供器初始化时触发。在这里进行数据库的创建与升级，当访问数据时才开始初始化：

```
public boolean onCreate()
```

2）query()：在内容提供器中查询数据。同 SQLite 数据中的 query()差不多，只是第一个参数不一样，这里的第一个参数是内容 Uri：

```
public Cursor query(Uri uri, String[] projection, String selection,  String[] selectionArgs,  String sortOrder)
```

3）insert()：在内容提供器中添加一条数据。第一个参数同样是内容 Uri，最后返回的是该新添加进来的数据的 Uri：

```
public Uri insert(Uri uri, ContentValues values)
```

4）update()：更新内容提供器的数据。同样，第一个参数是内容 Uri，最后返回的是被更新的行数：

```
public int update(Uri uri, ContentValues values, String selection, String[] selectionArgs)
```

5）delete()：删除内容提供器的数据。第一个参数是 Uri，最后返回的是被删除的行数：

```
public int delete(Uri uri, String selection, String[] selectionArgs)
```

6）getType()：传入参数是 Uri，返回的是相应的 MIME 类型。什么是 MIME 字符串，一个内容 Uri 对应的 MIME 字符串以 vnd 开头，然后接上 android.cursor.dir/或 android.cursor.item/，最后再接上 vnd.<authority>.<path>。

因为要匹配内容 Uri，所以匹配任意表的内容 Uri 标准格式：

```
content://com.pingred.app.provider/*
```

而如果现在要匹配 pingred 表中任一行数据的内容 Uri 标准格式，则如下：

```
content://com.pingred.app.provider/pingred/#
```

然后调用 UriMatcher.addURI()把 authority、path 和一个自定义的代码这 3 个参数传进去，最后就可以调用 UriMatcher.match()，根据内容 Uri 对象解析出一个代码，来跟之前创建好的自定义代码进行匹配，就能判断出要增删改查的是哪张表的哪行数据了。

1.4.3 常见面试笔试真题

1）谈一谈你对 ContentProvider 的理解和使用。

解答：

① ContentProvider 是 Android 以结构化方式存储的数据工具。它以相对安全的方式封装数据并且提供简易的处理机制。ContentProvider 提供不同进程间数据交互的标准化接口来供外部调用；

② ContentProvider 是允许不同应用进行数据交换的标准的 API，ContentProvider 以 Uri 的形式对外提供数据的访问操作接口，而其他应用则通过 ContentResolver 根据 Uri 去访问指定的数据；

③ Uri 是统一资源标识符，是一个用于标识某一互联网资源名称的字符串。 该种标识允许用户对任何（包括本地和互联网）的资源通过特定的协议进行交互操作。Uri 由包括确定语法和相关协议的方案所定义。由 3 个组成部分：访问资源的命名机制、存储资源的主机名和资源自身的名称，由路径表示。

例如：content://com.android.pingred/app 中：

content:// 使用的是 content 协议，属于默认规定；

com.android.pingred 属于自己定义的主机名，唯一标识并区分不同的 ContentProvider 继承类，app 则是资源部分，当访问不同的资源的时候，这部分会动态改变；

④ 一旦定义好自己的 ContentProvider 类，就可以使用 ContentResolver 进行访问操作了。ContentResolver 类的方法都会在其内部调用 Uri 主机部分确定的 ContentProvider；

⑤ 最后定义一个自己的 ContentProvider 类，重写各种方法，实现增删改查数据。

2）说一下 ContentProvider、ContentResolver、ContentObserver 之间的关系。

思路：三者的关系其实就是通过 ContentResolver 来对 ContentProvider 提供的数据进行访问与修改等操作，并且注册 ContentObserver 来监听数据的变化情况。分别以是什么、有什么用、怎么用的思路去简单说一下这三者之间的关系即可。

解答：

- ContentProvider：

① 四大组件之一，给那些需要共享给其他应用的数据创建了外部访问接口，其他应用只需调用这些接口就能访问到要交互的数据了；

② 为应用之间的数据共享提供了渠道，例如一些应用可以访问手机系统的通讯录，而且可以进行修改手机号码与姓名等操作，都是因为通讯录使用了 ContentProvider；

③ 要让应用的某些数据能让别的应用访问或者修改，就使用 ContentProvider，而如果想要访问或者修改的数据已经实现了 ContentProvider，那么该应用就要使用 ContentResolver。

● ContentResolver：

① 内容解析，获取 ContentProvider 提供的数据；

② 使用 notifyChange（uri）来发出消息。

● ContentObserver：

监听因 Uri 引起的数据的变化，然后做出响应，有表监听器和行监听器，根据它的 Uri 的种类来判断，调用 registerContentObserver()来监听。

3）ContentProvider 是如何实现数据共享的？

思路：把在创建自定义 ContentProvider 的过程给描述一遍即可，接下来用代码来分析。

解答：

创建自定义 ContentProvider 并继承 ContentProvider 类，定义好调用方要访问的数据对应的 Uri 内容：

```
public class MyContentProvider extends ContentProvider {
    //在 ContentProvider 中注册 Uri
    private static UriMatcher mMatcher;

    //表 pingred 中的所有数据
    public static final int TABLE_PINGRED = 1;
    //表 pingred 中的单条数据
    public static final int TABLE_PINGRED_ITEM = 2;

    static{
        mMatcher = new UriMatcher(UriMatcher.NO_MATCH);

        // 若 Uri 路径跟 authority 匹配 ，则返回注册码 TABLE_PINGRED
        mMatcher.addURI("com.example.pingred.provider","pingred", TABLE_PINGRED);
        // 若 Uri 路径跟 authority 匹配 ，则返回注册码 TABLE_PINGRED_ITEM
        mMatcher.addURI("com.example.pingred.provider", "pingred/#", TABLE_PINGRED_ITEM);
    }
}
```

很明显，这里定义的访问数据是 pingred 表的所有数据和 pingred 表的一条数据。接着再重写那 6 个方法：

```
public class MyContentProvider extends ContentProvider {
    ......

    @Override
    public boolean onCreate() {
        //内容提供器初始化触发。在这里进行数据库的创建与升级，
        //当访问数据时才开始初始化
        return false;
    }

    @Override
    public Cursor query(Uri uri, String[] projection,String selection, String[] selectionArgs, String sortOrder) {
        /*在内容提供器中查询数据。同 SQLite 数据中的 query()差不多，
        只是第一个参数不一样，这里的第一个参数是内容 Uri */
        return null;
```

```
    }

    @Override
    public Uri insert(Uri uri, ContentValues values) {
        //在内容提供器中添加一条数据。第一个参数同样是内容 Uri，
        //最后返回的是该新添加进来的数据的 Uri
        return null;
    }

    @Override
    public int update(Uri uri, ContentValues values, String selection,   String[] selectionArgs) {
        //更新内容提供器的数据。同样，第一个参数是内容 Uri，
        //最后返回的是被更新的行数
        return 0;
    }

    @Override
    public int delete(Uri uri, String selection, String[] selectionArgs) {
        //删除内容提供器的数据。第一个参数是 Uri，最后返回的是被删除的行数
        return 0;
    }

    @Override
    public String getType(Uri uri) {
        //参数是 Uri，返回的是相应的 MIME 类型
        return null;
    }
}
```

这里以查询功能为例，在里面通过 UriMather 的 match()方法对内容 Uri 进行匹配，然后就能得出调用方要查找的是什么数据了：

```
public class MyContentProvider extends ContentProvider {

    ......

    @Override
    public Cursor query(Uri uri, String[] projection, String selection, String[] selectionArgs, String sortOrder) {

        Cursor cursor = null;
        switch (mMatcher.match(uri)) {
            case TABLE_PINGRED:
                //查询表 pingred 的所有数据
                break;
            case TABLE_PINGRED_ITEM:
                //查询表 pingred 的某条数据
                break;
            default:
                break;
        }
        return cursor;
    }

    ......
}
```

剩下的 insert()、update()和 delete()方法的实现也差不多跟 query()方法一样，根据传入的 Uri 对象去进行匹配，就能知道调用方要操作的数据位于哪张表、哪一行。最后，在 getType()方法里获取 Uri 对象对应的 MIME 类型：

```
public class MyContentProvider extends ContentProvider {

    ......

    @Override
    public String getType(Uri uri) {
        switch (mMatcher.match(uri)) {
            case TABLE_PINGRED:
                //匹配任意表的内容 Uri
                return "vnd.android.cursor.dir/vnd.com.example.pingred.provider.pingred";
            case TABLE_PINGRED_ITEM:
                //匹配 pingred 表中任一行数据的内容 Uri
                return "vnd.android.cursor.item/vnd.com.example.pingred.provider.pingred";
        }
        return null;
    }
}
```

以上的整个过程其实就是 ContentProvider 能实现数据共享的原理。

第 2 章　布局及其常用属性

Android 的界面是由布局和组件组成的，布局好比是整个界面的框架，而组件则是框架里的各种点缀。组件按照布局的要求依次排列，就组成了用户所看见的界面。

2.1 常用的几种布局

Android 中有很多布局，有线性布局（LinearLayout）、帧布局（FrameLayout）、相对布局（RelativeLayout）、绝对布局（AbsoluteLayout）、百分比布局（PercentFrameLayout）、表格布局（TableLayout）和约束布局（ConstraintLayout）。在实际开发中，比较常用的是线性布局、帧布局、相对布局和约束布局，下面就来详细对它们进行讲解。

2.1.1 线性布局

顾名思义，它的子控件按照线性方向（水平或垂直）去排列，每个子控件按照布局文件的先后顺序来一个个排好，先定义的则排在前面：

```
<?xml version="1.0" encoding="utf-8"?>
<LinearLayout
    xmlns:android="http://schemas.android.com/apk/res/android"
    xmlns:tools="http://schemas.android.com/tools"
    android:layout_width="match_parent"
    android:layout_height="match_parent"
    android:orientation="vertical"
    tools:context=".MainActivity">

    <TextView
        android:layout_width="wrap_content"
        android:layout_height="wrap_content"
        android:text="Hello" />

    <TextView
        android:layout_width="wrap_content"
        android:layout_height="wrap_content"
        android:text="Hello World" />

    <TextView
        android:layout_width="wrap_content"
        android:layout_height="wrap_content"
        android:text="Hello World!" />

</LinearLayout>
```

运行程序，它的布局效果如图 2.1 所示。

LinearLayout 中重要的属性是 android：orientation，它的值可以是“horizontal”或者“vertical”，如果是“horizontal”，代表 LinearLayout 中的子控件按照水平方向来依次排列；如

果是“vertical”则代表 LinearLayout 中的子控件按照垂直方向来依次排列。

2.1.2　帧布局

它里面的子控件默认都会放在布局的左上角位置，而如果有多个子控件要放置，则后一个控件会覆盖在前一个控件上：

```
<?xml version="1.0" encoding="utf-8"?>
<FrameLayout
    xmlns:android="http://schemas.android.com/apk/res/android"
    xmlns:tools="http://schemas.android.com/tools"
    android:layout_width="match_parent"
    android:layout_height="match_parent"
    tools:context=".MainActivity">

    <TextView
        android:layout_width="wrap_content"
        android:layout_height="wrap_content"
        android:text="Hello" />

    <TextView
        android:layout_width="wrap_content"
        android:layout_height="wrap_content"
        android:text="Hello World" />

</FrameLayout>
```

在这里，定义了两个 TextView，分别是“Hello”和“Hello World”，布局的效果如图 2.2 所示。

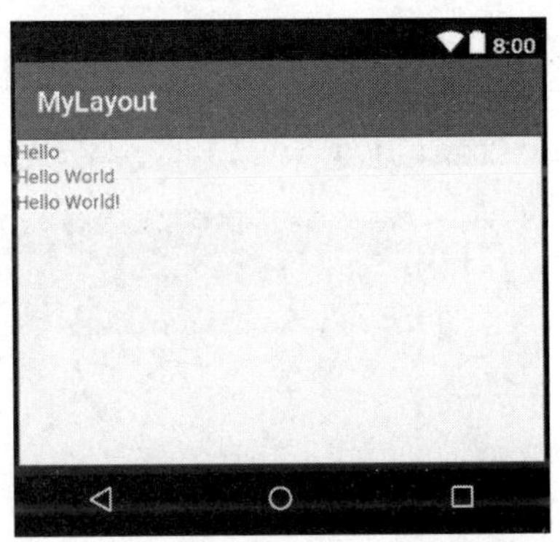

图 2.1　LinearLayout 的布局效果

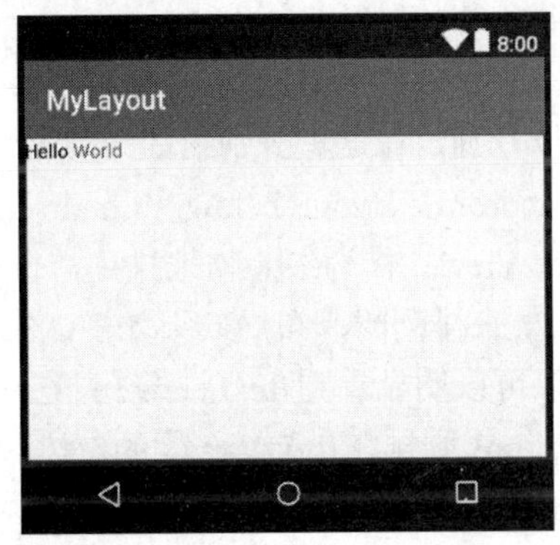

图 2.2　FrameLayout 的布局效果

能清楚看到 TextView 上的文字变成“Hello World”，而且“Hello”明显比“World”要深色一点，说明了布局文件中第二个的 TextView 是覆盖在第一个 TextView 上了。

当然，如果想要改变子控件的位置，可以利用那些常用的位置属性如 android：layout_gravity=“left”或者 android：layout_marginLeft=“数字”等放置到想要放的位置上。

2.1.3　相对布局

它是通过控件之间的相对位置来进行布局，比较灵活。但要注意的是，例如在指定 A 控件要根据 B 控件的位置来排列，那么要先把控件 B 及其 id 定义在 A 控件之前，否则会报错：

```
<?xml version="1.0" encoding="utf-8"?>
<RelativeLayout
    xmlns:android="http://schemas.android.com/apk/res/android"
    xmlns:tools="http://schemas.android.com/tools"
    android:layout_width="match_parent"
    android:layout_height="match_parent"
    tools:context=".MainActivity">

    <TextView
        android:id="@+id/text1"
        android:layout_width="wrap_content"
        android:layout_height="wrap_content"
        android:text="Hello" />

    <TextView
        android:id="@+id/text2"
        android:layout_below="@id/text1"
        android:layout_width="wrap_content"
        android:layout_height="wrap_content"
        android:text="Hello World" />

    <TextView
        android:id="@+id/text3"
        android:layout_toRightOf="@id/text1"
        android:layout_width="wrap_content"
        android:layout_height="wrap_content"
        android:text=" Hello World!" />

</RelativeLayout>
```

可以看到，在这里分别给 3 个 TextView 定义了 id，然后 TextView2 和 TextView3 分别通过属性 android：layout_below 和 android：layout_toRightof 来以 TextView1 作为参照物来排列，也就是它们都是相对 TextView1 来排列的，布局效果如图 2.3 所示。

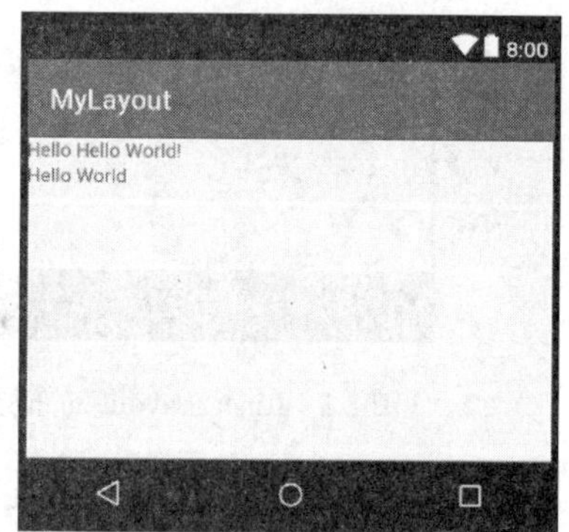

图 2.3　RelativeLayout 的布局效果

所以可以明显看到 TextView2 排在 TextView1 的下面，而 TextView3 则排在 TextView1 的右边。除了属性 android：layout_below 一类和 android：layout_toRightof 一类外，还有属性 android：layout_aliginParentLeft 一类也是可以设置放置的位置，该属性是相对父布局来排列的。

2.1.4　约束布局

通过可视化方式来编写布局界面，使用约束的方式来指定里面每个子控件的排列位置。例如现在想添加一个 TextView，那直接可以在 Design 中直接通过拖拽方式把 TextView 拖到布局里，然后这时 TextView 的周围有 4 个小圆圈，通过给这 4 个小圆圈添加上约束，就能指定到位置了，如图 2.4 所示。

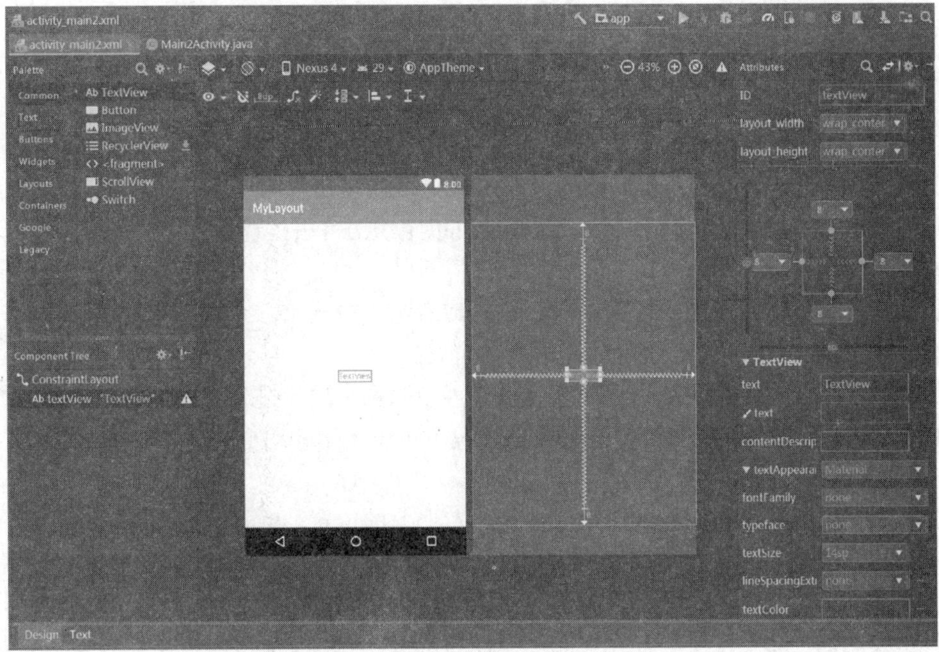

图 2.4　Android Studio 中 ConstraintLayout 的设计工作台

可以看到最右边可以设置各种具体的属性值和拖动值，这个也是很好理解和操作的，这里就不再细说。具体代码如下：

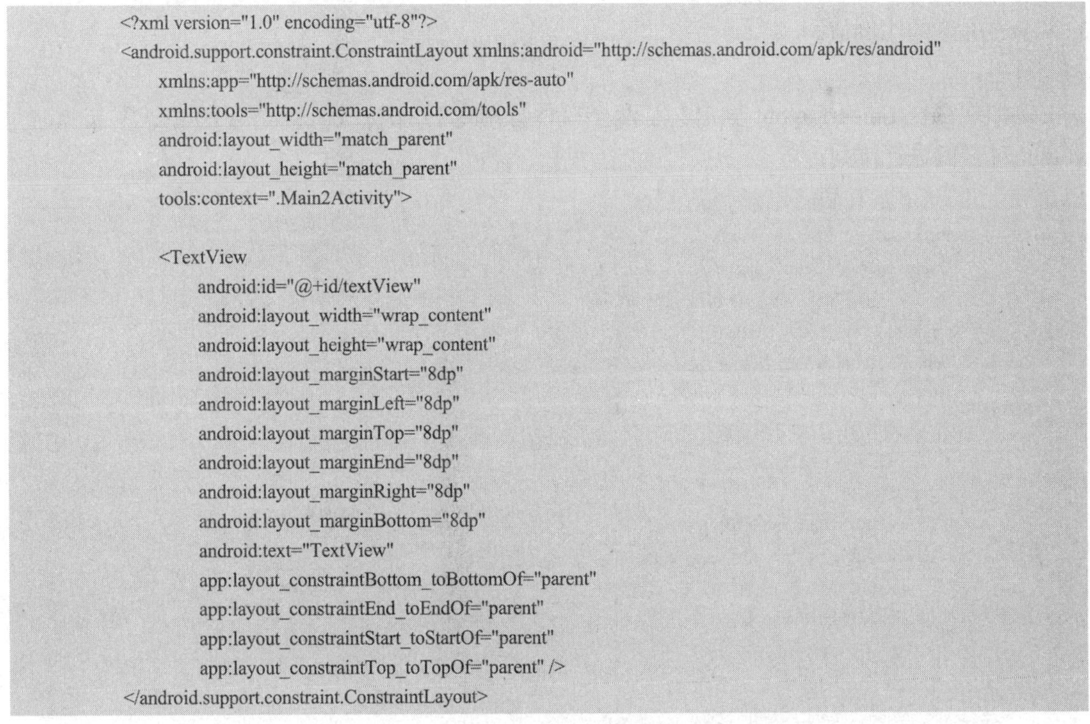

```
<?xml version="1.0" encoding="utf-8"?>
<android.support.constraint.ConstraintLayout xmlns:android="http://schemas.android.com/apk/res/android"
    xmlns:app="http://schemas.android.com/apk/res-auto"
    xmlns:tools="http://schemas.android.com/tools"
    android:layout_width="match_parent"
    android:layout_height="match_parent"
    tools:context=".Main2Activity">

    <TextView
        android:id="@+id/textView"
        android:layout_width="wrap_content"
        android:layout_height="wrap_content"
        android:layout_marginStart="8dp"
        android:layout_marginLeft="8dp"
        android:layout_marginTop="8dp"
        android:layout_marginEnd="8dp"
        android:layout_marginRight="8dp"
        android:layout_marginBottom="8dp"
        android:text="TextView"
        app:layout_constraintBottom_toBottomOf="parent"
        app:layout_constraintEnd_toEndOf="parent"
        app:layout_constraintStart_toStartOf="parent"
        app:layout_constraintTop_toTopOf="parent" />
</android.support.constraint.ConstraintLayout>
```

布局中已经自动生成了 TextView 的相关代码，非常方便，这些是约束布局的好处。

2.2 常见面试笔试真题

1）请你比较一下各个布局，然后说一说它们的特性。

思路：像这类要比较各种布局的问题，应该更多在脑海中脑补一张总结图，把每个布局的特点以及它们的使用场景进行归纳，这样就可以组织语言去描述它们。

解答：

① 线性布局：它里面的子控件是按照垂直或者水平方向来一个接一个地进行排列，当需要界面的控件是线性排列的时候可以使用线性布局；

② 相对布局：控件之间是根据某个控件作为参照物来进行排列，也就是相对某个控件来设置位置，当在一些比较多的控件且复杂的情况下可以使用相对布局，这样就可以比较灵活地安排控件的位置；

③ 帧布局：所有的子控件默认是放在布局左上角的位置，后面的控件会覆盖在前一个控件上，如果想改变位置则可以使用属性 android：layout_gravity=“Left”或者 android：layout_marginLeft=“数字”等。帧布局可以用于一些简单的界面；

④ 约束布局：通过可视化方式来拖拽控件的位置，当然前提是要给控件的 4 个方向设置约束，想更加具体地设置控件的各种属性则可以在右边的工作台上进行设置。相当于高级版 RelativeLayout，当布局的层级嵌套比较多可以使用约束布局。

2）布局中有个属性 android：weight，它有什么用？

思路：属性 android：weight 是 LinearLayout 使用的一个属性，它是一个比例值，是控件的大小占屏幕的比例值。

解答：

例如现在在 LinearLayout 里定义了两个控件分别是 EditText 和 Button，使用属性 android：weight 对它们进行排列：

```
<?xml version="1.0" encoding="utf-8"?>
<LinearLayout
    xmlns:android="http://schemas.android.com/apk/res/android"
    xmlns:tools="http://schemas.android.com/tools"
    android:layout_width="match_parent"
    android:layout_height="match_parent"
    android:orientation="horizontal"
    tools:context=".MainActivity">

    <EditText
        android:layout_width="0dp"
        android:layout_height="wrap_content"
        android:layout_weight="4"
        android:hint="请输入"/>

    <Button
        android:layout_width="0dp"
        android:layout_height="wrap_content"
        android:layout_weight="1"
```

```
            android:text="提交"/>

    </LinearLayout>
```

可以看到属性 android:layout_width="0dp"，因为要计算组件的宽度占屏幕宽度的比例，所以这里就要把它们的宽度都要设置 0dp，然后再分别定义它们的 weight 为 4 和 1，布局效果如图 2.5 所示。

图 2.5　布局效果

在这里可以看到 EditText 的宽度占了一大半还多，而 Button 则只占一小块，那么这个所占的位置比例是怎么算的？其实就是系统先把每个控件设置的 weight 值加起来得到一个总值，然后每个控件的大小占屏幕大小的比例值就等于控件它自己的 weight 除以总值。所以这里的 EditText 的 weight 是 4，Button 的 weight 是 1，所以总值是 5，EditText 的占比则为 4/5，Button 的占比则为 1/5。

第3章　自定义 View 及 ViewGroup

首先，得清楚为什么要自定义 View？主要是实际开发中的需求是多样且复杂的，而需要的界面也是多种多样的，这就使得 Android 系统内置的 View 有时会无法满足用户的需求，因此需要针对这些特定的界面定制想要的 View。自定义 View 最重要的方法是 onMeasure()和 onDraw()。onMeasure()方法负责对当前 View 的大小进行测量，onDraw()方法则负责把 View 绘制出来。当然还有 onTouchEvent()方法用来监听 View 的触摸事件。

3.1 自定义 View

首先创建自定义 View 类，继承 View 类，调用父类构造方法，然后重写 onMeasure()和 onDraw()等一些需要用到的方法：

```
public class MyPingredView extends View {

    public MyPingredView(Context context) {
        super(context);
    }
    public MyPingredView(Context context, AttributeSet attributes) {
        super(context, attributes);
    }

    public MyPingredView(Context context, AttributeSet attributes, int defStyleAttr) {
        super(context, attributes, defStyleAttr);
    }

    /**
    * View 的测量
    * @param widthMeasureSpec
    * @param heightMeasureSpec
    */
    @Override
    protected void onMeasure(int widthMeasureSpec, int heightMeasureSpec) {
        super.onMeasure(widthMeasureSpec, heightMeasureSpec);
    }

    /**
    * View 的绘制
    * @param canvas
    */
    @Override
    protected void onDraw(Canvas canvas) {
        super.onDraw(canvas);
    }

    ......
}
```

3.1.1 onMeasure()

在自定义一个 View 时，要先知道它的大小，所以就需要使用 onMeasure()方法对 View 的大小进行测量：

```
protected void onMeasure(int widthMeasureSpec, int heightMeasureSpec)
```

参数 widthMeasureSpec 和 heightMeasureSpec 分别存储了该 View 的父 View 的宽和高的信息。什么是宽和高的信息？以 widthMeasureSpec 为例，它包含了宽的信息，宽的信息就是宽度和测量模式，而 heightMeasureSpec 包含的则是高度和测量模式。需要注意的是这里的宽度和高度都是父 View 的宽度和高度。怎么获取这些信息呢？Android 提供了一个类 MeasureSpec，能直接使用它来获取宽度/高度和测量模式：

```
int widthMode = MeasureSpec.getMode(widthMeasureSpec);
int widthSize = MeasureSpec.getSize(widthMeasureSpec);

int heightMode = MeasureSpec.getMode(heightMeasureSpec);
int heightSize = MeasureSpec.getSize(heightMeasureSpec);
```

再说回这个测量模式的作用，测量模式有 3 种：

- UNSPECIFIED：View 的大小没有限制，可以是任意大小；
- EXACTLY：当前的尺寸大小就是 View 的大小；
- AT_MOST：View 能取的尺寸大小不能超过当前值大小。

所以当开发者在布局中如果指定 match_parent 则相当于 EXACTLY 模式，指定 wrap_content 则相当于 AT_MOST 模式，而指定具体值也是相当于 EXACTLY 模式。

回到 MyPingredView 类中，假设现在想让 MyPingredView 以长方形的形式显示，默认宽和高分别是 100 和 200，可以使用下面的代码来实现：

```
    /**
     * View 的测量
     * @param widthMeasureSpec
     * @param heightMeasureSpec
     */
    @Override
protected void onMeasure(int widthMeasureSpec, int heightMeasureSpec) {

        super.onMeasure(widthMeasureSpec, heightMeasureSpec);
        int width = getSize(100, widthMeasureSpec);
        int height = getSize(200, heightMeasureSpec);

        setMeasuredDimension(width, height);
    }

    /**
     * 自定义了一个可以通过默认值
     * 和 widthMeasureSpec/heightMeasureSpec 获取 View
     * 的最终宽和高的方法
     * @param defSize:默认大小
     * @param measureSpec：包含了长度信息
     * @return
     */
```

```
public int getSize(int defSize, int measureSpec) {
    int realSize = defSize;
    int mode = MeasureSpec.getMode(measureSpec);
    int size = MeasureSpec.getSize(measureSpec);

    switch (mode) {
        case MeasureSpec.UNSPECIFIED:
            //没有指定大小则设置默认大小
            realSize = defSize;
            break;
        case MeasureSpec.AT_MOST:
            //这里取最大值为 size
            realSize = size;
            break;
        case MeasureSpec.EXACTLY:
            //取固定值则不用改变
            realSize = size;
    }
    return realSize;
}
```

然后在布局文件中设置 MyPingredView：

```
<?xml version="1.0" encoding="utf-8"?>
<LinearLayout
    xmlns:android="http://schemas.android.com/apk/res/android"
    xmlns:tools="http://schemas.android.com/tools"
    android:layout_width="match_parent"
    android:layout_height="match_parent"
    android:orientation="horizontal"
    tools:context=".MainActivity">

    <com.example.pingred.mylayout.MyPingredView
        android:layout_width="150dp"
        android:layout_height="match_parent" />

</LinearLayout>
```

布局显示的效果如图 3.1 所示。

3.1.2 onDraw()

经过上面重写了 onMeasure()，把 View 的大小测量出来后，接下来要重写 onDraw()方法，而现在假如想把 View 绘制成一个圆，则要这样写：

```
 /**
 * View 的绘制
 * @param canvas
 */
@Override
protected void onDraw(Canvas canvas) {
    super.onDraw(canvas);
      //圆半径
    int r = getMeasuredWidth() / 2;
      //圆心横坐标
    int circleX = getLeft() + r;
```

```
        //圆心纵坐标
        int circleY = getTop() + (getMeasuredHeight() / 2);
        //创建画笔
        Paint paint = new Paint();
        paint.setColor(Color.BLACK);
        //绘制圆
        canvas.drawCircle(circleX, circleY, r, paint);
    }
```

可以看到，把需要绘制的参数设好，然后直接调用 Canvas 的 drawXXX()即可，界面效果如图 3.2 所示。

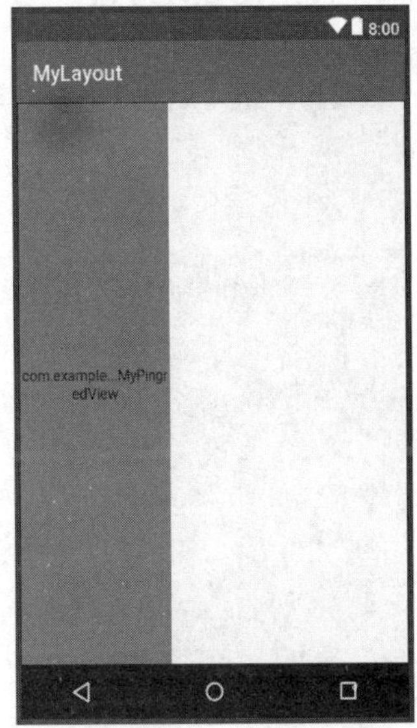

图 3.1　页面效果

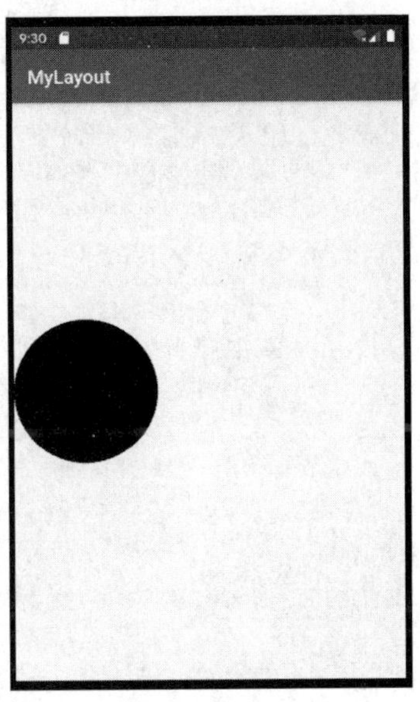

图 3.2　绘制圆

3.2 自定义 ViewGroup

自定义 ViewGroup 也不是很复杂，它的思路大致如下：

1）测量它的每个子 View 的大小，才能算出自己本身容量需要多少才能容纳它们；

2）根据实际需求来设置每个子 View 的分布位置；

3）最后重写触摸事件方法以及其他方法。

下面创建一个 MyPingredViewGroup 类，并重写它的 onMeasure()方法：

```
    @Override
protected void onMeasure(int widthMeasureSpec, int heightMeasureSpec) {

        super.onMeasure(widthMeasureSpec, heightMeasureSpec);
        //测量所有子 View 的大小
        measureChildren(widthMeasureSpec, heightMeasureSpec);
        //获取宽度信息
        int widthMode = MeasureSpec.getMode(widthMeasureSpec);
        int widthSize = MeasureSpec.getSize(widthMeasureSpec);
```

```
        //获取高度信息
        int heightMode = MeasureSpec.getMode(heightMeasureSpec);
        int heightSize = MeasureSpec.getSize(widthMeasureSpec);
      //获取子 View 的个数
        int childViewCount = getChildCount();

        if (childViewCount == 0) {
            setMeasuredDimension(0, 0);

        }else {
            if (widthMode == MeasureSpec.AT_MOST) {
                /*只有宽度是包含的内容，宽度为子 View 宽度最大值，
                高度则为 ViewGroup 测量值*/
                setMeasuredDimension(getChildViewMaxWidth(), heightSize);
            } else if (heightMode == MeasureSpec.AT_MOST) {
                /*只有高度是包含的内容，宽度为 ViewGroup 的测量值，
                高度则为所有子 View 的高度总和 */
                setMeasuredDimension(widthSize, getAllViewHeight());

            } else if (widthMode == MeasureSpec.AT_MOST &&   heightMode == MeasureSpec.AT_MOST) {
                /*宽度和高度都是包含的内容，宽度为子 View 宽度最大值，
                高度则为所有子 View 的高度总和 */
                setMeasuredDimension(getChildViewMaxWidth(), getAllViewHeight());
            }
        }
    }

    /**
     * 自定义了一个可以获取子 View 中宽度最大值
     */
    public int getChildViewMaxWidth() {
        int childViewCount = getChildCount();
        int maxWidth = 0;
        for (int i = 0; i < childViewCount; i++) {
            View childView = getChildAt(i);
            if (childView.getMeasuredWidth() > maxWidth) {
                maxWidth = childView.getMeasuredWidth();
            }
        }
        return maxWidth;
    }

    /**
     * 定义了一个可以获取所有子 View 的高度总和值
     * @return
     */
    public int getAllViewHeight() {
        int childViewCount = getChildCount();
        int sumHeight = 0;
        for (int i = 0; i < childViewCount; i++) {
            View childView = getChildAt(i);
            sumHeight += childView.getMeasuredHeight();
        }
        return sumHeight;
    }
```

代码虽比较多，但理解起来不难，分别根据不同的包含内容情况去计算最终宽度和高度值。把子 View 的大小和 ViewGroup 的大小都测量好后，就需要来分布它们，通过重写 onLayout() 方法来实现：

```
@Override
protected void onLayout(boolean changed, int l, int t, int r, int b) {

        int childViewCount = getChildCount();
        //记录当前高度位置
        int currentHeight = t;

        for (int i = 0; i < childViewCount; i++) {
            View childView = getChildAt(i);
            int width = childView.getMeasuredWidth();
            int height = childView.getMeasuredHeight();

            //参数分别代表左、上、右、下位置
            childView.layout(l, currentHeight, l + width, currentHeight + height);
            currentHeight += height;
        }
    }
```

这里要注意的是 onLayout()方法中 4 个参数分别是代表左、上、右、下的值，是 ViewGroup 相对于其父 View 的位置参数，而当 childView 调用 layout()方法时传进去的 4 个方向的参数应该是相对于 ViewGroup 的位置参数，所以实际开发中还要处理控件边距等问题。而本例中的这个 ViewGroup 正好在页面的左上角，所以没有影响，可以按照 onLayout()里的参数来进行计算，但要记得每次 layout()完后要给当前高度加上之前的子 View 的高度值。

最后，在布局文件里设置 MyPingredViewGroup：

```
    <?xml version="1.0" encoding="utf-8"?>
<LinearLayout
    xmlns:android="http://schemas.android.com/apk/res/android"
    xmlns:tools="http://schemas.android.com/tools"
    android:layout_width="match_parent"
    android:layout_height="match_parent"
    android:orientation="horizontal"
    tools:context=".MainActivity">

    <com.example.pingred.mylayout.MyPingredViewGroup
        android:layout_width="wrap_content"
        android:layout_height="250dp"
        android:background="#ff5050">

        <Button
            android:layout_width="wrap_content"
            android:layout_height="50dp"
            android:text="按钮 1" />

        <TextView
            android:layout_width="120dp"
            android:layout_height="wrap_content"
            android:text="这是一个超长的文本框" />
```

```
            <Button
                android:layout_width="50dp"
                android:layout_height="wrap_content"
                android:text="按钮 2" />

        </com.example.pingred.mylayout.MyPingredViewGroup>

    </LinearLayout>
```

运行程序，得到的界面效果如图 3.3 所示。

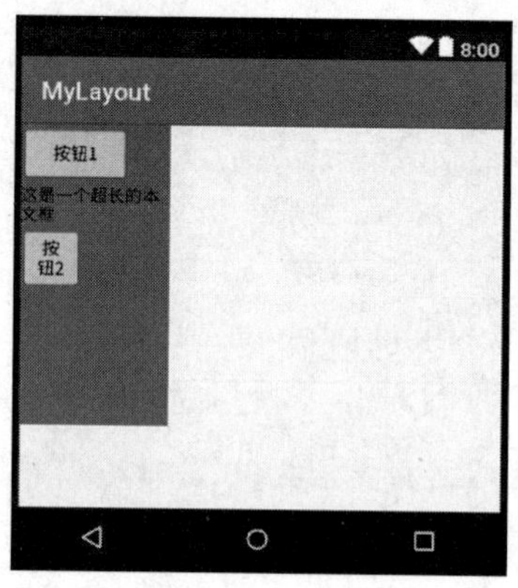

图 3.3　页面效果

可以看到因为这里设置控件的情况属于宽度和高度都是包含的内容，所以 ViewGroup 的宽度为子 View 宽度最大值 120，ViewGroup 的高度则为所有子 View 的高度总和。

3.3 常见面试笔试真题

1）说一下你对 RecycleView 的认识（使用、原理、优化等）。

思路：

作为最经常使用的 View 之一，就是一道问 RecycleView 的综合题，把 RecycleView 所有的知识点给一起描述一遍即可。

解答：

① RecycleView 的概述。RecycleView 是一个滚动控件，可以看作是 ListView 的升级版，因为 RecycleView 不仅能轻松简便实现 ListView 同样的效果，还封装优化了 ListView 的缺点，例如 ViewHolder 的复用。

② RecycleView 的优点。每一块的功能 RecycleView 都能轻松实现，因为它都封装好专门的类去实现。想改变布局的显示方式（例如横向排列、九宫格排列等），就可以通过 LayoutManager 去指定，例如 GridLayoutManager 和 LinearLayoutManager 等。如果要改变子项之间的分割线样式则可以通过 ItemDecoration 去设置。想给子项添加动画则可以通过 ItemAnimator 去实现。而最基本的 ViewHolder 也是可以由开发者根据需求去自行创建与绑定，从而实现 Adapter。最后，RecycleView 的点击事件也是由开发者根据需求去自行注册，这样就不会出现像 ListView 那样只能识别子项，而子项中的控件不能实现点击事件的情况。

③ RecycleView 的使用。下面以实现一个普通的滚动列表为例子，先设计子项布局 recycle_item.xml：

```
<?xml version="1.0" encoding="utf-8"?>
<LinearLayout xmlns:android="http://schemas.android.com/apk/res/android"
    android:layout_width="match_parent"
    android:layout_height="wrap_content"
    android:orientation="vertical">

    <TextView
        android:id="@+id/item_text"
        android:layout_width="match_parent"
        android:layout_height="40dp"
        android:gravity="center"
        android:text="text"
        android:background="#D81B60"/>

</LinearLayout>
```

然后 Activity 的布局文件引入 RecyclerView：

```
<?xml version="1.0" encoding="utf-8"?>
<LinearLayout xmlns:android="http://schemas.android.com/apk/res/android"
    xmlns:app="http://schemas.android.com/apk/res-auto"
    xmlns:tools="http://schemas.android.com/tools"
    android:layout_width="match_parent"
    android:layout_height="match_parent"
    android:orientation="vertical"
    tools:context=".BActivity">

    <android.support.v7.widget.RecyclerView
        android:layout_width="match_parent"
        android:layout_height="match_parent"
        android:id="@+id/recycler_view"
        android:divider="#008577"
        android:dividerHeight="10dp"/>

</LinearLayout>
```

接下来就是创建 RecyclerView 的适配器 Adapter 了：

```
public class MyRecyclerAdapter extends RecyclerView.Adapter<MyRecyclerAdapter.ViewHolder> {

    //定义数据源
    private List<String> mList;
    public MyRecyclerAdapter(List<String> list) {
        mList = list;
    }

    //返回 item 个数
    @Override
    public int getItemCount() {
        return mList.size() ;
    }

    //创建 ViewHolder
```

```
        @NonNull
        @Override
        public ViewHolder onCreateViewHolder(@NonNull ViewGroup parent, int viewType) {

            return new ViewHolder(LayoutInflater.from(parent.getContext()).inflate(R.layout.recycle_item, parent, false));
        }

        //填充视图
        @Override
        public void onBindViewHolder(@NonNull final MyRecyclerAdapter.ViewHolder holder, final int position) {

            holder.mView.setText(mList.get(position));
        }

        //定义 ViewHolder
        public class ViewHolder extends RecyclerView.ViewHolder {
            public TextView mView;

            public ViewHolder(View itemView) {
                super(itemView);
                mView = itemView.findViewById(R.id.item_text);
            }
        }
    }
```

最后一步就是在 Activity 里使用 RecyclerView 了：

```
public class BActivity extends AppCompatActivity{

    private static final String TAG = "BActivity";
    private RecyclerView mRecyclerView;
    private MyRecyclerAdapter adapter;
    private LinearLayoutManager mLayoutManager;
    private List<String> list;

    @Override
    protected void onCreate(@Nullable Bundle savedInstanceState) {
        super.onCreate(savedInstanceState);
        setContentView(R.layout.activity_b);

        initData();
        //创建 RecyclerView，为其配置适配器 Adapter
        mRecyclerView = findViewById(R.id.recycler_view);
        adapter = new MyRecyclerAdapter(list);
        mRecyclerView.setAdapter(adapter);
    }

    /**
     * 模拟初始化数据
     */
    public void initData() {
        list = new ArrayList<>();
        for (int i = 0; i <= 10; i++) {
            list.add("子项" + i);
        }
    }
```

```
}
```

由此可见，使用 RecyclerView 的思路大致可按照以上这个步骤去使用。

2）知道 SurfaceView 吗？谈一谈你对它的认识。

思路：

作为经常使用的 View 之一，考察对 SurfaceView 的认识，所以按照它是什么，有什么用，使用方法或者步骤是怎样的思路去描述它即可。

解答：

① SurfaveView 概述。一般的 View 控件的 UI 是在主线程里进行绘制的，通过刷新来进行重绘，刷新的时间为 16 ms。所以在刷新的过程中如果需要执行的逻辑处理过多，会容易出现卡顿现象，而且也会造成主线程阻塞，引起 ANR 问题。

所以 Google 就推出了 SurfaceView 去解决这些问题。SurfaceView 继承 View，所以拥有 View 的特性。SurfaceView 有两个子类，分别是 GLSurfaceView 和 VideoView。它们有自己独立的、区别于普通 View 的绘图表面 Surface，通过在 Surface 上绘制图像，然后将产生的视图数据交给 SurfaceFlinger，SurfaceFlinger 就负责将这些视图数据进行合成，最终发送到显示设备上，从而显示到屏幕上。

现在假设 Activity 窗口中有 DecorView，DecorView 里有 TextView、Button 和 SurfaceView。DecorView 及其 TextView、Button 的 UI 都是在 SurfaceFlinger 中的同一个 Layer 上绘制的，而 SurfaceView 的 UI 则在 SurfaceFlinger 的另一个 Layer 或 LayerBuffer 上绘制的，如图 3.4 所示。

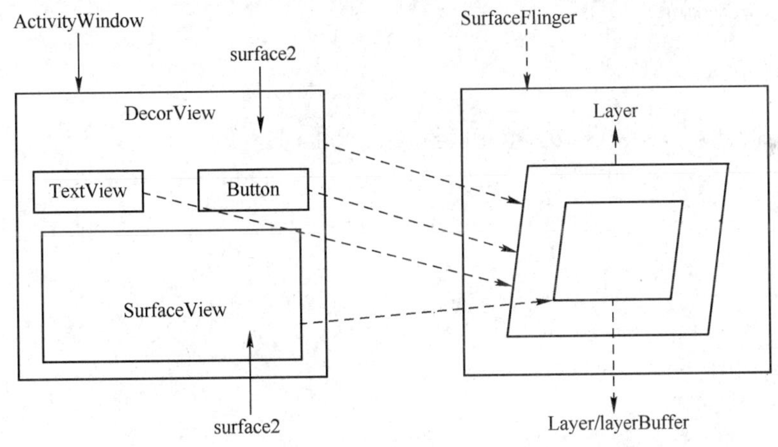

图 3.4　SurfaceView 原理

② SurfaceView 的特点。

- 具有独立的绘图表面，所以它的 UI 绘制在独立的线程中进行，不会造成主线程阻塞；
- View 主要用于主动更新，而 SurfaceView 用于被动更新；
- 当自定义 View 需要频繁刷新或者刷新时需要处理比较复杂逻辑时，可以用 SurfaceView；
- SurfaceView 在绘图时使用了双缓冲机制。

③ SurfaceView 的使用。

首先创建自定义 SurfaceView 并继承 SurfaceView 类，然后分别实现 SurfaceHolder.Callback 和 Runnable 及其他的方法：

```
public class MySurfaceView extends SurfaceView implements SurfaceHolder.Callback, Runnable {

    @Override
    public void surfaceCreated(SurfaceHolder surfaceHolder) {
    }

    @Override
    public void surfaceChanged(SurfaceHolder surfaceHolder, int i, int i1, int i2) {

    }

    @Override
    public void surfaceDestroyed(SurfaceHolder surfaceHolder) {
    }

    @Override
    public void run() {
    }
}
```

这里的 SurfaceHolder 的作用是用它来保存 Surface 对象的引用，这样就可以操作 Surface，从而进行绘制工作。接下来就是初始化工作：

```
public class MySurfaceView extends SurfaceView implements SurfaceHolder.Callback, Runnable {
    //绘制线程标志
    private boolean isDraw;
    private SurfaceHolder holder;
    //画布
    private Canvas canvas;

    public MySurfaceView(Context context, AttributeSet attributes) {
        super(context, attributes);
        initView();
    }

    public MySurfaceView(Context context, AttributeSet attributes, int defStyleAttr) {

        super(context, attributes, defStyleAttr);
        initView();
    }

    public MySurfaceView(Context context, AttributeSet attributes, int defStyleAttr, int defStyleRes) {

        super(context, attributes, defStyleAttr);
        initView();
    }

    /**
     * 初始化工作
     */
    public void initView() {
        //获得 SurfaceHolder 对象
        holder = getHolder();
```

```
        holder.addCallback(this);
        ......
    }

    ......
}
```

接着就是通过 SurfaceHolder 的 lockCanvans()方法获得 Canvas 对象，从而在子线程中进行绘制工作，所以整个 MySurfaceHolder 代码如下：

```
public class MySurfaceView extends SurfaceView implements SurfaceHolder.Callback, Runnable {
    //绘制线程标志
    private boolean isDraw;
    private SurfaceHolder holder;
    //画布
    private Canvas canvas;

    public MySurfaceView(Context context, AttributeSet attributes) {
        super(context, attributes);
        initView();
    }

    public MySurfaceView(Context context, AttributeSet attributes, int defStyleAttr) {

        super(context, attributes, defStyleAttr);
        initView();
    }

    public MySurfaceView(Context context, AttributeSet attributes, int defStyleAttr, int defStyleRes) {

        super(context, attributes, defStyleAttr);
        initView();
    }

    /**
     * 初始化工作
     */
    public void initView() {
        //获得 SurfaceHolder 对象
        holder = getHolder();
        holder.addCallback(this);
        setFocusable(true);
        setFocusableInTouchMode(true);
        this.setKeepScreenOn(true);
    }

    @Override
    public void surfaceCreated(SurfaceHolder surfaceHolder) {
        isDraw = true;
        //需要循环来进行绘制，所以开启子线程
        new Thread(this).start();
    }

    @Override
    public void surfaceChanged(SurfaceHolder surfaceHolder, int i, int i1, int i2) {
```

```
    }

    @Override
    public void surfaceDestroyed(SurfaceHolder surfaceHolder) {
        isDraw = false;
    }

    @Override
    public void run() {
        while (isDraw) {
            doDrawing();
        }
    }

    /**
     * 绘制工作
     */
    public void doDrawing() {
        try {
            //获取 Canvas 对象进行绘制
            canvas = holder.lockCanvas();
            //绘制逻辑

        } catch (Exception e) {
            e.printStackTrace();

        }finally {
            if (canvas != null) {
                //对画布内容进行提交
                holder.unlockCanvasAndPost(canvas);
            }
        }
    }
}
```

最后，就可以使用这个自定义 SurfaceView 去实现想要的需求效果。例如现在想实现一个随着用户手指滑动的轨迹来进行绘图的功能，就先通过 Path 对象记录用户手指的滑动路径，所以在 onTouchEvent()方法中进行：

```
public class MySurfaceView extends SurfaceView implements SurfaceHolder.Callback, Runnable {
    ......
    private Path path;//用户手指滑动的路径
    ......

    @Override
    public boolean onTouchEvent(MotionEvent event) {
        //获取触摸点的 X、Y 坐标
        int x = (int) event.getX();
        int y = (int) event.getY();

        switch (event.getAction()) {
            //手指触摸时事件
            case MotionEvent.ACTION_DOWN:
                path.moveTo(x, y);
```

```
                break;
            //手指滑动时事件
            case MotionEvent.ACTION_MOVE:
                path.lineTo(x, y);
                break;
            //手指离开时事件
            case MotionEvent.ACTION_UP:
                break;
        }
        return true;
    }
}
```

与此同时，别忘了在 doDrawing()方法中进行绘制：

```
public class MySurfaceView extends SurfaceView implements SurfaceHolder.Callback, Runnable {
    ......
    private Path path;//用户手指滑动的路径
    private Paint paint;//画笔
    ......

    /**
     * 绘制工作
     */
    public void doDrawing() {
        try {
            //获取 Canvas 对象进行绘制
            canvas = holder.lockCanvas();

            //绘制逻辑
            canvas.drawColor(Color.BLACK);
            canvas.drawPath(path, paint);

        } catch (Exception e) {
            e.printStackTrace();

        }finally {
            if (canvas != null) {
                //对画布内容进行提交
                holder.unlockCanvasAndPost(canvas);
            }
        }
    }

    @Override
    public boolean onTouchEvent(MotionEvent event) {
        //获取触摸点的 X、Y 坐标
        int x = (int) event.getX();
        int y = (int) event.getY();

        switch (event.getAction()) {
            //手指触摸时事件
            case MotionEvent.ACTION_DOWN:
                path.moveTo(x, y);
                break;
            //手指滑动时事件
```

```
                case MotionEvent.ACTION_MOVE:
                    path.lineTo(x, y);
                    break;
                //手指离开时事件
                case MotionEvent.ACTION_UP:
                    break;
            }
            return true;
        }
    }
```

这样就实现了一个简单版的绘图板功能了，其他的功能需求也是按这样的思路去实现。

3）整个自定义 View 流程里有很多方法，例如 requestLayout()、onLayout()、onDraw()和 onDrawChild()，请你谈一谈它们之间的联系与区别。

解答：

requestLayout()：调用 onMeasure()和 onLayout()的过程，然后根据标记位来判断是否调用 onDraw()。

onLayout()：通常该方法是针对 ViewGroup，因为调用 onLayout()是让 ViewGroup 的子控件分布好位置。

onDraw()：绘制控件本身（背景、canvas 图层、内容、子 view、fading 边缘和装饰）。

onDrawChild()：回调每个子控件的 onDraw()方法。

4）说一下 invalidate()与 postInvalidate()区别。

解答：

这两个方法都是用于控件刷新的，invalidate()是主动刷新，在主线程中使用的，所以当在子线程中调用时就要使用异步机制（Handler 等），而 postInvalidate()则是在子线程中直接调用即可。

5）描述一下 Activity、Window、View 三者的关系与联系。

思路：

该题就是考查对 Android 的 UI 界面架构的认识，所以得先想起架构图，然后根据图中的层层架构去描述 Activity、Window 和 View。

解答：

为了便于理解，下面首先了解它们之间的关系，如图 3.5 所示。

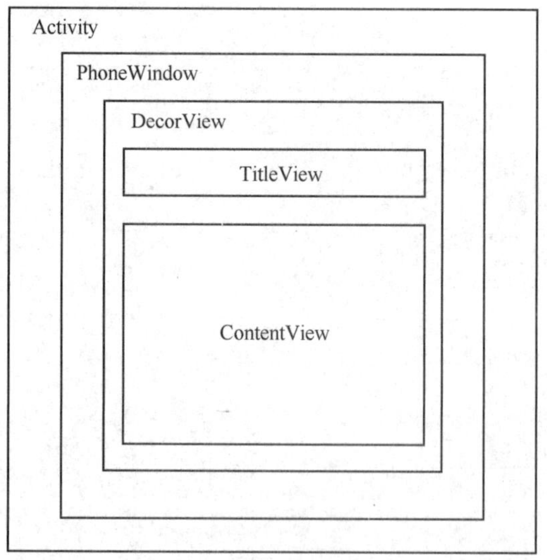

图 3.5　UI 架构

Activity 有一个 Window 对象，由 Phone Window 来实现。而 PhoneWindow 对象下有一个 DecorView 对象，它就是整个应用界面的根 View 了，也就是顶层视图。DecorView 包含了布局内容，就是用户看到的 UI 界面。PhoneWindow 对其进行管理，监听它所有 View 的事件。DecorView 之所以包含了全部布局内容，是因为它将屏幕分成两部分，一部分是

TitleView，另一部分是 ContentView。而平时 Activity 的布局文件 xml 就是设置在 ContentView 里。

所以，当执行 setContentView()方法后，ActivityManagerService 会调用 onResume()方法，然后系统就把 DecorView 添加到 PhoneWindow 中让其管理并显示出布局内容出来。

6）你是怎么优化自定义 View 的？

思路：

可以把一般的思路给说出来，然后再结合具体的例子去讲解会更好。

解答：

① 减少冗余的代码，尤其是 onDraw()里的代码，尽量减少调用刷新方法的频率；

② 避免在 onDraw()里处理内存分配的逻辑；

③ 因为每次执行 requestLayout()方法都是非常耗时，所以最好自定义 ViewGroup 来执行，因为 ViewGroup 有 onLayout()方法直接可以对子控件进行布局；

④ 减少 View 的层级，避免冗余复杂。

7）对于自定义 View 你有什么好的适配方案？

思路：

既然是适配，那就是要根据屏幕大小来定出 View 的宽高，那这里其实可以设计一个类去根据缩放比例（使用的设备大小/设计稿上定好的大小）去更改 View 的大小。

解答：

可以通过自定义一个工具类来实现，示例代码如下：

```
public class AdapterViewUtil {

    private static AdapterViewUtil util;
    //假设设计稿上定好的宽高为 1080*1920
    private static final float MY_VIEW_WIDTH = 1080;
    private static final float MY_VIEW_HEIGHT = 1920;
    //屏幕显示的宽高
    private int mWidth;
    private int mHeight;

    public AdapterViewUtil(Context context) {
        //构造方法中获取屏幕显示的宽高
        if (mWidth == 0 || mHeight == 0) {
            WindowManager manager = (WindowManager) context.getSystemService(Context.WINDOW_SERVICE);

            if (manager != null) {
                DisplayMetrics displayMetrics = new DisplayMetrics();
                manager.getDefaultDisplay().getMetrics(displayMetrics);

                if (displayMetrics.heightPixels > displayMetrics.widthPixels) {
                    //竖屏的情况下
                    mWidth = displayMetrics.widthPixels;
                    //屏幕显示的高度减去状态栏的高度
                    mHeight = displayMetrics.heightPixels - getStatusBarHeight(context);

                } else {
                   //横屏的情况下
                   mWidth = displayMetrics.widthPixels;
                   mHeight = displayMetrics.heightPixels;
```

```
                }
            }
        }
    }

    //单例模式
    public static AdapterViewUtil getInstance(Context context) {
        if (util == null) {
            util = new AdapterViewUtil(context.getApplicationContext());
        }
        return util;
    }

    /**
     * 获取状态栏高度的方法
     * @return
     */
    public int getStatusBarHeight(Context context) {
        //资源文件 id
        int id = context.getResources().getIdentifier("status_bar_height","dimen","android");

        if (id > 0) {
            return context.getResources().getDimensionPixelSize(id);
        }
        return 0;
    }

    /**
     * 获取水平缩放比例
     * @return
     */
    public float getHScale() {
        //使用的设备大小/设计稿上定好的大小
        return mWidth / MY_VIEW_WIDTH;
    }

    /**
     * 获取垂直缩放比例
     * @return
     */
    public float getVScale() {
        //使用的设备大小/设计稿上定好的大小
        return mHeight / MY_VIEW_HEIGHT;
    }
}
```

工具类定义好后，就可以在自定义 View 里使用它：

```
//获取水平方向的缩放比例
float hScale = AdapterViewUtil.getInstance(getContext()).getHScale();
//获取垂直方向的缩放比例
float vScale = AdapterViewUtil.getInstance(getContext()).getVScale();
```

8）在自定义 View 时怎么知道 View 的大小？

思路：

其实就是对 View 的测量，在 onMeasure()里进行测量。分别以 View 和 ViewGroup 的两个角度去阐述。

解答：

① 如果测量的是 View，那么使用 getDefaultSize()。getDefaultSize()有两个参数，第一个参数是 getSuggestedMinimumWidth()或者 getSuggestedMinimumHeight()，就是将获取最小宽度或最小高度作为默认值，没有就默认为 0；第二个参数则是 widthMeasureSpec 或者 heightMeasureSpec。最终 getDefaultSize()返回的是 MeasureSpec 的模式和大小、getSuggestedMinimumWidth()/getSuggestedMinimumHeight()进行测量后的最终大小。

② 如果测量的是 ViewGroup，那么需要先遍历它的所有子控件，然后重写 onMeasure()方法。调用 measureChildren()遍历 ViewGroup 里所有子控件，当 View 的状态是可见时就调用 measureChild()，将视图宽高和边距计算好后传给 getChildMeasureSpec()里，然后结合 ViewGroup 的 MeasureSpec 与子 View 的 LayoutParams 信息去获取最终测量值。最后将结果传入 child 的 measure()方法，完成最终的测量。

9）谈一谈你对 View 的刷新机制的认识。

解答：

子 View 需要刷新的时候就调用 invalidate()，找到自己的父 View 并通知它刷新自己，它的源码如下：

```
public void invalidate(boolean invalidateCache) {
        invalidateInternal(0, 0, mRight - mLeft, mBottom - mTop, invalidateCache, true);
    }

    void invalidateInternal(int l, int t, int r, int b, boolean invalidateCache, boolean fullInvalidate) {
        ......

        if ((mPrivateFlags & (PFLAG_DRAWN | PFLAG_HAS_BOUNDS)) ==
            (PFLAG_DRAWN | PFLAG_HAS_BOUNDS)
            || (invalidateCache && (mPrivateFlags & PFLAG_DRAWING_CACHE_VALID) ==
              PFLAG_DRAWING_CACHE_VALID)
            || (mPrivateFlags & PFLAG_INVALIDATED) != PFLAG_INVALIDATED
            || (fullInvalidate && isOpaque() != mLastIsOpaque)) {
            ......

            // Propagate the damage rectangle to the parent view.
            final AttachInfo ai = mAttachInfo;
            final ViewParent p = mParent;
            if (p != null && ai != null && l < r && t < b) {
                final Rect damage = ai.mTmpInvalRect;
                damage.set(l, t, r, b);
                p.invalidateChild(this, damage);
            }

            ......
        }
    }
```

可以看到，View 首先通过成员变量 mParent 记录自己的父 View，然后将 AttachInfo 中保存的信息告诉父 View 来刷新自己。

需要注意的是，invalidate()是在主线程中调用的，所以如果要在子线程中使用就要使用 Handler 机制，而 postInvalidate()则可在直接在子线程和主线程中使用来刷新视图。

10）请简单说一下 View 的绘制流程。

思路：

以 View 的测量、布局和绘制的思路去阐述。

解答：

① View 的测量，计算 View 的大小。从 MeasureSpec 中获取测量模式和大小：

```
int msMode = MeasureSpec.getMode(measureSpec);
int msSize = MeasureSpec.getSize(measureSpec);
```

说到 MeasureSpec 的测量模式，它有 3 种：

- EXACTLY：精确测量模式，当视图的 layout_width 或者 layout_height 指定为具体数值或者 match_parent 时，表示父视图已经决定了子视图的精确大小，此时 View 的测量值就是 SpecSize 的值；
- UNSPECIFIED：不指定测量模式，不限制大小，可以是任何大小。开发中很少使用到，用于绘制自定义 View；
- AT_MOST：最大值模式，当前视图的 layout_width 或者 layout_height 指定为 wrap_content 时，控件大小随子控件或内容来改变，大小不超过父控件运行的最大尺寸。

当从 MeasureSpec 中获取到测量模式和大小后，可根据不同的测量模式来给出不同的测量值：

```
public int getMeasureHeight(int measureSpec) {

    int resultHeight = 0;
    int msMode = MeasureSpec.getMode(measureSpec);
    int msSize = MeasureSpec.getSize(measureSpec);

    if (msMode == MeasureSpec.EXACTLY) {
        resultHeight = msSize;

    } else {
        resultHeight = 100;

        if (msMode == MeasureSpec.AT_MOST) {
            //大小不超过父控件运行的最大尺寸
            resultHeight = Math.min(resultHeight, msSize);
        }
    }
    return resultHeight;
}
```

② View 的布局，确定 View 在父控件里的布局位置：

```
public void layout(int l, int t, int r, int b) {
    onLayout(changed, l, t, r, b);
}

......
```

```
//当子类是 ViewGroup 类型，重写方法，实现 ViewGroup 中所有 View 布局
protected void onLayout(boolean changed, int left, int top, int right, int bottom) {

}
```

③ View 的绘制，绘制背景、canvas 图层、内容、子 view、fading 边缘和装饰：

```
public void draw(Canvas canvas) {
    ......
    // Step 1, draw the background, if needed
    if (!dirtyOpaque) {
        drawBackground(canvas);
    }
    ......
    // Step 2, save the canvas' layers
    saveCount = canvas.getSaveCount();
    ......
    // Step 3, draw the content
    if (!dirtyOpaque) onDraw(canvas);

    // Step 4, draw the children
    dispatchDraw(canvas);

    // Step 5, draw the fade effect and restore layers
    canvas.drawRect(left, top, right, top + length, p);
    ......
    canvas.restoreToCount(saveCount);
    ......
    // Step 6, draw decorations (foreground, scrollbars)
    onDrawForeground(canvas);
}
```

11）如果要创建自定义 View，那么如何提供获取 View 属性的接口？

思路：

其实本质就是问自定义 View 过程中如果想自定义属性的步骤。

解答：

在自定义 View 过程中，当需要给 View 创建属性时，先在 values 目录下创建 attrs.xml 文件，定义相关属性：

```
<?xml version="1.0" encoding="utf-8"?>
<resources>
    <declare-styleable name="MyPingredView">
        <attr name="titleTextSize" format="dimension"/>
        <attr name="title" format="string"/>
        ......
    </declare-styleable>
</resources>
```

上面代码中定义了两个属性，titleTextSize 和 title，它们的类型分别是 dimension 和 string 类型，然后在布局文件里使用这两个自定义属性：

```
<?xml version="1.0" encoding="utf-8"?>
<LinearLayout
    xmlns:android="http://schemas.android.com/apk/res/android"
```

```
        xmlns:tools="http://schemas.android.com/tools"
        xmlns:myview="http://schemas.android.com/apk/res-auto"
        android:layout_width="match_parent"
        android:layout_height="match_parent"
        android:orientation="horizontal"
        tools:context=".MainActivity">

        <com.example.pingred.mylayout.MyPingredView
            android:layout_width="match_parent"
            android:layout_height="50dp"
            myview:title="title"/>

    </LinearLayout>
```

可以看到，先定义了命名空间 xmlns：myview 去引用自定义 myview：title 属性。最后，在自定义 View 类里把这些自定义属性的值提取出来：

```
public class MyPingredView extends View {
    private String title;
    private int titleSize;

    public MyPingredView(Context context) {
        super(context);
    }

    public MyPingredView(Context context, AttributeSet attributes) {
        super(context, attributes);

        //TypedArray 是属性集合
        TypedArray array = context.obtainStyledAttributes(attributes,R.styleable.MyPingredView);

        title = array.getString(R.styleable.MyPingredView_title);
        //第二个参数表示当第一个参数没有设置值则使用默认值，这里设定默认值为 25
        titleSize = array.getDimensionPixelSize(R.styleable.MyPingredView_titleTextSize, 25);

        //最后回收 TypedArray
        array.recycle();
    }
    ......
}
```

在构造方法中的 AttributeSet 就是对应 values 目录下 attrs.xml 文件里的 declare-styleable 标签，使用 ontainStyledAttributes()方法将属性集合提取到 TypeArray 里，然后使用 getXXX()方法就能获取属性值。

12）ListView 中图片错位的问题是怎样产生的？有什么办法去解决？

解答：

因为 ListView 使用了缓存机制 convertview，而且是异步的，当整个屏幕刚好能显示 8 个 item 时，如果此时向上滑，从而显示第 9 个 item，但它是重用第一个 item 来显示的，而此时又异步进行网络请求第 9 个 item 的图片，自然比第一个 item 的图片加载慢，所以第 9 个 item 就显示第 1 个的图片。而当向下滑动时，因为第 9 个 item 的相片此时加载完成，所以第 1 个 item 又会复用第 9 个 item 的图片了，所以这样就会导致图片错乱了。

解决方法是给 ImageView 控件设置一个标识，并设置一张默认图片。当向上滑动时，第

9 个 item 显示，把第一个 item 隐藏。因为标识的缘故，即使第 1 个 item 的加载图片要比第 9 个的要快，但因为此时的标识是第 9 个 item 的，所以也不会显示第 1 个 item 的图片。

13）同样都是滑动控件，说一下 RecyclerView 和 ListView 的区别。

思路：

可以从 ViewHolder、动画、Adapter、滑动方式和点击事件等方面去阐述。

解答：

① ViewHolder。作为保存控件的工具类，ListView 是要开发者自己定义的，而且不需要一定要使用它，当然如果不使用它但是每次都要调用 findViewById(id)会导致性能降低。而 RecyclerView 则已经封装好了 ViewHolder，直接使用即可。

② 动画。在一般情况下要使用动画框架则会用属性动画或者 View 动画，而 RecyclerView 有封装好的 ItemAnimator，通过它可以轻松实现 RecyclerView 在添加、删除和滑动 item 项时的动画效果。

③ Adapter。ListView 有 3 个系统写好的 Adapter，分别是 ArrayAdapter、CursorAdapter 和 SimpleCursorAdapter，可以直接使用，也可以自定义，通过 getView()方法来绑定控件。而 RecyclerView 则是自定义 Adapter，使用观察者模式，将数据传给定义好的 Adapter。

④ 滑动方式。ListView 只可以在垂直方向上进行滑动，而 RecyclerView 可以直接通过 LinearLayoutManager 设置水平或者垂直方向的滑动，可以通过 StaggeredGridLayoutManager 设置瀑布流排列的风格来滑动，也可以通过 GridLayoutManager 设置成网格排列风格来滑动。

⑤ 点击事件。ListView 因为实现的接口是 OnItemClickListener，所以只能监听子项的点击事件。RecycleView 的点击事件也是由开发者根据需求去自行注册，不仅仅是子项的各种点击事件，连子项中的其他控件的点击事件也能实现。这样就不会出现像 ListView 那样只能识别子项，而子项中的控件不能实现点击事件的情况。

14）自定义 View 或 ViewGroup 时要注意什么？

解答：

① 因为直接继承 View 或 ViewGroup 的控件默认不支持 wrap_content，所以需要在重写 onMeasure()方法中进行设置；

② 如果是继承 View 的控件，则要在 onDraw()方法里设置 padding，否则控件的 padding 是不起作用的。而如果是继承 ViewGroup 的控件，那么也要处理好自身的 padding 以及它的子控件的 margin，否则也是不起作用的；

③ 因为 View 内部已经有 post 一类的方法，所以没必要一定要使用 Handler；

④ 为了防止内存泄漏，要及时在 onDetachedFromWindow()或者 onAttachedToWindow()里结束动画和线程；

⑤ 注意避免滑动冲突的情况。

15）ListView 和 RecyclerView 之间在性能上有什么区别？

解答：

① 因为 RecyclerView 有布局管理器，它比 ListView 支持的布局类型更多；

② RecyclerView 有 ViewHolder，对于控件的复用会好过 ListView，在编写规范上也会清晰明了；

③ RecyclerView 有封装好的动画机制，例如 ItemAnimator，直接使用即可；

④ 如果要对特定的 item 项进行刷新，ListView 会比 RecyclerView 实现起来复杂；

⑤ RecyclerView 可以对自己的 item 项里的控件实现点击事件监听，而 ListView 则不能，它只可以对自己的 item 项监听点击事件；

⑥ ListView 可以直接调用其封装好的方法处理空数据，而 RecyclerView 要开发者自己写；

⑦ RecyclerView 支持嵌套机制。

16）请简单描述一下 View 的渲染。

解答：

Android 系统每隔 16 ms 就会发出 VSYNC 信号，通知 UI 进行渲染，当渲染成功，也就是能达到 60 fps，就能让画面看起来流畅。所以每次渲染的计算操作都必须在 16 ms 内完成。如果渲染超时，也就是这一帧画面渲染时间超过 16 ms，垂直同步机制就会让显示器等待 GPU 完成栅格化渲染操作，这样会让这一帧画面多停留了 16 ms 或者更多时间，这样就造成了画面停顿，也就是卡顿现象。

17）View 与 SurfaceView 的区别是什么？

解答：

① View 不能在子线程中进行 UI 操作，而 SurfaceView 可以在任何线程中更新 UI；

② SurfaceView 放置在最底层，在其之上可以添加其他层，但不能是透明的层；

③ SurfaceView 可以控制帧数，执行动画效率要比 View 的效率高；

④ 综合来说，SurfaceView 的创建和用法要比自定义 View 的复杂，占用资源也比自定义 View 要多。

18）你能介绍一下 ListView 和它的 Adapter 吗？

解答：

Adapter 把列表上的数据映射到 ListView 中，ListView 常用的 Adapter 有：

① ArrayAdapter：实现简单的数据绑定，绑定每个对象的字符串值到预定的 TextView 上；

② SimpleAdapter：针对 HashMap 构成的列表，将其数据通过键值对形式绑定到 ListView，从而实现每个 item 项要实现的布局；

③ BaseAdapter：当其他 Adapter 满足不了需求时，就会自定义 Adapter 来继承 BaseAdapter，然后实现 getItem()、getItemId()、getView()和 getCount()方法，对 ListView 列表进行绘制等逻辑处理，从而实现各种开发需求。

19）RecyclerView 的缓存机制与 ListView 的缓存机制有什么区别？

解答：

① ListView 是二层缓存，缓存 View，每次刷新都需要绑定数据，复用时候全部都要绑定数据，先缓存再复用；

② RecyclerView 是四级缓存，缓存 ViewHolder，ViewHolder 保存的是 View，不需要每次刷新都要绑定数据，直接使用即可，先复用再缓存。

第 4 章　动　　画

作为经常跟用户打交道的 View，因为用户经常会触摸点击各种组件，所以 View 也会发生变化，而如果 View 发生变化的过程由动画来过渡完成，会让用户感觉更加自然顺畅。相反，如果 View 的变化是瞬时就完成的，就会显得很生硬了，所以在 Android 中，提供了一些很好的动画框架供开发者使用。

4.1 View 动画

View 动画框架是 Android 中一个较为常用的动画框架，它也叫视图动画（Animation）框架。动画之所以看起来会动，是因为它是由一连串的动画帧组成播放的。所以 View 动画框架的原理是在绘制视图时，View 所在的 ViewGroup 先获取 View 的 Animation 的 Transformation 值，然后就可以通过矩阵运算获得动画帧，之后不断调用 invalidate()方法启动绘制来完成每一次的动画帧，从而完成整个动画的绘制过程。

View 动画框架只针对 View 来使用，也就是它没有交互性，当某个控件使用了 View 动画框架后，它的响应事件的位置还是在动画前的位置，并没有跟随 View 动画一起移动。尽管如此，View 动画框架还是能满足大部分需求的，它提供了 4 种动画方式，分别是透明度动画（AlphaAnimation）、旋转动画（RotateAnimation）、缩放动画（ScaleAnimation）和平移动画（TranslateAnimation）。除了这 4 种动画方式，还能使用 AnimationSet 集合方式来混合使用 4 种动画方式。而且它们使用起来简单，效率高，可以在 xml 文件配置动画，通过代码来控制动画。

4.1.1　透明度动画（AlphaAnimation）

可以通过改变 View 的透明度来实现动画效果。修改方式如下。

首先配置 xml 文件：

```
<?xml version="1.0" encoding="utf-8"?>
<set xmlns:android="http://schemas.android.com/apk/res/android" >
        <alpha
            android:duration="5000"
            android:fromAlpha="1.0"
            android:toAlpha="0.0" />
</set>
```

android：duration 表示动画持续时长。

android：fromAlpha 表示透明度初始值，取值范围是 0.0～1.0，0.0 代表透明，1.0 代表不透明。

android：toAlpha 表示透明度结束值，取值范围也是 0.0～1.0，0.0 代表透明，1.0 代表不透明。

所以上述 xml 文件中配置了一个透明度动画，动画效果是由不透明到透明，持续时间是 5 秒。

配置好后，接着就是通过代码把上述这个动画效果设置给 View 控件，假设 ImageView 配置如下：

```
    <ImageView
        android:id="@+id/image_view"
        android:layout_width="100dp"
        android:layout_height="100dp"
        android:layout_gravity="center"
        android:src="@drawable/alpha_animation_image"
        android:scaleType="centerCrop"
        android:alpha="1.0" >
</ImageView>

    //除了通过 xml 文件配置之外，还能直接用代码定义动画效果
    AlphaAnimation animation = new AlphaAnimation(0, 1);      animation.setDuration(5000);

//把动画效果设置给 ImageView 并播放效果
//R.anim.alpha_animation_image 就是刚刚定义的 xml 文件
    animation = AnimationUtils.loadAnimation(getActivity(),
        R.anim.alpha_animation_image);
    animation.setFillAfter(true);
    image.startAnimation(animation);
```

4.1.2 缩放动画（ScaleAnimation）

可以通过改变 View 的缩放程度来实现动画效果。实现方式如下。

首先在 xml 文件配置：

```
<?xml version="1.0" encoding="utf-8"?>
<set xmlns:android="http://schemas.android.com/apk/res/android" >
    <scale
        android:duration="5000"
        android:fromXScale="1.0"
        android:fromYScale="1.0"
        android:pivotX="50%"
        android:pivotY="50%"
        android:toXScale="0.0"
        android:toYScale="0.0" />
</set>
```

android：duration 表示动画持续时长。

android：fromXScale 表示水平方向缩放比例的初始值，取值范围 0.0～1.0，1.0 表示没有任何变化。

android：fromYScale 表示竖直方向缩放比例的初始值，取值范围 0.0～1.0，1.0 表示没有任何变化。

android：pivotX 表示缩放中心点的 X 坐标。

android：pivotY 表示缩放中心点的 Y 坐标。

android：toXScale 表示水平方向缩放比例的结束值，取值范围 0.0～1.0，1.0 表示没有任何变化。

android：toYScale 表示竖直方向缩放比例的结束值，取值范围 0.0～1.0，1.0 表示没有任何变化。

接着，还是以 ImageView 为例，将缩放动画效果设置给它：

```
<ImageView
    android:id="@+id/image_view"
    android:layout_width="100dp"
    android:layout_height="100dp"
    android:layout_gravity="center"
    android:src="@drawable/scale_animation_image"
    android:scaleType="centerCrop"
    android:alpha="1.0" >
</ImageView>

//除了通过 xml 文件配置之外，还能直接使用代码定义动画效果
ScaleAnimation animation = new AlphaAnimation(0, 1, 0, 1);
animation.setDuration(5000);

animation = AnimationUtils.loadAnimation(getActivity(),
     R.anim.scale_animation_image);
animation.setFillAfter(true);
image.startAnimation(animation);
```

可以看到，如果直接使用代码 new AlphaAnimation()来创建 ScaleAnimation 对象，其中构造方法中的 4 个参数分别是：

- fromXDelta：动画开始时 X 坐标上的移动位置；
- toXDelta：动画结束时 X 坐标上的移动位置；
- fromYDelta：动画开始时 Y 坐标上的移动位置；
- toYDelta：动画结束时 Y 坐标上的移动位置。

当然也可以直接修改缩放中心点位置：

```
//除了通过 xml 文件配置之外，还能直接使用代码定义动画效果
ScaleAnimation animation = new ScaleAnimation(0, 1, 0, 1,
                    Animation.RELATIVE_TO_SELF, 0.5f,
                    Animation.RELATIVE_TO_SELF, 0.5f);
animation.setDuration(5000);
view.startAnimation(animation);
```

4.1.3 平移动画（TranslateAnimation）

可以通过移动 View 的位置实现动画效果。实现方法如下。

首先在 xml 文件配置：

```
<?xml version="1.0" encoding="utf-8"?>
<set xmlns:android="http://schemas.android.com/apk/res/android" >
    <translate
        android:duration="5000"
        android:fromXDelta="50"
        android:fromYDelta="100"
        android:toXDelta="50"
        android:toYDelta="100" />
</set>
```

android：fromXDelta 表示移动的起始点 X 坐标，它有 3 种表现形式：

- 单位像素值，表示离左边界的距离，例如 10；
- 左边界的距离与控件本身宽度的百分比，例如 10%；
- 父控件的左边界距离与父控件本身宽度的百分比，例如 10%。

android：toXDelta 表示移动的结束点 X 坐标，表现形式同 android：fromXDelta 一样。

android：fromYDelta 表示移动的起始点 Y 坐标，也有 3 种表现形式：

- 单位像素值，表示离上边界的距离，例如 20；
- 上边界的距离与控件本身高度的百分比，例如 20%；
- 父控件的上边界距离与父控件本身高度的百分比，例如 20%。

android：toYDelta 表示移动的结束点 Y 坐标，表现形式同 android：fromYDelta 一样。

接下来就是设置 ImageView：

```
<ImageView
    android:id="@+id/image_view"
    android:layout_width="100dp"
    android:layout_height="100dp"
    android:layout_gravity="center"
    android:src="@drawable/translate_animation_image"
    android:scaleType="centerCrop"
    android:alpha="1.0" >
</ImageView>

//除了通过 xml 文件配置之外，还能直接使用代码定义动画效果
TranslateAnimation animation = new TranslateAnimation(50, 100, 50, 100);
animation.setDuration(5000);

animation = AnimationUtils.loadAnimation(getActivity(),
        R.anim.translate_animation_image);
animation.setFillAfter(true);
image.startAnimation(animation);
```

TranslateAnimation 的构造方法里的 4 个参数也是 fromXDelta、toXDelta、fromYDelta 和 toYDelta。

4.1.4 旋转动画（RotateAnimation）

可以通过旋转 View 来实现动画效果。实现方法如下。

首先配置 xml 文件：

```
<?xml version="1.0" encoding="utf-8"?>
<set xmlns:android="http://schemas.android.com/apk/res/android" >
    <rotate
        android:duration="5000"
        android:fromDegrees="0"
        android:pivotX="50%"
        android:pivotY="50%"
        android:toDegrees="+360" />
</set>
```

android：fromDegrees 表示旋转开始的角度。

android：toDegrees 表示旋转结束的角度。

android：pivotX 表示旋转中心点的 X 坐标，它有 3 种表现形式：

- 单位像素值，表示离左边界的距离，例如 10；
- 左边界的距离与控件本身宽度的百分比，例如 10%；
- 父控件的左边界距离与父控件本身宽度的百分比，例如 10%。

android：pivotY 表示旋转中心点的 Y 坐标，也有 3 种表现形式：

- 单位像素值，表示离上边界的距离，例如 20；
- 上边界的距离与控件本身高度的百分比，例如 20%；
- 父控件的上边界距离与父控件本身高度的百分比，例如 20%。

然后就是把 ImageView 设置成该旋转效果：

```
<ImageView
    android:id="@+id/image_view"
    android:layout_width="100dp"
    android:layout_height="100dp"
    android:layout_gravity="center"
    android:src="@drawable/rotate_animation_image"
    android:scaleType="centerCrop"
    android:alpha="1.0" >
</ImageView>

//除了通过 xml 文件配置之外，还能直接使用代码定义动画效果
RotateAnimation animation = new RotateAnimation(0, 360, 50, 50);
animation.setDuration(5000);

animation = AnimationUtils.loadAnimation(getActivity(), R.anim.rotate_animation_image);
animation.setFillAfter(true);
image.startAnimation(animation);
```

可以看到，RotateAnimation 的构造方法里 4 个参数分别对应 android：fromDegrees、android：toDegrees、android：pivotX 与 android：pivotY。

4.1.5　AnimationSet

可以使用 AnimationSet 将以上 4 种动画效果组合起来，示例代码如下：

```
AnimationSet animationSet = new AnimationSet(true);
animationSet.setDuration(5000);

//添加位移动画
TranslateAnimation animation1 = new TranslateAnimation(0, 50, 0, 50);
animation1.setDuration(800);
animationSet.addAnimation(animation1);

//添加透明度动画
AlphaAnimation animation2 = new AlphaAnimation(0, 1);
animation2.setDuration(1000);
animationSet.addAnimation(animation2);

view.startAnimation(animationSet);
```

以上代码实现的动画效果就是平移和透明度集合的动画效果。

4.2 属性动画

View 动画框架唯一不好的地方就是没有交互性，当 View 发生动画后，它的显示位置虽然已经改变，但它的响应区域还是在动画前的位置，没有发生改变。所以 Google 就在 Android 3.0 以及其后的版本加入了属性动画框架，它丰富的 API 能帮助开发者轻松实现各种各样的动画效果。

下面首先介绍一下属性动画的原理，因为这有助于理解属性动画。

动画，其实就是把一个 View 控件平滑地过渡到某个位置。什么意思呢？例如现在要实现一个 View 控件的动画，将它向右移到 50 厘米的位置，如果没有加动画效果，那它将直接右移到 50 厘米处的位置，而如果加了动画效果，那它将是慢慢滑动地平移到 50 厘米处的位置，是一个渐变的过程。而这个滑动的过程其实就是 View 不断调用 setTranslate（50）去更新自己位置的过程，实现代码如下：

```
final int indexTranslate = 0;

Runnable runnable = new Runnable() {
    @Override
    public void run() {
        //因为要不断重复操作，用主线程会容易卡住
        //假设每次向右边移动 10，所以移动 50 就需要移动 5 次
        indexTranslate += 10;
        view.setTranslationX(indexTranslate);
    }
};

for (int i = 0; i < 5; i++) {
    //每次向右移动 10，5 次就能到达 50 像素处
    view.postDelayed(runnable, i * 5);
}
```

上面这段代码就是动画的原理，通过不断更新 View 属性去实现动画效果。但是如果每次都要这样写一段长代码去实现移动 View 到某个位置的这么一个动画效果，这样也会很麻烦，每次都要去计算它要到达的位置距离是多少。所以，这时就需要属性动画框架了，因为它封装的 API 会自动做好这些烦琐的计算工作，开发者只需调用一行代码或者几行代码就能轻松地实现各种各样的动画效果。下面重点介绍属性动画实现的工具类。

（1）ViewPropertyAnimator

使用 ViewPropertyAnimator 去实现属性动画会很简单，因为它提供了很多方法，开发者只要直接使用就能实现动画效果，如图 4.1 所示。

所以，当想实现各种组合在一起的动画效果时，可以连缀使用：

```
view.animate()
        .translateY(50)
        .scaleX(1)
        .scaleY(1)
        .setDuration(3000);
```

View 方法	作　用	对应 ViewPropertyAnimator 的方法
setX()	设置 X 轴的绝对位置	x()　xBy()
setY()	设置 Y 轴的绝对位置	y()　yBy()
setZ()	设置 Z 轴的绝对位置	z()　zBy()
setTranslationX()	设置 X 轴平移	translationX()　translationXBy()
setTranslationY()	设置 Y 轴平移	translationY()　translationYBy()
setTranslationZ()	设置 Z 轴平移	translationZ()　translationZBy()
setScaleX()	设置水平方向缩放	scaleX()　scaleXBy()
setScaleY()	设置垂直方向缩放	scaleY()　scaleYBy()
setRotation()	设置旋转	rotation()　rotationBy()
setAlpha()	设置透明度	alpha()　alphaBy()

图 4.1　View 方法及其对应的 ViewPropertyAnimator 方法

说到此处，要再讲一个概念，那就是插值器。插值器是什么？在 Android 中，插值就是根据时间流逝程度去计算它对应的动画完成度。这个描述可能有点抽象，这里通过一个例子来说明，例如现在有一个 View 控件，设置的动画持续时长是 1000 秒，当进行到 200 秒的时候，时间也就走动了 20%，而此时它的动画完成度也是 20%，就是这个时刻 View 移动到的该位置用插值器去描述。至于该 View 是按哪种速度模型（匀速、先加速后减速等）来进行变化，那就要看设置的是哪种插值器。所以在 Android 中插值器也有多种，如图 4.2 所示。

类	资源 id
AccelerateDecelerateInterpolator	@android:anim/accelerate_decelerate_interpolator
AccelerateInterpolator	@android:anim/accelerate_interpolator
AnticipateInterpolator	@android:anim/anticipate_interpolator
AnticapateOvershootInterpolator	@android:anim/accelerate_overshoot_interpolator
BounceInterpolator	@android:anim/bounce_interpolator
CycleInterpolator	@android:anim/cycle_interpolator
DecelerateInterpolator	@android:anim/decelerate_interpolator
LinearInterpolator	@android:anim/linear_interpolator
OvershootInterpolator	@android:anim/overshoot_interpolator

图 4.2　插值器及其资源 id

例如系统默认设置的插值器是 AccelerateDecelerateInterpolator，它的速度模型是在开始阶段先加速，然后在结束阶段再减速，如图 4.3 所示。

至于其他插值器在这里就不再讲解了，有兴趣的读者可自行搜索查找。

ViewPropertyAnimator 一样可以设置插值器，而且直接调用 setInterpolator()方法就可以实现：

```
view.animate()
        .translateY(50)
        .scaleX(1)
        .scaleY(1)
        .setDuration(3000)
        .setInterpolator(new LinearInterpolator());
```

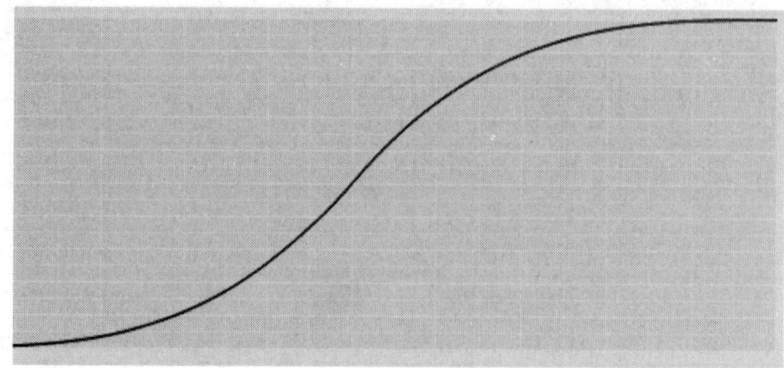

图 4.3　AccelerateDecelerateInterpolator 的速度模型图

ViewPropertyAnimator 可以设置监听器，监听 View 的各种事件，例如动画开始和动画结束等事件从而做出回调处理：

```
view.animate().translationX(20)
        .setListener(new Animator.AnimatorListener() {
            @Override
            public void onAnimationStart(Animator animator) {
            }

            @Override
            public void onAnimationEnd(Animator animator) {
            }

            @Override
            public void onAnimationCancel(Animator animator) {
            }

            @Override
            public void onAnimationRepeat(Animator animator) {
            }
        })
        .setUpdateListener(
    new ValueAnimator.AnimatorUpdateListener() {
                @Override
                public void onAnimationUpdate(ValueAnimator valueAnimator) {

                    }
                })
        .withStartAction(new Runnable() {
            @Override
            public void run() {
            }
        })
        .withEndAction(new Runnable() {
            @Override
            public void run() {
            }
        });
```

总体来说，ViewPropertyAnimator 非常好用，但是它有自己的局限性，那就是只能使用它给定的属性，所以当要使用自定义 View 新设置的属性或者 Android 本身自带的 View 的一些属性时，就没法使用 ViewPropertyAnimator 来实现。要解决这个问题，就要使用另一个属性动画的工具类，就是 ObjectAnimator。

（2）ObjectAnimator

相对于 ViewPropertyAnimator，ObjectAnimator 可以自己定制属性，也就是想要操作 View 的属性，就要在创建 ObjectAnimator 对象时确立下来。最后主动调用它的开始方法让它播放动画效果。

下面同样是用上一个例子来进行讲解，实现 View 控件向右边平滑移动的动画效果：

```
ObjectAnimator animator = ObjectAnimator.ofFloat(view,
    "translationX", 20);
    animator.start();
```

ObjectAnimator 的构造方法有很多：

- ObjectAnimator.ofFloat()；
- ObjectAnimator.ofInt()；
- ObjectAnimator.ofObject()；
- ObjectAnimator.ofArgb()；
- ObjectAnimator.ofMultiFloat()；
- ObjectAnimator.ofMultiInt()；
- ObjectAnimator.ofPropertyValuesHolder()。

要操作的属性属于什么类型，就用什么类型的构造方法来创建 ObjectAnimator 对象，它们的用法都是一样的，第一个参数是要操作的目标 View 控件，第二个参数是该 View 的要操作的相应属性，第三个参数则是属性值，也就是属性最终的目标值。第三个参数可以是一个，也可以是两个，甚至是多个数。如果是只有一个数，就是代表目标值；如果是两个数就代表第一个数是起始值，第二个数是目标值；如果是多个数，那就代表第一个数是起始值，最后一个数是目标值，中间的数则是转接点（可以理解为拐点）的值。

构造方法的第二个参数是属性名。它是 String 类型，ObjectAnimator 并不是直接对该属性进行操作，而是去寻找该属性对应的 setter 方法，然后调用它的 setter 方法来设置属性和做其他逻辑处理操作。

以上都是针对已经有 setter 方法的属性来使用，那么如果要对自定义 View 的属性进行操作呢？

首先在自定义 View 里添加要操作的属性的 setter 和 getter 方法，然后调用 ObjectAnimator 的 ofXXX()方法创建 ObjectAnimator 对象，最后调用 ObjectAnimator 对象的 start()方法执行动画：

```
public class MyView extends View {
        //自定义属性
        float indexProperty;

        /**
         * getter 方法
         * @return
         */
        public float getIndexProperty() {
            return indexProperty;
```

```
        }

        /**
         * setter 方法
         * @param indexProperty
         */
        public void setIndexProperty(float indexProperty) {
            this.indexProperty = indexProperty;
        }

        @Override
        protected void onDraw(Canvas canvas) {
            super.onDraw(canvas);

            canvas.drawCircle(2, 2, paint);
            ...
        }
    }
    ...
    ObjectAnimator animator = ObjectAnimator.ofFloat(view, "indexProperty", 0, 5);
    animator.start();
```

上面的代码创建了一个自定义的 View，叫作 MyView，对其属性 indexProperty 进行操作，所以先创建了它的 setter 方法和 getter 方法，getter 方法是用来获取目标值的。最后就是创建 ObjectAnimator 对象和调用开始方法执行动画。但是，此时运行代码后 View 并没有任何反应，因为 setter 还需要再添加一个方法，就是 invalidate()方法，由于在 Android 中界面的绘制都是被动的，setter 方法只是修改它的属性值，并不会自动重绘，界面的内容仍然是使用上一次的属性值来进行绘制。所以要及时在属性值修改后通知界面进行重绘，这时就要使用 invalidate()方法通知重绘：

```
/**
 * setter 方法
 * @param indexProperty
 */
public void setIndexProperty(float indexProperty) {
    this.indexProperty = indexProperty;
    invalidate();
}
```

4.3 常见面试笔试真题

1）请你描述一下属性动画及其特性。

解答：

① 通过改变任意对象的属性从而实现动画操作，它是通过反射机制来实现的；

② 与 View 动画框架相比，属性动画具有交互性，真正改变了 View 本身，通过改变其属性不仅实现位置移动的动画效果，而且它的响应区域也跟随改变；

③ 虽然 ViewPropertyAnimator 只能使用它给定的属性，具有一定局限性，但使用 ViewProperty Animator 去实现属性动画会很简单，因为它提供了很多方法，开发者只要直接使用就能实现

动画效果。

相比于 ViewPropertyAnimator，ObjectAnimator 可以自己定制属性，也就是想要操作 View 的属性，要在创建 ObjectAnimator 对象时确立下来。最后主动调用 ObjectAnimator 对象的开始方法让它播放动画效果。

2）谈一谈你对 Android 动画框架实现原理的认识。

解答：

一个 DecorView（根 View）里有 ParentView，而 ParentView 又有 ChlidView，当一个 ChildView 要重新绘制时，它会调用 invalidate()方法，通知其 ParentView 要重新绘制。这个过程一直向上遍历到 ViewRoot，当 ViewRoot 收到这个通知后就会调用 onDraw()方法完成绘制。onDraw()有画布参数 Canvas，Android 会为每一个 View 设置好画布，View 就可以调用 Canvas 的 drawXXX()等方法去画内容。每一个 ChildView 的画布是由其 ParentView 设置的，ParentView 根据 ChildView 在其内部的布局来调整 Canvas。而 Android 动画就是通过 ParentView 来不断调整 ChildView 的画布坐标系来实现的。

例如现在要实现一个 View 控件的动画，将它向右移到 50 厘米的位置，那它将是慢慢滑动地平移到 50 厘米处的位置，而这个滑动的过程其实就是 View 不断调用 setTranslate（50）去更新自己位置的过程。

3）Scroller 是怎么实现 View 的弹性滑动的？

思路：

考核 Scroller 弹性滑动的原理。

解答：

通常在调用 Scroller 的 startScroller()后还会调用 invaildate()方法，由此可得通过对 Scroller 的使用可以知道 startScroller()方法与 View 的滑动有关，startScroller()的源码如下：

```
public void startScroll(int startX, int startY, int dx, int dy, int duration) {
        mMode = SCROLL_MODE;
        mFinished = false;
        mDuration = duration;
        mStartTime = AnimationUtils.currentAnimationTimeMillis();
        mStartX = startX;
        mStartY = startY;
        mFinalX = startX + dx;
        mFinalY = startY + dy;
        mDeltaX = dx;
        mDeltaY = dy;
        mDurationReciprocal = 1.0f / (float) mDuration;
    }
```

然而这里只是一些初始化数据与操作，所以可以知道答案并不在 startScroller()方法中，而是 startScroller()之后调用的 invaildate()，因为当调用 invaildate()后会间接调用 computeScroller()方法，而通常会重写 computeScroller()方法：

```
@Override
public void computeScroll() {
    super.computeScroll();
    if(mScroller.computeScrollOffset()){
        viewGroup.scrollTo(mScroller.getCurrX(),mScroller.getCurrY());
```

```
            invalidate();
        }
    }
```

代码里可以看到，通过 computeScrollOffset()方法判断滑动是否结束，是否与滑动有关系，那就需要看一看 computeScrollOffset()源码：

```
public boolean computeScrollOffset() {
    if (mFinished) {
        return false;
    }

    int timePassed = (int)(AnimationUtils.currentAnimationTimeMillis() - mStartTime);

    if (timePassed < mDuration) {
        switch (mMode) {
        case SCROLL_MODE:
            final float x = mInterpolator.getInterpolation(timePassed * mDurationReciprocal);

            mCurrX = mStartX + Math.round(x * mDeltaX);
            mCurrY = mStartY + Math.round(x * mDeltaY);
            break;
        case FLING_MODE:
            final float t = (float) timePassed / mDuration;
            final int index = (int) (NB_SAMPLES * t);
            float distanceCoef = 1.f;
            float velocityCoef = 0.f;
            if (index < NB_SAMPLES) {
                final float t_inf = (float) index / NB_SAMPLES;
                final float t_sup = (float) (index + 1) / NB_SAMPLES;
                final float d_inf = SPLINE_POSITION[index];
                final float d_sup = SPLINE_POSITION[index + 1];
                velocityCoef = (d_sup - d_inf) / (t_sup - t_inf);
                distanceCoef = d_inf + (t - t_inf) * velocityCoef;
            }

            mCurrVelocity = velocityCoef * mDistance / mDuration * 1000.0f;
            mCurrX = mStartX + Math.round(distanceCoef * (mFinalX - mStartX));

            // Pin to mMinX <= mCurrX <= mMaxX
            mCurrX = Math.min(mCurrX, mMaxX);
            mCurrX = Math.max(mCurrX, mMinX);
            mCurrY = mStartY + Math.round(distanceCoef * (mFinalY - mStartY));

            // Pin to mMinY <= mCurrY <= mMaxY
            mCurrY = Math.min(mCurrY, mMaxY);
            mCurrY = Math.max(mCurrY, mMinY);

            if (mCurrX == mFinalX && mCurrY == mFinalY) {
                mFinished = true;
            }
            break;
        }
    }
    else {
```

```
                mCurrX = mFinalX;
                mCurrY = mFinalY;
                mFinished = true;
            }
            return true;
        }
```

可以看到，当滑动动画 finish，返回 false。然后当执行动画所用的时间小于整个动画持续的时间，则计算当前 View 内容左边缘的横坐标 X 与纵坐标 Y 的值。如果滑动的动画未结束则返回 true，此时调用 scrollTo(mScroller.getCurrX()和 mScroller.getCurrY())进行 View 的滑动，之后执行完一系列操作后继续执行 invalidate()方法，让 View 重绘，又一次执行 computeScroll()方法。不断重复，直到 computeScrollOffset()方法返回 flase，即完成 View 的滑动。这也就是 Scroller 实现 View 的弹性滑动的原理。

4）知道布局动画吗？谈一谈你对它的认识。

思路：

还是一样的思路，可以从布局动画是什么？有什么用？怎么使用这 3 个方面来解答。

解答：

布局动画是针对 ViewGroup 的，用来给 ViewGroup 添加 View 时添加一个动画过渡效果，可以通过 xml 文件直接定义一个简单（也就是系统默认）的布局动画：

```
android:animateLayoutChanges="true"
```

设置了 true 后，当 ViewGroup 要增加子 View 时，子 View 会以一个逐渐呈现的过渡效果显示出来。

如果想要自定义该过渡效果，可以通过 LayoutAnimationController 来实现：

```
//定义过渡效果
AlphaAnimation animation = new AlphaAnimation(0, 1);
animation.setDuration(3000);

//设置显示属性
LayoutAnimationController controller = new LayoutAnimationController(animation, 1);
controller.setOrder(LayoutAnimationController.ORDER_RANDOM);

//为 ViewGroup 设置布局动画
viewGroup.setLayoutAnimation(controller);
```

在上述代码中，自定义了一个透明度动画，所以当子 View 出现的时候，会有一个透明度动画效果。而 LayoutAnimationController 的构造方法中第一个参数是定义的动画，第二个参数则是每个子 View 出现的延时时间，而当延时时间不为 0 的时候，可以设置子 View 显示的顺序，顺序有 3 种：

- LayoutAnimationController.ORDER_NORMAL：顺序；
- LayoutAnimationController.ORDER_RANDOM：随机；
- LayoutAnimationController.ORDER_REVERSE：反序。

5）使用动画时要注意什么？

解答：

① 在使用帧动画的时候要注意避免 OOM（内存溢出）问题，因为当图片数量较多或者

占用资源大时会容易出现 OOM 问题；

② 除了 OOM 问题还有内存泄漏问题也要注意，因为在使用属性动画的过程中会涉及循环，所以要及时释放资源；

③ 使用 View 动画就要注意使用 View 的 clearAnimation()方法，因为 View 动画不是真正改变 View 的状态，所以有时会出现动画完成后 View 无法隐藏的问题；

④ 为了适配性，动画过程中最好使用 dp；

⑤ 当需要交互性的时候，使用属性动画而不是 View 动画；

⑥ 在使用动画时，如果条件允许，最好开启硬件加速。

6）View 动画与属性动画有什么区别？

解答：

① View 动画，顾名思义，只能作用在 View 上，而属性动画可以作用在所有对象上；

② View 动画只改变 View 的显示效果，不会改变 View 的属性，所以在使用 View 实现动画后，它的位置虽然改变了，但它的事件区域位置并没有发生改变，这样就缺乏交互性。而属性动画则真正改变了对象的属性（位置和宽高等）。

③ View 动画只能实现位移、缩放、旋转和透明度 4 种动画效果或它们的集合操作，而属性动画则能几乎实现所有的动画效果，能使用自身封装好的动画和自定义的动画效果。

7）为什么属性动画能真正改变 View 的位置？

思路：其实就是考核属性动画的原理。

解答：

要被改变的对象首先需要创建它的属性的 get 和 set 方法，然后属性动画会传递要改变的属性的初始值和最终值，多次去调用 set 方法，每次传递给 set 方法的值都不一样，而随着这一过程的渐变变化，所传递的值越来越接近最终值，View 就会以动画效果展现：

```
public class MyView extends View {
    //自定义属性
      float pingredIndex;

      /**
       * getter 方法
       * @return
       */
      public float getPingredIndex() {
            return pingredIndex;
      }

      /**
       * setter 方法
       * @param pingredIndex
       */
      public void setPingredIndex(float pingredIndex) {
            this.pingredIndex = pingredIndex;
      }

      @Override
      protected void onDraw(Canvas canvas) {
            super.onDraw(canvas);
```

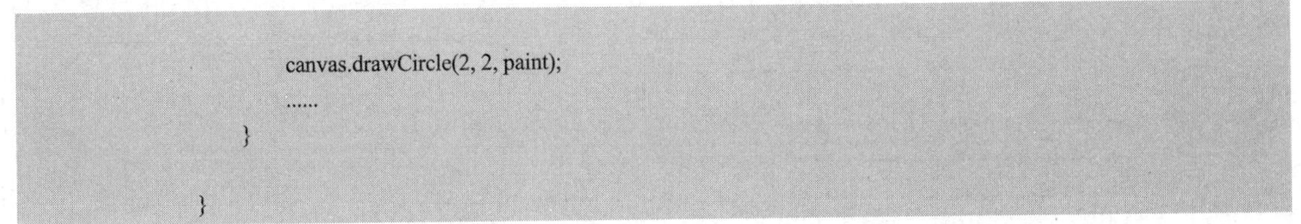

```
            canvas.drawCircle(2, 2, paint);
            ......
        }

    }
```

8）谈一谈你对插值器的认识。

解答：

插值就是根据时间流逝程度去计算它对应的动画完成度，所以插值器就是控制动画变换速率的一个工具类。

① AccelerateDecelerateInterpolator。资源 id 是@android:anim/accelerate_decelerate_interpolator，它的函数表达式是：$y=\cos((t+1)\pi)/2+0.5$，所以它的模型图如图 4.4 所示。

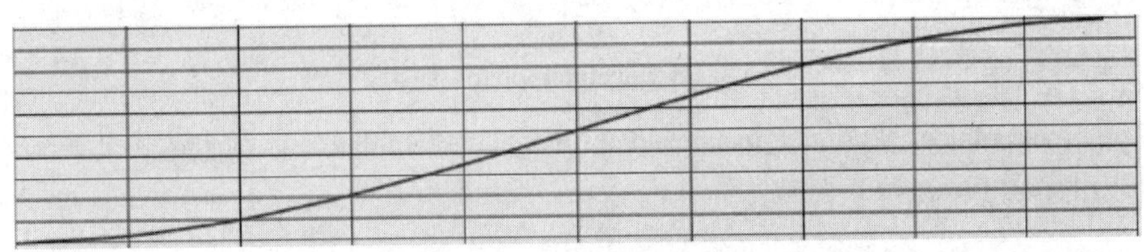

图 4.4　AccelerateDecelerateInterpolator 模型图

② AccelerateInterpolator。资源 id 是@android:anim/accelerate_interpolator，它的函数表达式是：$y=t\text{^}(2f)$，所以它的模型图如图 4.5 所示。

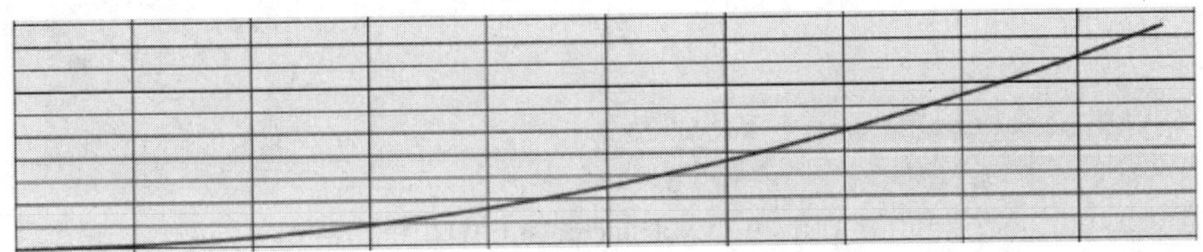

图 4.5　AccelerateInterpolator 模型图

③ AnticipateInterpolator。资源 id 是@android:anim/anticipate_interpolator，它的函数表达式是：$y=(T+1)\times t\text{^}3-T\times t\text{^}2$，所以它的模型图如图 4.6 所示。

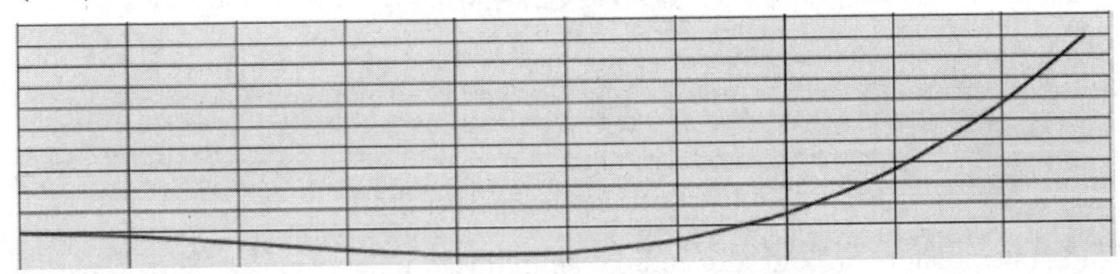

图 4.6　AnticipateInterpolator 模型图

④ AnticipateOvershootInterpolator。资源 id 是@android:anim/anticipate_overshoot_interpolator，由于它的函数表达式比较复杂，所以这里就不展示出来，感兴趣的读者可以自行查找，它的模型图如图 4.7 所示。

⑤ BounceInterpolator。资源 id 是@android:anim/bounce_interpolator，由于它的函数表达式同样很复杂，这里就不展示出来，它的模型图如图 4.8 所示。

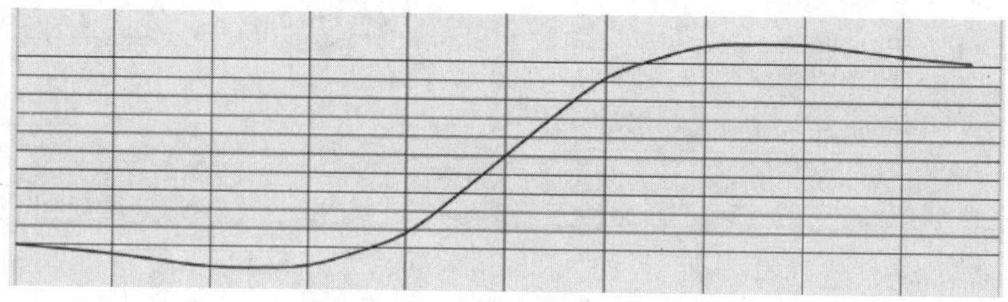

图 4.7　AnticipateOvershootInterpolator 模型图

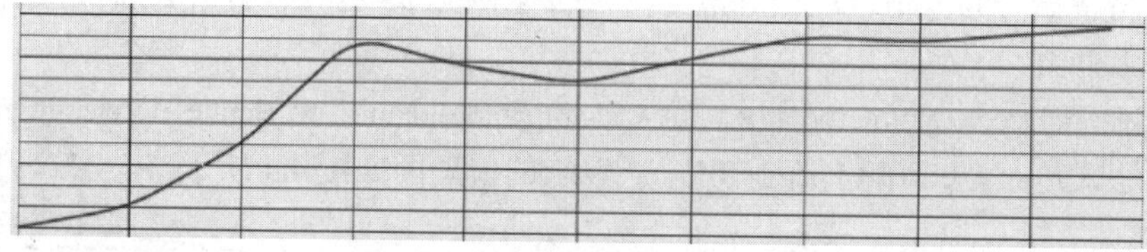

图 4.8　BounceInterpolator 模型图

⑥ CycleInterpolator。资源 id 是@android:anim/cycle_interpolator，函数表达式是 $y=\sin(2\pi\times C\times t)$，它的模型图如图 4.9 所示。

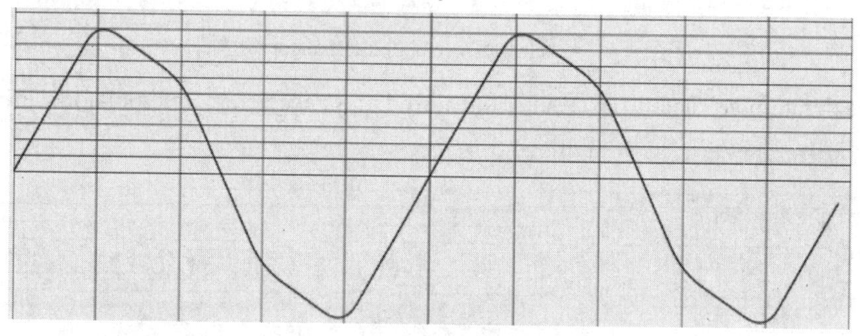

图 4.9　CycleInterpolator 模型图

⑦ DecelerateInterpolator。资源 id 是@android:anim/decelerate_interpolator，函数表达式是 $y=1-(1-t)$^$(2f)$，它的模型图如图 4.10 所示。

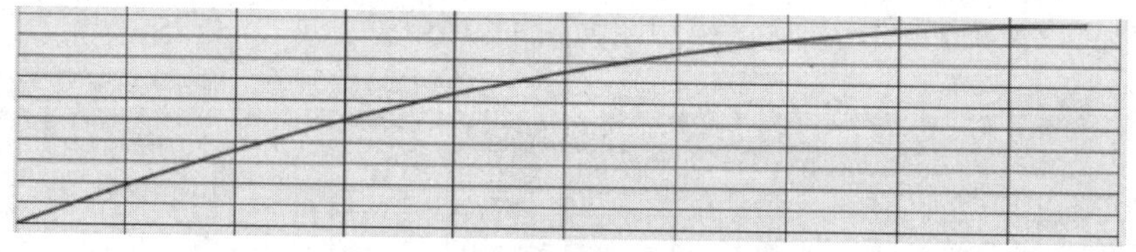

图 4.10　DecelerateInterpolator 模型图

⑧ LinearInterpolator。资源 id 是@android:anim/linear_interpolator，它的函数表达式是 $y = t$，它的模型图如图 4.11 所示。

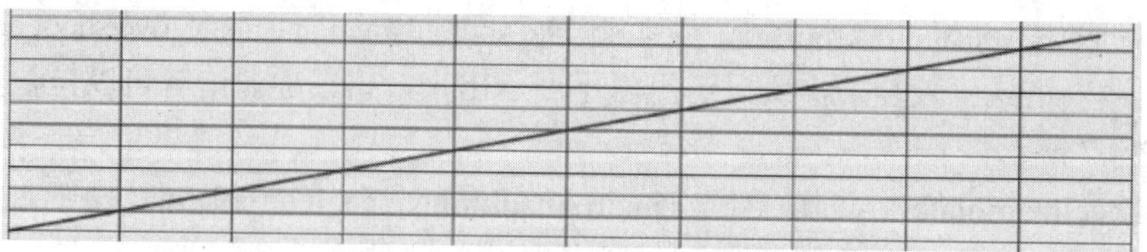

图 4.11　LinearInterpolator 模型图

⑨ OvershootInterpolator。资源 id 是@android:anim/overshoot_interpolator，它的函数表达式是：$y=(T+1)x(t1)$^3+T×(t1)^2 +1，所以它的模型图如图 4.12 所示。

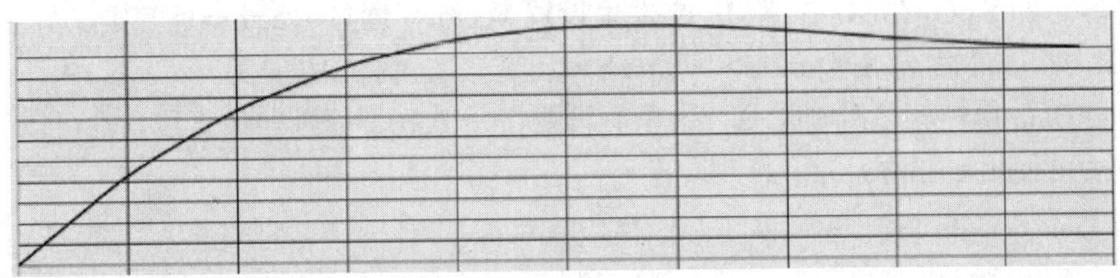

图 4.12 OvershootInterpolator 模型图

9）怎么解决在使用 View 动画后，View 的点击区域还在原来位置这个问题？

思路：

该题其实考核的是 View 动画不能真正改变 View 的状态（宽高和位置），所以才会产生在实现 View 动画后，点击 View 时，View 会在初始位置上闪一下，然后才执行动画效果，这样对用户来说不是很友好。

解答：

所以在动画执行完后就设置 View 的位置，然后调用 clearAnimation()，最后就是调用 layout()方法来布局：

```
animation.setAnimationListener(new Animation.AnimationListener() {
    @Override
    public void onAnimationStart(Animation animation) {
    }

    @Override
    public void onAnimationRepeat(Animation animation) {
    }

    @Override
    public void onAnimationEnd(Animation animation) {
        //p2-p1 边距
        int left = view.getLeft()+(int)(p2-p1);
        int top = view.getTop();
        int width = view.getWidth();
        int height = view.getHeight();

        view.clearAnimation();

        view.layout(left, top, left+width, top+height);
    }
});
```

10）谈一谈你对 SVG 动画的认识。

解答：

SVG 是可伸缩矢量图形，图像在放大尺寸的情况下质量不会有所损失，与 Bitmap 相比，优点在于不用为不同分辨率设计多套图标，放大不失真。

而 Android 为了支持 SVG，通过标签<path>所支持的指令让画笔画出不同的东西出来，常用指令有 L、M、A 等。

要实现 SVG 动画并不难，Android 已经封装好了工具类，直接使用即可。使用方法为：首先定义静态的 SVG 图形，在 XML 文件里设置 Vector，通过<vector>标签定义好 SVG 图形的具体大小，然后再用<group>和<path>标签来绘制 SVG 图形，其中<path>里的 android:pathData 属性就是绘制指令，这里假设要在（10,10）处画一条直线，则可以先使用 M 指令，然后再使用 L 指令：

```
<vector xmlns:android="http://schemas.android.com/apk/res/android"
    android:height="50dp"
    android:width="100dp"
    android:viewportHeight="100dp"
    android:viewportWidth="100dp" >

    <group
        android:name="svgtest"
        android:pivotX="35"
        android:pivotY="35"
        android:rotation="0.0" >

        <path
            android:name="pathchangeGroup"
            android:fillColor="#000000"
            android:pathData=
            "
            M10,10 //M 指令代表将画笔移到某个坐标点
            L60,20 //L 指令代表绘制一条直线

            " />

    </group>
</vector>
```

最后就可以使用 AnimatedVectorDrawable 给静态 SVG 图形添加动画效果了，在 XML 文件里声明<animated-vector>组件后引入静态 SVG 图形。也就是通过刚刚定义了的 VectorDrawable 中的 android：name 中的值就能引用到，最后就是添加 objectAnimator 组件，设置好动画效果就可以了，也就是通过<animated-vector>组件中的 android：animation 的值来映射。

第 5 章　数据库框架

在 Android 中也需要应用程序来处理数据，跟数据进行交互。其中可能会遇到对数据进行存储处理的情况，特别是一些临时数据。这时候往往需要一些技术来存储这些数据，在下次启动应用的时候还可以把它们读取出来。而在 Android 中让数据持久化的技术有很多，例如有文件存储和数据库存储等技术。而数据库框架就是用来存储及读取瞬时数据的。这一章将重点介绍常用的几种数据存储的技术。

5.1 文件流

在讲 Android 的数据库框架前，先需要一定篇幅来讲解一下 Java 文件流，因为在实际开发中，开发者会经常跟文件流数据打交道，也就是对文件流数据进行存储读取。

Java 文件流分两类，字节流和字符流，如图 5.1 所示。

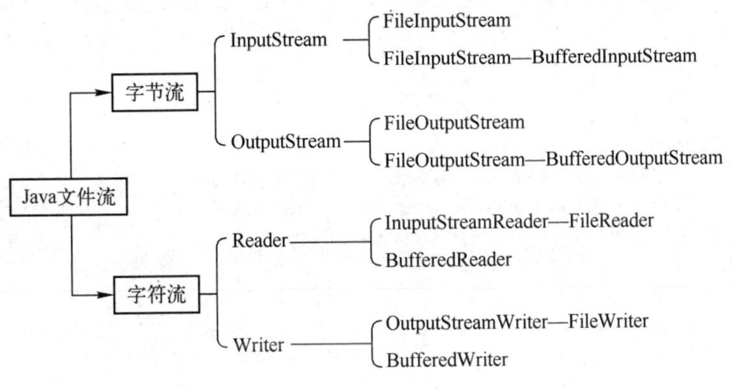

图 5.1　Java 文件流

字节流，以字节方式在文件中读取数据或者向文件中写入数据；字符流，则以字符形式读写文件。可以看到在字节流中有两个缓冲流：BufferedInputStream 和 BufferedOutputStream。BufferedInputStream 是带有缓存区的，每次读取会首先从缓冲区读取数据，如果缓存区没有数据，则从文件读取数据，然后把读取到的数据放入缓存区中进行缓存，以供下次读取时使用；如果缓存区有数据，则直接把缓存区的数据返回给调用者。因为从缓存区读取数据比从文件读取数据要快，所以使用 BufferedInputStream 会提高 I/O 操作效率。同理，BufferedOutputStream 是写入缓冲流，把缓冲区的数据写进到文件中去，这样比仅仅使用 FileOutputStream 一字节一字节写要快得多，所以使用 BufferedOutputStream 效率就会高很多。

Java 的流操作如下：

1）创建文件对象：

```
File file = new File("xxx.xxx");
```

2）使用字节流或字符流：

```
FileReader fileReader = new FileReader(file);
```

3）可以使用缓冲流继续装载：

```
BufferedReader bufferedReader = new BufferedReader(fileReader);
```

4）读写操作：

```
String string = "";
StringBuilder stringBuilder = new StringBuilder();
while ((string = bufferedReader.readLine()) != null) {
    stringBuilder.append(string);
}
```

而 Android 中的文件存储与 Java 的文件流操作类似，读取文件数据的代码如下：

```
//读取操作
public String readData() {
    //使用 StringBuilder 存储读取到的内容
    StringBuilder stringBuilder = new StringBuilder();
    //创建字节流
    FileInputStream fis = null;
    //创建字符流中的缓存流
    BufferedReader br = null;

    try {
        //使用 Context 类的 openFileInput()方法
        // 在/data/data/包名/files/目录下创建文件，返回 FileInputStream 对象
        //文件名是 pingred
        fis = openFileInput("pingred");
        /*创建字符流 InputStreamReader 对象来装载字节流 FileInputStream
        然后再转缓冲流 BufferedReader，从而完成字节流转字符流的转变 */
        br = new BufferedReader(new InputStreamReader(fis));

        String stringData = "";
        while ((stringData = br.readLine()) != null) {
            //循环读取文件数据不断追加读到的数据到 stringBuilder 中去，直到读完为止
            stringBuilder.append(stringData);
        }
    } catch (IOException e) {
        e.printStackTrace();
    }finally {
        if (br != null) {
            try {
                //关闭流
                br.close();

            } catch (IOException e) {
                e.printStackTrace();
            }
        }
    }

    //最后返回 stringBuilder 内容
    return stringBuilder.toString();
}
```

同样，如果要将一些数据写进到上文的相应文件里，可以使用下面的代码来实现：

```
//写入操作
public void write() {
    //要写入的内容是 Hello World
    String writeData = "Hello World";
    //创建字节流
    FileOutputStream fos = null;
    //创建字符流中的缓存流
    BufferedWriter bw = null;
    try {
        //使用 openFileOutput()方法创建 FileOutputStream 对象以及指定要写入的文件
        fos = openFileOutput("pingred", Context.MODE_PRIVATE);
        //创建 OutputStreamWriter 对象来装载 FileOutputStream 字节流从而最后创建 BufferedWriter 对象
        bw = new BufferedWriter(new OutputStreamWriter(fos));
        //写入字符串数据
        bw.write(writeData);

    } catch (IOException e) {
        e.printStackTrace();
    }finally {
        try {
            if (bw != null) {
                //关闭流
                bw.close();
            }
        } catch (IOException e) {
            e.printStackTrace();
        }
    }
}
```

5.2 SQLite

文件存储主要用来存储那些比较简单而且数量少的数据，如果要去存储那些大量的且比较复杂的数据，那就要使用数据库技术去存储了。Android 中的数据库存储工具就是 SQLite，它是关系型数据库，原生的，运算速度也很快。

5.2.1 创建与更新数据库

先创建 TestDatabaseHelper 继承 SQLiteOpenHelper，因为 SQLiteOpenHelper 是 Android 提供给开发者用来管理数据库的帮助类，使用它来创建和更新数据库会非常方便：

```
public class TestDatabaseHelper extends SQLiteOpenHelper {
    private Context mContext;

    public TestDatabaseHelper(Context context, String databaseName,
                        SQLiteDatabase.CursorFactory factory, int databaseVersion) {

        super(context, databaseName, factory, databaseVersion);
        mContext = context;
    }
```

```
        @Override
        public void onCreate(SQLiteDatabase sqLiteDatabase) {
            //定义 sql 语句
            String sql = "create table Pingred ("
                + "id integer primary key, "
                + "name text, "
                + "pwd text, "
                + "age integer)";

            sqLiteDatabase.execSQL(sql);
        }

        @Override
        public void onUpgrade(SQLiteDatabase sqLiteDatabase, int i, int i1) {
            /*如果要更新数据库则在此处理逻辑
            参数 i 是旧版本号，参数 i1 是新版本号 */
            String sql = "drop table if exists Pingred";
            sqLiteDatabase.execSQL(sql);

            onCreate(sqLiteDatabase);
        }
    }
```

TestDatabaseHelper 类创建好后，可以通过调用它的方法完成对数据库的操作：

```
databaseHelper = new TestDatabaseHelper(this, "Pingred.db", null, 1);
databaseHelper.getWritableDatabase();
//databaseHelper.getReadableDatabase();
```

getWritableDatabase()与 getReadableDatabase()都可以创建数据库对象，区别是当数据库已经不能写入时，使用 getWritableDatabase()会出现异常情况，而使用 getReadableDatabase()则无异常，但它返回的数据库对象是以只读方式来打开数据库的。

如果要升级数据库，则在 TestDatabaseHelper 类中再添加新的 SQL 语句，然后在 onUpgrade()方法里进行更新操作，最后在调用方里的 new TestDatabaseHelper()方法里直接改版本号即可：

```
databaseHelper = new TestDatabaseHelper(this, "Pingred.db", null, 2);
```

5.2.2 添加数据

使用 SQLite 添加数据也是比较简单的，下面给出一段实现添加数据的实例代码：

```
SQLiteDatabase sqLiteDatabase = databaseHelper.getWritableDatabase();
ContentValues values = new ContentValues();
values.put("name", "Paul");
values.put("pwd", "Paul123");
values.put("age", 25);
sqLiteDatabase.insert("Pingred", null, values);
values.clear();

values.put("name", "James");
values.put("pwd", "James123");
values.put("age", 31);
sqLiteDatabase.insert("Pingred", null, values);
```

这里使用 databaseHelper.getWritableDatabase()方法创建 SQLiteDatabase 对象，因为它的

insert()方法就是用来添加数据用的。而 ContentValues 则用来组装要添加的数据。

5.2.3　删除数据

使用 SQLite 删除数据更加简单，下面的实例代码便实现了删除数据：

```
SQLiteDatabase sqLiteDatabase = databaseHelper.getWritableDatabase();
sqLiteDatabase.delete("pingred", "age > ?", new String[]{"30"});
```

delete（String table，String whereClause，String[] whereArgs）方法中 table 就是表名，whereClause 是筛选条件，whereArgs 则是筛选条件的值。上面代码的意思就是要删除 pingred 表中 age 大于 30 岁的数据。

5.2.4　修改数据

修改数据，操作起来也不是很复杂，请看下面的实例代码：

```
SQLiteDatabase sqLiteDatabase = databaseHelper.getWritableDatabase();
ContentValues values = new ContentValues();
values.put("age", 20);
//把表 pingred 中的 name 为 Paul 的数据进行修改，修改 age 为 20
sqLiteDatabase.update("pingred", values, "name = ?", new String[]{"Paul"});
```

可以看到，跟删除数据操作差不多，也是根据表名、条件和条件值去对相应的数据进行修改，而修改的值是什么则由 ContentValues 去设置。

5.2.5　查询数据

比起之前的添加、删除和修改操作来说，查询数据可能会复杂一些，但是一旦理解，也很好操作，实例代码如下：

```
SQLiteDatabase sqLiteDatabase = databaseHelper.getWritableDatabase();
//查询所有数据
Cursor cursor = sqLiteDatabase.query("pingred", null, null,
null, null, null, null);
if (cursor.moveToFirst()) {
do {
        //获取到每个字段数据
        String name = cursor.getString(cursor.getColumnIndex("name"));
        String pwd = cursor.getString(cursor.getColumnIndex("pwd"));
        int age = cursor.getInt(cursor.getColumnIndex("age"));

    }while (cursor.moveToNext());
}
cursor.close();
```

上面是查询表 pingred 中所有的数据，也可以直接查询想要查询的数据：

```
SQLiteDatabase sqLiteDatabase = databaseHelper.getWritableDatabase();
//查询 pingred 表中列 name 的 age 为 20 的数据
Cursor cursor = sqLiteDatabase.query("pingred",
new String[]{"name"}, "age = ?",    new String[]{"20"}, null, null, null);

if (cursor.getCount() > 0) {
    do {
```

```
            String name = cursor.getString(cursor.getColumnIndex("name"));
            String pwd = cursor.getString(cursor.getColumnIndex("pwd"));
            int age = cursor.getInt(cursor.getColumnIndex("age"));

        }while (cursor.moveToNext());
    }
    cursor.close();
```

由上面两个用法的例子可以知道查询方法最短的重载方法也有 7 个参数：query(String table, String[] columns, String selection, String[] selectionArgs, String groupBy, String having, String orderBy)，其实并不复杂，它们的每个参数都是对应 SQL 语句查询的格式：

- table：表名；
- columns：列名；
- selection：约束条件（where）；
- selectionArgs：约束条件的值；
- groupBy：需要分组的列；
- having：groupBy 后进一步约束条件；
- orderBy：对查询到的数据进行排序。

通过遍历 Cursor 对象能获取想要查询的数据，而 Cursor 也提供了很多方法供开发者使用，如图 5.2 所示。

方　法	作　用
getString（int columindex）	获取指定列的索引的 String 类型值
getColumnIndexOrThrow（String columnName）	通过列名获取列的索引
isFirst()	判断是否为第一条记录
isLast()	判断是否为最后一条记录
moveToFirst()	移到第一条记录
moveToLast()	移到最后一条记录
moveToPrevious()	移到上一条记录
moveToNext()	移到下一条记录
move（int offset）	移到指定的记录

图 5.2　Cursor 提供的方法

5.3 LitePal

常用的数据库框架，是一种对象关系映射模式，在使用 LitePal 的时候开发者不需要使用 SQL 语句，直接使用其封装好的 API 就可以实现建表与增删改查操作。可以下载它的 jar 包然后在 Android Studio 里的 libs 引用；或者直接在 app/build.gradle 文件中引用也可以。

5.3.1 使用前准备工作

在引入 LitePal 后需要先创建 assets 文件夹，然后在 assets 文件夹里再创建配置文件

litepal.xml：

```
<?xml version="1.0" encoding="utf-8"?>
<litepal>
        <!-- 数据库名 -->
           <dbname value="Pingred" ></dbname>
           <version value="1" ></version> <!-- 数据库版本号 -->

           <list>
                <!--这里就是用来声明要映射的模型类 -->
           </list>
</litepal>
```

可以看到在配置文件里定义了数据库名和数据库版本号，而标签<list></list>就是添加映射模型类，这个会在后面继续说明。

写完配置文件后还需要配置 LitePal 的 Application，因为操作数据库也是需要用到上下文对象 Context，为了简单操作，就在 AndroidManifest.xml 文件中将项目的 Application 改为：org.litepal.LitePalApplication：

```
<application
    android:name="org.litepal.LitePalApplication"
    android:allowBackup="true"
    android:icon="@mipmap/ic_launcher"
    android:label="@string/app_name"
    android:roundIcon="@mipmap/ic_launcher_round"
    android:supportsRtl="true"
    android:theme="@style/AppTheme">

    ....

</application>
```

有时实际开发中开发者会自己另外创建自定义 Application，因为一个项目只能配置一个 Application，那这样 LitePal 的 Application 就会跟自定义 Application 冲突，所以可以在自定义 Application 类中直接调用 LitePal 的初始化方法即可：

```
public class PingredApplication extends Application {
    private static Context context;

    @Override
    public void onCreate() {
        super.onCreate();
        context = getApplicationContext();
        LitePal.initialize(context);
    }

    public static Context getContext() {
        return context;
    }
}
```

5.3.2　创建与升级数据库

现在给数据库建一张表 Pingred，按照常规思路可能使用 SQL 语句，但现在使用了 LitePal

后会很方便。首先创建一个实体类（类名最好也要跟预想中创建的表名一样），实体类里面定义的变量就是 Pingred 表的列，并创建它们的 set 方法与 get 方法：

```
public class Pingred extends DataSupport {
    private String name;
    private String pwd;
    private int age;

    public String getName() {
        return name;
    }

    public void setName(String name) {
        this.name = name;
    }

    public String getPwd() {
        return pwd;
    }

    public void setPwd(String pwd) {
        this.pwd = pwd;
    }

    public int getAge() {
        return age;
    }

    public void setAge(int age) {
        this.age = age;
    }
}
```

因为后续还要进行增删改查操作，所以实体类还要继承 DataSupport 类。接着返回到配置文件 litepal.xml 里，在这里把刚刚创建的实体类设置好，添加<map>标签，设置实体类的 class 值，以下代码便是映射的过程：

```
<?xml version="1.0" encoding="utf-8"?>
<litepal>
    <dbname value="Pingred" ></dbname> <!-- 数据库名 -->

    <version value="1" ></version> <!-- 数据库版本号 -->

    <list>
        <!--这里就是用来添加映射模型类 -->
        <map class="com.example.pingred.litepaltest.Pingred"></map>
    </list>
</litepal>
```

映射完成后，就可以直接在调用方里调用 LitePal.getDatabase()方法来创建数据库了。整个创建过程非常简单快捷，这就是 LitePal 的优点之一。如果要对表的列（字段）进行修改等操作，可以直接在实体类中修改，而且要想再添加另一个表，同样可以再创建一个新的实体类，然后同样在配置文件里进行映射，也就是再多添加一个<map></map>，当然别忘了把版本号也修改：

```xml
<?xml version="1.0" encoding="utf-8"?>
<litepal>
    <dbname value="Pingred" ></dbname> <!--  数据库名  -->

    <version value="2" ></version> <!--  修改数据库版本号  -->

    <list>
        <!--这里就是用来添加表的 -->
        <map class="com.example.pingred.rxjavatest.Pingred"></map>
        <!--再添加多一张表 -->
        <map class="com.example.pingred.rxjavatest.XXX"></map>
    </list>
</litepal>
```

重新运行一下程序，LitePal 会自动更新升级数据库。

5.3.3　添加数据

使用 LitePal 来添加数据更加方便：

```java
Pingred pingred1 = new Pingred();
pingred1.setName("Paul");
pingred1.setPwd("Paul123");
pingred1.setAge(25);
pingred1.save();

Pingred pingred2 = new Pingred();
pingred2.setName("James");
pingred2.setPwd("James123");
pingred2.save();
```

当然，save()是有返回值，是 boolean 类型，存储成功就返回 true，失败则返回 false。如果想要存储失败抛出异常而不是返回 false 就可以使用 saveThrows()方法而不是 save()方法：

```java
Pingred pingred2 = new Pingred();
pingred2.setName("James");
pingred2.setPwd("James123");
pingred2.saveThrows();
```

同时，也可以添加集合数据：

```java
Pingred pingred3 = new Pingred();
pingred3.setName("Liu");
pingred3.setPwd("Liu123");
pingred3.setAge(24);

Pingred pingred4 = new Pingred();
pingred4.setName("Jim");
pingred4.setPwd("Jim123");

List<Pingred> list = new ArrayList<>();
list.add(pingred3);
list.add(pingred4);
DataSupport.saveAll(list);
```

5.3.4　修改数据

LitePal 修改方法如下：

```
update(Class<?> modelClass, ContentValues values, long id)
```

第一个参数 modelClass 表示要修改的是哪张表，也就是实体类；第二参数是 ContentValues 对象，就是要修改的字段和修改后的值；第三个参数则是 id，表示要修改哪一行数据：

```
ContentValues values = new ContentValues();
values.put("pwd", "123456");
DataSupport.update(Pingred.class, values, 1);
```

除此之外，LitePal 还有另一个修改方法：

```
updateAll(Class<?> modelClass, ContentValues values,String... conditions)
```

它修改多行数据，第一个参数同样是修改的是哪张表（实体类），第二个参数 ContentValues 对象，就是修改的字段和修改成的值，第三个参数是 String 数组，就是约束条件及其值：

```
ContentValues values = new ContentValues();
values.put("pwd", "123456");
DataSupport.updateAll(Pingred.class, values, "pwd = ?", "Paul123");
```

上面的代码意思就是把表 Pingred 的所有行数据的 pwd 字段值为“Paul23”改成值为“123456”。

如果要写两个约束条件，那又该怎么写？那就接着再写多一个约束条件及其值，以此类推：

```
ContentValues values = new ContentValues();
values.put("pwd", "123456");
DataSupport.updateAll(Pingred.class, values, "pwd = ? and age = ?", "Paul123", "25");
```

上面的代码意思是现在把表 Pingred 的所有行数据的 pwd 字段值为“Paul123”以及 age 字段值为“25”的 pwd 字段值改为“123456”。

当然，updateAll()方法的第三个参数其实也可以不写：

```
ContentValues values = new ContentValues();
values.put("pwd", "123456");
DataSupport.updateAll(Pingred.class, values);
```

这样就是把表 Pingred 的所有行数据的 pwd 字段值改为“123456”。

最后，updateAll()还能这样使用：

```
Pingred pingred = new Pingred();
pingred.setPwd("123456");
pingred.updateAll("pwd = ? and age = ?", "Paul123", "25");
```

这样写的效果同样是把表 Pingred 的所有行数据的 pwd 字段值为“Paul123”以及 age 字段值为“25”的 pwd 字段值改为“123456”。只不过现在不需要用到 ContentValues 对象，直接用实体类的 set 方法来设置，想要修改哪张表的某个字段就使用哪个实体类的变量来设置与调用 updateAll()方法。

最后还有一点需要注意，那就是如果要修改为默认值，则不能直接使用 set 方法来设置，因为早在 new 对象的时候，表对象的每个变量也就是字段已经都初始化成默认值了。所以如果要修改成默认值需要调用 setToDefault()方法：

```
Pingred pingred = new Pingred();
pingred.setToDefault("123456");
pingred.updateAll();
```

5.3.5　删除数据

LitePal 的删除数据方法如下：

```
delete(Class<?> modelClass, long id)
```

第一个参数代表要删除的是哪张表，传入的是实体类，第二个参数就是 id，代表删除的是哪一行数据：

```
DataSupport.delete(Pingred.class, 1);
```

可以看到，现在要删除的是表 Pingred 的 id 为 1 的这条记录。而且要注意的是，这里删除的不仅仅是 id 为 2 的这条记录，LitePal 还删除了其他表中以这条记录作为外键的数据也一并删除了。其实很好理解，因为作为外键的 id 为 2 的记录都删除了，那跟它关联的其他表数据也没有意义。

LitePal 还有另外一个删除方法：

```
deleteAll(Class<?> modelClass, String... conditions)
```

与修改数据的操作有点类似，参数 conditions 也是 String 数组，也就是约束条件及其值。不过这里需要注意的是 LitePal 调用删除方法删除的是要已经持久化后的对象，也就是调用过 save()方法的对象（或者通过 DataSupport 中的查询方法从数据库中查出来的对象），这样对象才能删除：

```
DataSupport.deleteAll(Pingred.class, "name = ?", "Paul");
```

可以看到要删除的是表 Pingred 中字段 name 值为“Paul”的数据。如果不指定约束条件，deleteAll()方法删除表中的所有数据：

```
DataSupport.deleteAll(Pingred.class);
```

最后，有一个简单的方法可以判断对象是否持久化过的，就是通过 isSaved()方法：

```
Pingred pingred = new Pingred();
if (pingred.isSaved()) {
    pingred.delete();
}
```

5.3.6　查询数据

使用 LitePal 来查询数据同样也是很简单的：

```
find(Class<T> modelClass, long id)
```

第一个参数也是实体类，代表表名，第二个参数则是 id，要查询的是哪条记录：

```
Pingred pingred = DataSupport.find(Pingred.class, 1);
pingred.getName();
pingred.getPwd();
pingred.getAge();
```

find()方法直接返回结果到实体类对象里，然后直接调用 get 方法来获取字段值。对比 SqlLite 遍历 Cursor 对象，LitePal 则要简单得多。

如果要获取表的第一条记录数据，可以这样：

```
Pingred pingred = DataSupport.findFirst(Pingred.class);
pingred.getName();
pingred.getPwd();
pingred.getAge();
```

同样地，如果要获取表的最后一条记录，可以通过调用 findLast 方法来实现：

```
Pingred pingred = DataSupport.findLast(Pingred.class);
pingred.getName();
pingred.getPwd();
pingred.getAge();
```

LitePal 还有 findAll()方法：

```
findAll(Class<T> modelClass, long… ids)
```

该方法是可以让使用者查询多条数据，例如，想查询 id 为 1 和 id 为 2 的两条记录：

```
List<Pingred> list = DataSupport.findAll(Pingred.class, 1, 2);
for (Pingred pingreds : list) {
    pingreds.getName();
    pingreds.getPwd();
    pingreds.getAge();
}
```

如果是要查询所有数据呢？则可以直接不传 id 值：

```
List<Pingred> list = DataSupport.findAll(Pingred.class);
for (Pingred pingreds : list) {
    pingreds.getName();
    pingreds.getPwd();
    pingreds.getAge();
}
```

这样就可以直接把表 Pingred 的所有数据都查询出来了。

以上查询方法都只是根据 id 来查询的，如果要根据特定的条件来查询又该怎么办呢？那就要用连缀查询了：

```
List<Pingred> list = DataSupport.where("age = ?", "25")
.find(Pingred.class);
    for (Pingred pingreds : list) {
        pingreds.getName();
        pingreds.getPwd();
        pingreds.getAge();
    }
```

所谓连缀，就是在 find()前调用 where()方法来添加约束条件及其值，这样的效果就跟 SQL 语句中的 where 部分一样，如果还想更进一步来筛选查询，还可以这样写：

```
List<Pingred> list = DataSupport
            .select("name")
            .where("age = ?", "25")
            .order("age asc")
            .find(Pingred.class);

for (Pingred pingreds : list) {
        pingreds.getName();
}
```

这样要查询的是表 Pingred 中字段 age 等于 25 的 name 列数据，并且是按照 age 正序排列来显示数据。以此类推，想要再筛选，则直接再添加连缀方法，例如只显示前 5 条数据，则可以再添加 limit（5）方法，这里就不再做详细描述了。

最后，还要说一下如果要查询关联表数据，LitePal 同样能实现。例如想查询表 Pingred 的 id 为 1 的数据以及跟它关联表 Person 的数据，则可以这样：

```
Pingred pingred = DataSupport.find(Pingred.class, 1, true);
List<Person> list = pingred.getPerson();
```

可以看到，find()方法跟之前相比，多了一个参数 true，这代表了要让 LitePal 支持查询关联表数据。不过用这种方式来查询关联表数据会影响查询速度，所以为了不影响查询效率可以这样写：

```
public class Pingred extends DataSupport {
    .....
    private List<Person> persons;

    public List<Person> getPersons() {
        return DataSupport.where("pingred_id = ?", String.valueOf(id)).find(Person.class);
    }

    public void setPersons(List<Person> persons) {
        this.persons = persons;
    }
    ......
}
```

在实体类 Pingred 中定义了 getPersons()方法，该方法其实就是直接查询了跟 Pingred 关联的 Person 表中的数据。所以当需要查询跟 Pingred 有关的 Person 数据时，就直接调用 Pingred 的 getPersons()方法即可，这样也不会影响查询速度。

最后，如果的确有使用 LitePal 的 API 也实现不了的查询需求时，还可以使用原生 SQL 语句来查询。

5.4 常见面试笔试真题

1）Android 的数据存储方式有哪些？

解答：

① 使用 SharedPreferences 存储数据，通过键值对形式保存一些简单的数据；

② 文件存储数据，通过文件流形式去保存一些简单的数据；

③ SQLite 数据库存储数据，Android 自带的小型关系型数据库，其强大的 API 直接可对数据进行增删改查操作；

④ 网络存储数据，可以使用各种网络请求框架的缓存机制进行存储数据；

⑤ ContentProvider 存储数据，定义统一的接口供外部对数据进行存储等操作；

⑥ 其他的第三方数据库框架（如 LitePal 和 GreenDao 等）。

2）说一说 Android 的两种序列化方式以及它们的区别。

思路：Android 的两种序列化是 Serializable 和 Parcelable。

解答：

① 将对象进行序列化后，它可以存储到硬盘本地上，还可以在网络上进行传输；

② Android 有两种序列化方式，一种是 Serializable，创建的实体类直接实现 Serializable 接口：

```
public class Pingred implements Serializable {
    private String name;
    private int age;

    public String getName() {
        return name;
    }

    public void setName(String name) {
        this.name = name;
    }

    public int getAge() {
        return age;
    }

    public void setAge(int age) {
        this.age = age;
    }
}
```

这样 Pingred 类就实现了序列化，它可以作为参数直接传给 Intent 去操作。

而另一种方式 Parcelable 则要复杂点，实体类实现 Parcelable 接口后，还要重写 writeToParcel() 和 describeContents()，然后创建 Parcelable.Creator 接口，在里面重写 createFromParcel()和 newArray()方法：

```
public class Pingred implements Parcelable {
    private String name;
    private int age;

    @Override
    public int describeContents() {
        //一般都为 0，只有当该对象具有文件描述时返回 1
        return 0;
    }

    @Override
    public void writeToParcel(Parcel dest, int flags) {
        //写入属性
        dest.writeString(name);
        dest.writeInt(age);
    }

    public static final Parcelable.Creator<Pingred> CREATOR = new Parcelable.Creator<Pingred>(){

        @Override
        public Pingred createFromParcel(Parcel source) {
            Pingred pingred = new Pingred();
```

```
                //读取写入的数据
                pingred.name = source.readString();
                pingred.age = source.readInt();
                return pingred;
            }

            @Override
            public Pingred[] newArray(int index) {
                return new Pingred[index];
            }

        };
    }
```

这样 Pingred 也同样实现了序列化，可以进行传递对象的操作。

③ Serializable 使用简单，但效率相比 Parcable 来说有点低，而且会在序列化的时候创建许多的临时对象，容易触发 GC。而 Parcelable 虽然实现起来有点复杂，但序列化效率更高。

3）使用 SQLite 时有什么可以优化的地方？

解答：

虽然使用 SQLite 去对数据进行操作比较简单，但一旦数据量大且复杂，也会出现查询数据缓慢以及插入数据耗时等低效问题。所以这时候就要从各方面去进行优化。

① 创建索引：

```
CREATE INDEX INDEX_NAME ON TABLE_NAME;
```

但并不是任何情况下创建索引都会加快检索数据表的速度，如果是对数据进行添加、更新和删除操作，使用索引会变慢。因为创建了索引就意味着数据库也会变大，这无疑也增加了数据库表的页数，而且维护索引也有一定的代价，所以如果遇到数据量小的情况就会弄巧成拙，所以创建索引要结合实际情况来使用。

② 使用显式事务。将批量的数据库更新得到的 journal 文件打开关闭降到 1 次，不要出现多次打开文件和读写再关闭的操作，从而完成原子操作和回滚功能。

③ 查询数据时可以按照需要来查询对应的列信息，也会提升查询效率。

④ 数据库操作通常比较耗时，最好使用异步机制去处理。

⑤ 将 sql 语句编译成对应的 SQLiteStatement，而如果是批量操作就重用 SQLiteStatement。

⑥ 注意要及时关闭 Cursor。

4）同样都是提交 SharedPrefrence 修改的数据，commit()和 apply()有什么区别？

解答：

① commit()方法采用同步机制将数据提交到本地中，因此当并发提交的时候，要等正在 commit()的数据保存成功后再进行操作；而 apply()则是原子的提交，采用异步机制将数据提交。

② commit()具有返回值，返回值是 boolean 类型，表示提交是否成功；而 apply()没有返回值，即使提交失败也不会报错，没有任何提示信息。

③ 如果对提交后返回的结果不感兴趣，一般情况下使用 apply()。

5）谈一谈你对 SQLite 中的事务操作的认识。

解答：

事务，即 Transaction，对数据库执行工作的单元。是以逻辑顺序完成的工作单位或序列，可由用户手动操作完成，也可以由某种数据库程序自动完成。例如现在正在创建一个记录或者从表中删除一个记录，那就代表正在该表上执行事务。重要的是要控制好事务以确保数据的完整性和控制事务处理数据库错误。

事务具有 4 个标准属性：

- 原子性：确保工作单位内的所有操作都顺利完成，否则事务会在出现故障时终止，之前的操作会回滚到以前的状态；
- 一致性：确保数据库能在成功提交的事务上正确地改变状态；
- 持久性：确保已提交事务的效果或结果在系统发生故障时仍能存在；
- 隔离性：使得事务操作之间互相独立和透明。

现在，使用 SQLite 的 SQL 语句去完成一条操作，并使用事务：

```
//往 pingred 表里面插入一条数据
sqliteDatabase.execSQL（"insert into pingred (name, age) values(?,?)", new Object[]{"James", 25});

//开启事务
sqliteDatabase.beginTransaction();
try
{
    sqliteDatabase.execSQL（"insert into pingred (name, age) values(?,?)", new Object[]{"James", 25});

    //事务成功，提交事务
    sqliteDatabase.setTransactionSuccessful();
}
finally
{
    //不成功，则回滚
    sqliteDatabase.endTransaction();
    sqliteDatabase.close();
}
```

在 try 方法块里，可以看到如果插入成功，则事务成功，提交事务。而如果同时操作多条记录：

```
//往 pingred 表里面插入一条数据
sqliteDatabase.execSQL（"insert into pingred (name, age) values(?,?)", new Object[]{"James", 25});

//开启事务
sqliteDatabase.beginTransaction();
try
{
    sqliteDatabase.execSQL（"insert into pingred (name, age) values(?,?)", new Object[]{"James", 25});
    sqliteDatabase.execSQL（"insert into pingred (name, age) values(?,?)", new Object[]{"Paul", 20});
    sqliteDatabase.execSQL（"update pingred set name=? where pingredid=?", new Object[]{"Pingred", 30});

    //事务成功，提交事务
    sqliteDatabase.setTransactionSuccessful();
}
finally
{
```

```
            //不成功，则回滚
            sqliteDatabase.endTransaction();
            sqliteDatabase.close();
        }
```

当有一条记录操作失败，sqliteDatabase.setTransactionSuccessful()方法不会执行，一直到 finally 方法块结束，事务回滚不提交。

所以综上所述，可以知道事务的作用，如果没有事务，在需要修改三条数据的场景，假如其中一条操作失败，另外两条成功，只能通过找出操作失败的数据进行手动的修复。而相反，如果使用了事务，那么当其中一条记录操作失败，就会回滚，也就是说其他两条记录会还原为修改之前的状态。

6）有什么好的方法使用 SQLite 做批量操作？

解答：

① 使用事务，数量级地提高批量操作的速度；

② 使用好 Statement：

```
prepare（运行,开始处理第一条记录）--> bind（填充第一列）--> bind（填充第二列）--> execute（执行插入）
--> clearBind（清除填充的数据） --> （然后处理第二条记录) --> bind（填充第一列）--> bind （填充第二列）
--> execute --> clearBind（清除填充数据）--> （处理第三条记录，以此类推）。
```

Statement 的 prepare()比较耗时，所以在批量插入的时候调用一次即可。

7）怎样使用 SQLite 去删除表中个别字段？

思路：其实这种题的答案有很多，只要说出几种即可。

解答：

假如现在想删除表 pingred 的 age 字段，首先可以使用如下 sql 语句：

```
create table temp as select pingredId, name, sex from record where 1 = 1;
```

可以看到，复制了一个和 pingred 表一样表结构（唯独没有把 age 复制）的 temp 表出来，这样就可以直接删除旧表 pingred，然后修改表 temp 表名为 pingred 即可：

```
drop table pingred;

alter table temp rename to pingred;
```

当然要注意的是，这种思路还是有风险的，毕竟要删除原先一整张 pingred，所以要看清楚才去删。

除了以上这个方法，还可以直接使用如下 sql 语句：

```
alter table pingred
drop column age;
```

实现的效果同样是删除表 pingred 的 age 字段。

8）请你说一下 SharedPrefrences 的使用场景以及注意事项。

解答：

轻量级的存储方式，将数据以键值对的形式存储在 data/data/程序包名/share_prefs/路径下的自定义名字的 xml 文件上。

一般可以用于判断是否是第一次登录的状态标记。

要注意保护保存数据的 xml 文件，设置为私有模式。当然在跨进程使用 SharedPrefrences 的时候，就要设置 MODE_MULTI_PROCESS 模式了，因为跨进程操作时，设置私有模式会报错。最后需要注意不要误删 xml 文件。

9）请简单写一写 Android 中的 IO 流读写操作的代码。

解答：

① 读取方法：

```
//读取操作
public String readData() {
    //使用 StringBuilder 存储读取到的内容
    StringBuilder stringBuilder = new StringBuilder();
    //创建字节流
    FileInputStream fis = null;
    //创建字符流中的缓存流
    BufferedReader br = null;

    try {
        /*使用 Context 类的 openFileInput()方法，在/data/data/包名/files/目录下创建文件，
        返回 FileInputStream 对象。文件名是 pingred */
        fis = openFileInput("pingred");
        //创建字符流 InputStreamReader 对象来装载字节流 FileInputStream
        //然后再转缓冲流 BufferedReader，从而完成字节流转字符流的转变
        br = new BufferedReader(new InputStreamReader(fis));

        String stringData = "";
        while ((stringData = br.readLine()) != null) {
            //循环读取文件数据不断追加读到的数据到 stringBuilder 中去，直到读完为止
            stringBuilder.append(stringData);
        }
    } catch (IOException e) {
        e.printStackTrace();
    }finally {
        if (br != null) {
            try {
                //关闭流
                br.close();

            } catch (IOException e) {
                e.printStackTrace();
            }
        }
    }

    //最后返回 stringBuilder 内容
    return stringBuilder.toString();
}
```

② 写方法：

```
//写入操作
public void write() {
    //要写入的内容是 Hello World
    String writeData = "Hello World";
    //创建字节流
```

```
        FileOutputStream fos = null;
        //创建字符流中的缓存流
        BufferedWriter bw = null;
        try {
            //使用 openFileOutput()方法创建 FileOutputStream 对象以及指定要写入的文件
            fos = openFileOutput("pingred", Context.MODE_PRIVATE);
            //创建 OutputStreamWriter 对象来装载 FileOutputStream 字节流从而最后创建 BufferedWriter 对象
            bw = new BufferedWriter(new OutputStreamWriter(fos));
            //写入字符串数据
            bw.write(writeData);

        } catch (IOException e) {
            e.printStackTrace();
        }finally {
            try {
                if (bw != null) {
                    //关闭流
                    bw.close();
                }
            } catch (IOException e) {
                e.printStackTrace();
            }
        }
    }
```

10）怎样使用 SQLite 去升级数据库？（例如要新增一个字段）

思路：

该题主要是考核新增的字段是普通字段还是主键的升级数据库操作，回答时按照两种情况的思路去回答即可。

解答：

在升级数据库时，首先判断当前数据库版本号是否小于指定的版本号，如果符合条件则进行升级操作：

① 如果新增的是普通字段，则直接执行 sql 语句即可；

② 如果新增的是主键，因为 SQLite 限制了 ALTER TABLE 的一些功能，所以不能用联合主键的方法增加字段。只能将列添加到表的末尾，或者更改表的名称。

11）说一下在 Android 中的数据库数据迁移问题。

解答：

数据库数据迁移也就是升级数据库，数据库升级通常有 3 种情况：添加表、删除表和修改表。而修改表通常是添加表字段和删除表字段。

首先将要修改的表进行改名称从而变成一张临时表，然后再创建一张新表，把临时表内的数据迁移到新表内，最后删除临时表。该思路跟第 7 题的思路类似，可以结合第 7 题一起去总结。

12）谈一谈你对 SharedPrefrences 的原理的认识，SharedPrefrences 是否为线程安全和进程安全？

思路：

可从源码的角度去分析该题的核心：SharedPrefrences 机制与操作的核心方法的原理，以及它的线程相关原理等。

解答：

请看 SharedPrefrences 源码中的注释：

```
/**
 * Interface for accessing and modifying preference data returned by {@link
 * Context#getSharedPreferences}.  For any particular set of preferences,
 * there is a single instance of this class that all clients share.
 * Modifications to the preferences must go through an {@link Editor} object
 * to ensure the preference values remain in a consistent state and control
 * when they are committed to storage.  Objects that are returned from the
 * various <code>get</code> methods must be treated as immutable by the application.
 *
 * <p>Note: This class provides strong consistency guarantees. It is using expensive operations
 * which might slow down an app. Frequently changing properties or properties where loss can be
 * tolerated should use other mechanisms. For more details read the comments on
 * {@link Editor#commit()} and {@link Editor#apply()}.
 *
 * <p><em>Note: This class does not support use across multiple processes.</em>
 *
 * <div class="special reference">
 * <h3>Developer Guides</h3>
 * <p>For more information about using SharedPreferences, read the
 * <a href="{@docRoot}guide/topics/data/data-storage.html#pref">Data Storage</a>
 * developer guide.</p></div>
 *
 * @see Context#getSharedPreferences
 */
```

注释虽然很长而且是英语，但这也是一个合格的开发者必备的能力之一，学会看懂英文官方文档。注释中要表达的意思是，SharedPrefrences 是一个文件操作的接口类，而它的 Editor 是修改的操作类对象。SharedPrefrences 进程不安全，只有一个实例供客户端共享，所以要多进程进行数据交互最好使用 ContentProvider。SharedPreferencesImpl 是它的具体实现类，在 writeToFile()方法中，XmlUtils 的 writeMapXml(mcr.mapToWriteToDisk,str)方法实现了文件操作，将数据写入 xml 文件中，该文件一般存储在/data/data//shared_prefs 目录下。

13）为什么要序列化？

解答：

对象序列化后可以很方便地进行存储或者在网络中传输。从服务器硬盘上将序列化的对象取出，然后通过网络传到客户端，再由客户端把序列化的对象读入内存，执行相应的逻辑处理。这个过程不仅效率高，也能提高开发者的开发效率，使得代码简洁与解耦。

14）请简单对比一下 Android 的各个数据库框架，说一说它们的特点与区别。

解答：

① SQLite。Android 中自带的数据库，它是关系型数据库，原生的，运算速度也很快，不过还是要使用 SQL 语句。

② GreenDao。对象关系映射（ORM）框架。它封装了对象到关系型数据库 SQLite 的相应接口供开发者直接调用。要使用 GreenDao，需要创建另一个“生成器”工程，它的作用是在工程域里生成具体的代码。因此与其他 ORM 框架对比其性能更好。

③ LitePal。对象关系映射（ORM）框架。在使用上非常简单，可以不用写 SQL 语句就可以完成大部分数据库操作，包括创建表、更新表、约束操作、聚合功能等，让开发者的开发效率提高。

④ ORMLite。提供了一些轻量级持久化 Java 对象到 SQL 数据库，避免更多的标准的 ORM 包的开销。支持 SQL 数据库使用 JDBC 的数量以及允许原生的 Android 操作系统数据库 API 调用 sqlite。

第6章 网络框架

在实际开发中，经常需要与后端的开发者进行协作，因为Android端的App最终是要让用户通过点击里面的各种按钮来得到他们想要的效果，而显示的效果往往就是通过向服务器发送网络请求来得到结果。这个过程可以通过原生编写代码来实现，不过这样会比较复杂与麻烦，而Google和其他公司的工程师已经封装好了各种网络框架，因此Android开发者直接使用就可以，既方便效率又高。

6.1 关于HTTP/HTTPS的基础知识

首先在分析各种框架之前，需要对于HTTP/HTTPS的一些基础知识应该要有所了解，这样才能理解框架中的一些设计理念与原理。

6.1.1 HTTP请求方式

HTTP请求有7种方式：GET、POST、DELETE、PUT、HEAD、TRACE和OPTIONS，而这里用得最多还是GET和POST，所以这里重点介绍一下这两种方法，其他的有兴趣的读者可以自己深入学习。

GET：GET请求是在请求的url后加上请求参数，其中第一个参数前加上“？”，然后加上“=参数值”，然后加上“&”，接着第二个参数。即：

```
url?param1=XXX&param2=XXX&param3=XXX&…
```

POST：POST请求则是将参数放到请求体中然后发送给服务器。常用于表单提交，表单的数据传输到服务器，然后服务器就会对这些数据进行处理。

所以GET与POST的区别是，GET是直接将请求参数暴露在请求url中，所以在地址栏中会看到，这样会有安全问题，而且浏览器和服务器可能会对url长度有限制，所以会影响到GET请求参数的长度。而POST的请求参数由于是放到请求体中，所以就不会有这些问题。最后，从文档语义中来说，POST与GET分别对应了资源的改与查，也就是说POST请求是对服务器的资源数据进行修改，例如提交一次表单，服务器就会添加一条数据记录；而GET请求则是对服务器的数据记录进行查询操作。

6.1.2 HTTP报文

请求报文，它是由请求行、请求头部和请求数据组成的，如图6.1所示。

请求行：

- 请求方法：就是GET和POST等各种请求方法；
- url：请求地址url；
- 协议版本：就是Http/1.0或者Http/1.1。

请求头部：

以键值对的形式存在，每条头部都以回车换行符结尾，最后多了一个回车换行符，用来分割请求数据。头部携带了一些信息，用以实现一些功能，如缓存功能。

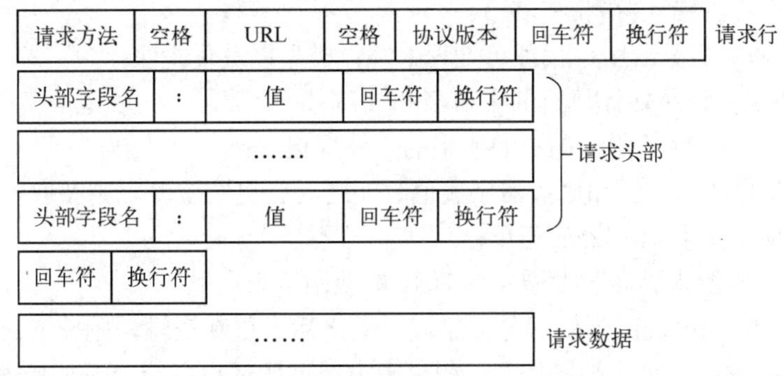

图 6.1　请求报文

请求数据：

最重要的内容，里面包括了真正要传播的信息数据。

看完了请求报文，再来介绍响应报文，它跟请求报文的结构类似，由状态行、响应头部和数据主体组成。

状态行：

- 版本：跟请求报文的一样；
- 状态码：平时看到的 404、200 等；
- 短语：404 Not Found 等这些原因短语。

响应头部：其实也跟请求报文的一样，这里不做解释了。

数据主体：请求成功后返回的结果。

对于状态码，下面给出一些经常看到的状态码以及其含义：

- 200 OK：客户端请求成功；
- 206 Partial Content：成功执行一个部分请求（用于断点续传）；
- 301 Moved Permanent：请求的 url 被移除了（用于重定向）；
- 304 Not Modified：条件请求进行再验证，资源未改变；
- 400 Bad Request：客户端请求语法错误，服务器无法解析；
- 401 Unauthorized：请求未经授权；
- 403 Forbidden：服务器收到请求拒绝服务；
- 404 Not Found：请求资源不存在；
- 500 Internal Server Error：服务端不可预期错误；
- 503 Server Unavailable：服务器当前不能处理客户端请求。

6.1.3　首部（Header）

前面已经说到了首部的作用，那它包含了哪些信息，这些信息又有什么含义呢？其中有一些是开发者会经常用到的，如下所示：

- Cache-Control：控制缓存的行为；
- Date：创建报文的日期和时间；

- Transfer-Encoding：指定报文主体的传输编码格式；
- Via：追踪客户端和服务器之前请求和响应的传输路径；
- Warning：各种错误警告；
- Accept：通知服务器用户代理可处理的媒体类型以及优先级；
- Host：请求资源所处计算机的主机名和端口号；
- If-Match：告知服务器匹配资源所用的实体标记值；
- If-Modified-Since：告知服务器字段值时间之后有更新资源，则获取；
- If-None-Match 和 If-Match 相反；
- If-Range：资源未更新时发送实体 Bety 的范围请求；
- If-Unmodified-Since：告知服务器字段时间之后未更新资源，则获取；
- User-Agent Http：客户端的信息，如果请求经过代理也可能会添加代理服务器的信息；
- ETage：服务器将资源以字符串的形式做唯一标识 ETage；
- Age：返回资源创建到这次请求所经过的时间，单位为 s。

6.1.4 HTTP 缓存

当开发者向服务器发起一条 HTTP 请求时，服务器返回该请求对应的资源给开发者，而开发者这时可以对该资源进行处理，然后把处理后产生出来的副本存储在本地中，当下次再进行同一条 HTTP 请求时，就能直接从本地的缓存中将之前存储的副本资源返回给开发者，这种方式既快速又高效。而这样的过程就是 HTTP 缓存机制。

HTTP 缓存分为强缓存和协商缓存，通过头部不同的字段来使用。

1）强缓存：请求的资源在本地中还没过期，就不需要与服务器进行交互，而是直接使用本地的副本资源，如图 6.2 所示。

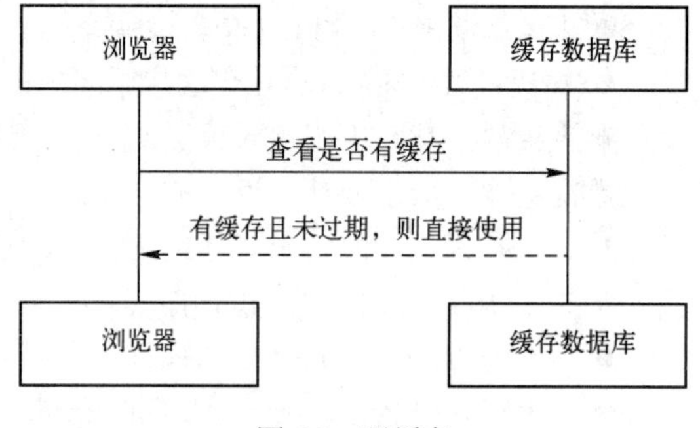

图 6.2 强缓存

当缓存未命中时，如图 6.3 所示。

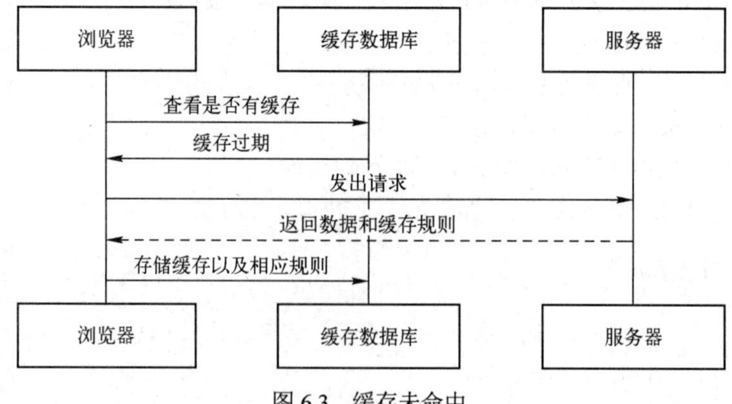

图 6.3 缓存未命中

而强缓存中这个过期时间是怎么定义的？它是由 Expire 和 Cache-Control 控制的。

Expire：指定了一个日期/时间，在这个日期/时间之后，就认为过期。因为它是 Http1.0 标准的字段，所以如果请求中设置了“max-age” 或者 “s-max-age” 字段的 Cache-Control 响应首部，那么 Expires 字段就无效。

Cache-Control：控制缓存的行为，常用的几个值有：

- private：客户端可以缓存；
- public：客户端和服务器都可以缓存；
- max-age=xx：缓存的内容将在 xx 秒后失效；
- s-max-age=xxx：同 s-max-age，但仅适用于共享缓存，并且私有缓存中忽略；
- no-cache：需要使用协商缓存来验证缓存数据；
- no-store：所有内容都不会缓存，强缓存和协商缓存都不会触发；
- must-revalidate：缓存必须在使用之前验证旧资源的状态，并且不可使用过期资源。

2）协商缓存：前面说到的强缓存是用一个过期时间来进行判断，相当于一个食品的保质期一样，超过这个时间就相当于过期了。而当强缓存未命中或者响应报文首部字段 Cache-Control 中有 must-revalidate 标识时，意味着必须每次请求都要验证资源的状态，也就是要使用协商缓存机制。

协商缓存机制的过程就是发送请求前，浏览器先从本地缓存资源中取出该缓存资源的一个标识，然后向服务器发送验证请求，验证该标识对应的资源是否已经更新，如果更新了则返回新资源数据，如果没更新则直接使用本地缓存资源。

当协商缓存时，如图 6.4 所示。

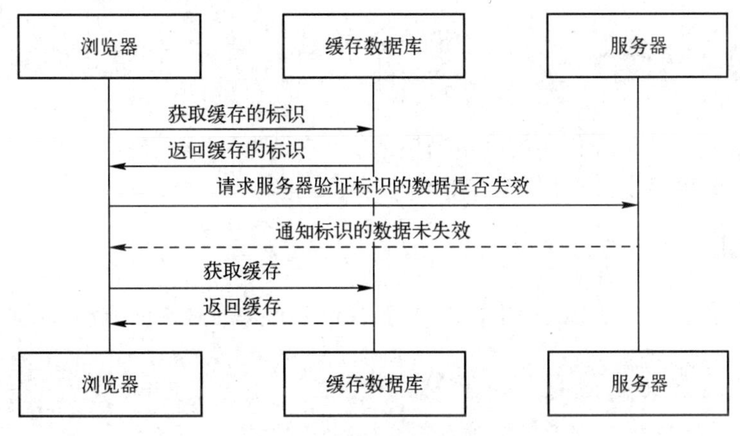

图 6.4　协商缓存

当协商缓存未命中，如图 6.5 所示。

而其中有两个字段分别是 etag 和 last-modified 是用于协商缓存的字段。Etag 就是前面提到的标识，是所请求的数据在服务器中的唯一标识，而 last-modifind 字段则是所请求资源最后一次修改的时间，意思是请求资源自从上一次缓存之后是否有修改。

当发送请求时，请求里的首部就有 if-modifind-since 和 if-none-match，两个字段分别对应着上面提到的响应中的 last-Modified 和 etag，用来对协商缓存进行判断。

如果在第一次请求中有 etag 和 last-modified 时，则代表使用协商缓存，这时本地保存这两个字段，并且在下次发起同样的请求时，以 if-none-match 和 if-modified-since 发送保存的 etag

和 last-modified 数据作为判断依据。

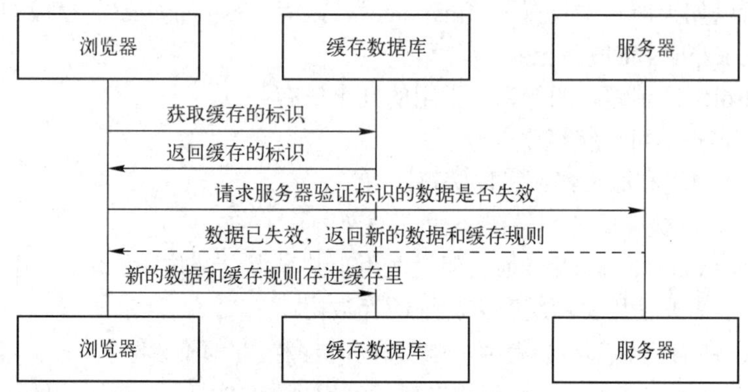

图 6.5 协商缓存未命中

然后当服务器下次收到同样的请求后会先判断 if-none-match，即如果资源的 etag 和请求的 if-none-match 相等，则所请求的资源没有发生改变，此时浏览器就可以直接使用本地缓存数据，此时 http 的请求状态码为 304，表示请求的资源未变化。

当然上面提到的情况是服务器先判断 if-none-match 的情况，而如果当前的请求字段中没有 if-none-match，那么就使用 if-modified-since 来判断。如果 if-modified-since 的值和所请求的资源时间一致，则代表所请求的资源相同，浏览器可以直接使用本地缓存中的资源数据。此时 http 状态码为 304，表示请求的资源未变化。

6.2 OkHttp

OkHttp 是目前比较流行使用的网络框架之一，它是由 Square 公司开发的，底层已经封装好，使用起来简单和高效，下面来详细讲解一下 OkHttp。

6.2.1 Get 请求

日常开发中最常用的是 Get 请求，通过 OkHttp 实现 Get 请求的方法如下：

```
//首先创建 OkHttpClient 对象
OkHttpClient mOkHttpClient = new OkHttpClient();

//然后创建一个 Request 对象
final Request request = new Request.Builder()
        .url("https://www.baidu.com")
        .build();

//最后创建 Call 对象
Call call = mOkHttpClient.newCall(request);
//回调
call.enqueue(new Callback() {
        @Override
        public void onFailure(Request request, IOException e) {
        }

        @Override
```

```
        public void onResponse(Response response) throws IOException {
            //返回的结果转字符串
            String result =    response.body().string();
        }
    });
```

正如上面代码里注释到，一个 Get 请求使用步骤为：

1）构造一个 OkHttpClient 对象；

2）构造 Request 对象，通过 Request.Builder()来设置参数，其中 url 就是要设置的 url 参数，也就是要请求的 url 地址。

3）使用上面创建的 OkHttpClient 对象来创建 Call 对象，把请求传递进去。

4）调用 call.enqueu()方法以异步的方式执行发送请求，等待任务执行完成后在 Callback 对象里分别用 onFailure()方法和 onResponse()方法对结果进行处理。需要注意的是，通过 onResponse()方法回调的参数是 response 也就是结果，在一般情况下，会通过 response.body().string()方法获取字符串类型的结果；当然实际开发中有时也需要以二进制字节数组类型的方式获取结果，在这种情况下可以通过调用 response.body().bytes()方法来实现；如果想获取返回的 InputStream 类型的结果，则可以调用 response.body().byteStream()方法来获取。

6.2.2 Post 请求

Post 同样是常见的请求，它与 Get 请求的使用方法基本一样，只是在 Request 对象设置参数的时候有些区别，使用代码如下：

```
    //首先创建 OkHttpClient 对象
    OkHttpClient mOkHttpClient = new OkHttpClient();

    //Post 请求的参数是放进请求体中的
    FormEncodingBuilder builder = new FormEncodingBuilder();
    builder.add("username","Pingred");

    Request request2 = new Request.Builder()
        .url(url)
        .post(builder.build())//设置为 Post 请求
        .build();
    mOkHttpClient.newCall(request2).enqueue(new Callback(){
        @Override
        public void onFailure(Request request, IOException e) {
        }

        @Override
        public void onResponse(Response response) throws IOException {
            //返回的结果转字符串
            String result =    response.body().string();
        }
    });
```

如上所示，通过 FormEncodingBuilder 对象添加 String 键值对（可多个），然后去构造 RequestBody，最后完成 Request 的构造后就可以执行发送请求，跟 Get 的步骤一样。

6.2.3 文件上传

日常开发中经常会使用到 MultipartBuilder，它是用来构造 RequestBody 的 Builder，可以用于提交表单，示例代码如下：

```
//首先创建 OkHttpClient 对象
OkHttpClient mOkHttpClient = new OkHttpClient();
File file = new File(Environment.getExternalStorageDirectory(), "test.mp4");

RequestBody fileBody = RequestBody.create(MediaType.parse("application/octet-stream"), file);

//参数 username 和文件
RequestBody requestBody = new MultipartBuilder()
    .type(MultipartBuilder.FORM)
    .addPart(Headers.of(
        "Content-Disposition",
        "form-data; name=\"username\""),
            RequestBody.create(null, "Pingred"))
    .addPart(Headers.of(
                "Content-Disposition",
                "form-data; name=\"mFile\";filename=\"pingred.mp4\""), fileBody)
    .build();

Request request = new Request.Builder()
        .url("url 地址")
        .post(requestBody)
        .build();

Call call = mOkHttpClient.newCall(request);
call.enqueue(new Callback()
{
    @Override
    public void onFailure(Request request, IOException e) {
    }

    @Override
    public void onResponse(Response response) throws IOException {
    }
});
```

如上面所述，代码执行了一个请求，并在里面传入了参数 username 和一个文件，而这两个参数是通过 MultipartBuilder 的 addPart()来添加的。

6.2.4 结合 GSON 框架来解析返回结果

既然说到网络框架，那么也不得不提解析框架，因为往往发送网络请求，是要先得到服务器返回给开发者的一个数据，而这个返回的数据往往是 JSON 格式的数据，所以就要使用解析框架来将它解析成更友好的格式，便于开发者直观地使用数据。所以这时候可以用到一个经常用的框架：GSON。

首先定义一个实体类：

```
public class Pingred {
    public String username ;
    public String password ;

    public Pingred() {
```

```
    }

    public Pingred(String username, String password) {
        this.username = username;
        this.password = password;
    }

    public String getUsername() {
        return username;
    }

    public String getPassword() {
        return password;
    }
}
```

而现在假设服务器返回的数据是：

```
{"username":"Pingred","password":"666"}
```

那么可以使用下面的代码进行解析：

```
call.enqueue(new Callback()
{
    @Override
    public void onFailure(Request request, IOException e) {

    }

    @Override
    public void onResponse(Response response) throws IOException {
        //返回的结果转字符串
        String result =    response.body().string();
        //使用 GSON
        GSON gson = new GSON();
        Pingred pingred = gson.fromJson(result, Pingred.class);
        //直接使用 Pingred 的 get 方法
        String username = pingred.getUsername();
        String pwd = pingred.getPassword();
    }
});
```

如上所述，通过 gson.from()方法来解析，然后可直接用实体类的方法来获取想要的数据。另外，如果想要解析 JSON 数组的数据，那么可以通过 TypeToken 将希望解析成的数据类型传入 fromJson()方法里：

```
@Override
public void onResponse(Response response) throws IOException {
    //返回的结果转字符串
    String result =    response.body().string();
    //通过 TypeToken 将希望解析成的数据类型传入 fromJson()方法里
    GSON gson = new GSON();
    List<Pingred> pingred = gson.fromJson(result, new TypeToken<List<Pingred>>(){}.getType);
    //在得到 pingred 对象后，就能对它进行操作，取出它里面的集合对象
}
```

6.3 Retrofit

Retrofit 其实可以被理解为 OkHttp 的加强版，它也是一个网络加载框架。底层是使用 OkHttp 封装的。准确来说，网络请求的工作本质上是通过 OkHttp 完成的，而 Retrofit 仅负责网络请求接口的封装。它的特点是包含了特别多的注解，方便简化代码量。并且还支持很多的开源库。

Retrofit 的优点有很多，下面给出其中的 5 个优点：

1）可解耦，当要封装请求数据的方法时，代码之间耦合度小；

2）可以配置不同的 HttpClient 来实现网络请求，例如 OkHttp 等；

3）支持同步、异步和 RxJava；

4）可以使用各种反序列化工具来解析数据，例如 XML 和 JSON 等；

5）使用方便灵活且请求速度快。

Retrofit 注解：

1）注解形式的请求方法，如图 6.6 所示。

注解	格式
@GET	GET请求
@POST	POST请求
@HEAD	HEAD请求
@PATCH	PATCH请求
@OPTIONS	OPTIONS请求
@DELETE	DELETE请求

图 6.6　请求方法

2）注解形式的请求参数，如图 6.7 所示。

注解	说明
@Headers	添加请求头
@Path	替换路径
@Field	结合post请求替代参数
@Query	结合get请求替代参数
@FormUrlEncoded	以表单形式提交

图 6.7　请求参数

Retrofit 的使用：

1）在 App 下的 build.gradle 文件里添加依赖项。

```
dependencies {
    ......
```

```
    // Retrofit 库
    implementation 'com.squareup.retrofit2:retrofit:2.0.2'
    // Okhttp 库
    implementation 'com.squareup.okhttp3:okhttp:2.0.2'
}
```

因为 Retrofit 的底层就是 OkHttp，所以要把 OkHttp 作为依赖项添加进来。把依赖添加完成后还要添加网络权限：

```
<uses-permission android:name="android.permission.INTERNET"/>
```

2）创建实体类来接收服务器返回的数据。

```
public class Pingred {
    private String name;
    private int age;

    public Pingred(String name, int age) {
        this.name = name;
        this.age = age;
    }

    public String getName() {
        return name;
    }

    public void setName(String name) {
        this.name = name;
    }

    public int getAge() {
        return age;
    }

    public void setAge(int age) {
        this.age = age;
    }
}
```

实体类的定义与服务器端返回的数据形式有关，需要提前与服务器端开发人员沟通好。

3）创建网络请求的接口。

Retrofit 采用注解方式来创建网络请求以及配置请求参数，将 Http 请求映射成 Java 接口：

```
public interface RequestInterface {
    //采用 Get 方法发送网络请求
    @GET("pingred.do?XXX=aaa&YYY=bbb…")
    //接收网络请求数据的方法,返回类型是 Pingred
    Call<Pingred> getCall();

    //如果想直接获得 Responsebody 中的数据内容
    //可以把 getCall()方法返回值修改为 Call<ResponseBody>
}
```

在这里用到了@GET 注解来表示使用 Get 方法发送的请求，像这样的注解 Retrofit 还有很多，例如代表网络请求方法的@GET 和@POST，代表标记类的@Multipart 和代表网络请求参数的@Header 和@Field 等，并不需要一一记住，在使用的过程中查手册即可。

4）创建 Retrofit 实例。

```
Retrofit retrofit = new Retrofit.Builder()
        .baseUrl("http://www.pingred.com")
        .addConverterFactory(GsonConverterFactory.create())
        .addCallAdapterFactory(RxJavaCallAdapterFactory.create())
        .build();
```

上面的代码使用了 baseUrl()来设置网络请求的 url 地址，然后再配置数据解析器 Gson 和网络请求适配器 Rxjava。

5）创建网络请求的接口实例。

```
RequestInterface request = retrofit.create(RequestInterface.class);
//封装请求
Call<Pingred> call = request.getCall();
```

6）发送网络请求，并处理返回的数据。

```
//发送异步请求
call.enqueue(new Callback<Pingred>() {
    @Override
    public void onResponse(Call<Pingred> call, Response<Pingred> response) {
        //获取数据进行处理
        response.body().getName();
        response.body().getAge();
    }

    @Override
    public void onFailure(Call<Pingred> call, Throwable t) {
        //请求失败
    }
});

//发送同步请求
Response<Pingred> response = call.execute();
Response.body().getName();
```

代码也非常简单，这里就不做详细解释了。

6.4 常见面试笔试真题

1）谈一谈你对 Volley 的理解。

解答：

它是常用的网络框架之一，运行中有 3 种线程，分别是 UI 线程、Cache 调度线程和 NetWork 调度线程池。网络请求会被添加到优先级队列中，Cache 线程会对队列中的请求进行筛选，如果命中（hit）则分发给 UI 线程；如果未命中（miss）则交给 NetWork 调度线程池处理，处理完成后，会根据处理结果来更新 Cache 并分发给 UI 线程；每次请求的执行始于 UI 线程，且终于 UI 线程。

使用 Volley 的方法为：通过 Volley 的 newRequestQueue()方法创建 RequestQueue 对象，然后向 RequestQueue 中添加 Request（StringRequest、JsonRequest、ImageRequest 以及自定义

的 Request）。

Volley 的优点是容易扩展，因为它使用了面向接口编程的思想，支持请求重试（重新发送）和优先级设置，适合数量小和通信频繁的网络操作；但它的缺点是对一些比较大的资源文件下载传输比较慢，加载图片的性能也不是很好。

2）HttpUrlConnection 和 OkHttp 有什么区别？

解答：

① HttpUrlConnection。HttpURLConnection 是轻量级的网络框架，具有很多用途。与 HttpClient 相比，HttpURLConnection 使用的便捷性较差，但它更容易扩展和优化。在 Android 2.2 之前一直存在着一些 bug，因此，在 Android 2.2 之前建议使用稳定的 HttpClient，而 Android 2.2 之后使用更容易扩展和优化的 HttpURLConnection。

② OkHttp。OkHttp 具有很好的网络连接效率，能实现多个 IP 和端口的请求，并且重用一个 Socket，大大降低了网络连接的时间，降低了服务器的压力。具有成熟的网络请求解决方案，支持 Http 和 Https。但在 OkHttp 中不能在主线程中直接刷新 UI，因此，需要开发者自行封装。

3）谈一谈你对 JSON 解析器的认识。

思路：

在实际开发中，发送网络请求到服务端去，然后请求成功后获取到数据，但是这些数据还不是开发者最终想要的数据，因为还要根据需求对其进行解析后才能获取最终想要的那些数据。而相对于 XML 格式，明显 JSON 有着更好的易读性与简洁性，所以现在各种关于 JSON 解析的第三方框架也有很多。所以面试官往往想更多地考核面试者会不会自定义实现 JSON 解析器，所以 JSON 解析器的解析流程与实现原理读者应该要了解。

解答：

JSON 解析器其实就是根据 JSON 文法规则将接收到的 JSON 字符串进行解析，最后输出 JSON 对象。解析过程包括词法分析和语法分析两个阶段。

① 词法分析：该阶段是要按照构词规则将 JSON 字符串解析成 Token 流。当词法解析器读入某个词句时，它就会把这个词句进行分析，根据 JSON 规定的数据类型来判断是否符合规则，符合则生成相应的 Token。JSON 规定的数据类型如下：

```
//JSON 规定的数据类型
BEGIN_OBJECT({),
END_OBJECT(}),
BEGIN_ARRAY([),
END_ARRAY(]),
NULL(null),
NUMBER(number),
STRING(string),
BOOLEAN(true/false),
SEP_COLON(:),
SEP_COMMA(,),
END_DOCUMENT();
```

解析非常简单，只需要通过每一个词句的第一个字符就可判断出这个词句的 Token。

② 词法分析结束后，得到的是 Token 序列，还要进行语法分析。语法分析是根据 JSON 文法来检查 Token 序列的 JSON 结构是否正确，如果正确则输出 JSON 对象，错误则报错。JSON

文法如下：

```
object = {} | { members }
members = pair | pair , members
pair = string : value
array = [] | [ elements ]
elements = value   | value , elements
value = string | number | object | array | true | false | null
```

语法分析也很好理解，假如现在要选择以键值对形式的文法来分析经词法分析后得到的 Token 序列，则当 Token 是以“key，value”形式出现，那么语法分析器就会认为它是错误的，正确的形式应该是“key：value”。

4）怎么使用 OkHttp 的拦截器？

思路：

OkHttp 的拦截器是一个强有力的机制，能够监控、重写以及重试调用。

解答：

创建 OkhttpClient 对象：

```
OkHttpClient client = new OkHttpClient();

OkHttpClient client = new OkHttpClient.Builder()
        .connectTimeout(5, TimeUnit.SECONDS)
        .writeTimeout(2000, TimeUnit.SECONDS)
        .readTimeout(2000, TimeUnit.SECONDS)
        .build();
```

添加应用拦截器、网络拦截器以及设置缓存对象。

① 准备 Request 对象：

```
Request.Builder().build();
```

② 如果需要构建表单则执行如下代码：

```
new FormBody.Builder().build()
```

③ 发送请求：

选择同步发送：

```
Response response = client.newCall(request).execute();
```

选择异步发送：

```
Response response = client.newCall(request).enqueue(callback);
```

5）拦截器。

当使用 execute()或者 enqueue()发送请求时，最后都会调用 getResponseWithInterceptorChain()：

```
Response getResponseWithInterceptorChain() throws IOException {
// Build a full stack of interceptors
List<Interceptor> interceptors = new ArrayList<>();
interceptors.addAll(client.interceptors());
interceptors.add(retryAndFollowUpInterceptor);
interceptors.add(new BridgeInterceptor(client.cookieJar()));
interceptors.add(new CacheInterceptor(client.internalCache()));
interceptors.add(new ConnectInterceptor(client));
```

```
    if (!forWebSocket) {
        interceptors.addAll(client.networkInterceptors());
    }
    interceptors.add(new CallServerInterceptor(forWebSocket));

    Interceptor.Chain chain = new RealInterceptorChain(interceptors,
                    null, null, null, 0,
                    originalRequest, this, eventListener,
                    client.connectTimeoutMillis(),
                    client.readTimeoutMillis(),
                    client.writeTimeoutMillis());

    return chain.proceed(originalRequest);
    }
```

在发送请求时就会经过这些拦截器，如图 6.8 所示。

拦　截　器	说　　明
应用拦截器（Interceptors）	创建 OkHttpClient 对象设置
桥接拦截器（BridgeInterceptor）	进行网络请求前对请求头做些设置：请求内容长度，编码，gzip 压缩，cookie 等；还有获取响应后为响应数据添加一些响应头信息
缓存拦截器（CacheInterceptor）	缓存的操作：保存与查找等
呼叫服务器拦截器（CallServerInterceptor）	发送网络请求，并组装响应对象
连接拦截器（ConnectInterceptor）	让 chain.connection()不为 null，就要给网络请求提供连接
网络拦截器（NetworkInterceptor）	创建 OkHttpClient 对象时设置
重试与重定向拦截器（RetryAndFollowUpInterceptor）	当网络请求出现异常时，如果符合条件则可以重新发送请求；当网络响应数据中包含重定向信息时则创建重定向请求并且发送

图 6.8　OkHttp 的拦截器

6）从网络加载一个 10 MB 的图片，要注意什么？

解答：

① 图片要分块加载：创建 BitmapRegionDecoder 实例，然后获取图片宽高和加载特定区域内的原始精度的 Bitmap 对象，最后调用 BitmapRegionDecoder 类中的 recycle()并回收释放 Native 层内存；

② 使用 LruCache，缓存加载过的图片区域；

③ 手势处理，直接使用 ScaleGestureDetector 和 GestureDetector 来处理手势逻辑。

7）通过比较 Volley、OkHttp 和 Retrofit，能说一说它们之间的区别吗？

解答：

Volley：基于 HttpUrlConnection 实现的，支持图片加载、网络请求的排序、优先级处理缓存以及多级别取消请求。拓展性好，可以支持 HttpClient、HttpUrlConnection 和 OkHttp 框架。适合轻量级网络交互、网络请求频繁或传输数据量小的应用场景；不能进行大数据量的网络操作，例如音频下载或者文件传输。

OkHttp：高性能，支持 SPDY 而且共享同一个 Socket 来处理同一个服务器所有的请求。很好地封装了线程池、数据转换、参数使用和错误处理等。基于 NIO 和 OKio 实现的，所以性能更高，请求和处理的速度更快。适用于网络请求频繁或传输数据量大的应用场景。

Retrofit：基于 RESTful 的 API 设计风格，通过注解配置请求，包括请求方法、请求参数、请求头和返回值等。可以搭配多种解析器将获得的数据解析序列化，支持 Rxjava。使用简单，代码简洁，解耦，并且能和 Rxjava 一起使用。

8）如何自定义设计一个网络请求框架？

解答：

这个问题并不是要求面试者直接把代码写出来，面试官重点考察的是设计思路，所以不管使用哪种第三方框架作为起点来封装，都需要有个思路，例如：发请求、Cookie 的问题、停止请求、请求的并发和管理请求优先级等，按照这几个方面去组织语言进行描述即可。

第 7 章　Rxjava

Rxjava 是个什么库？按照官方的说法，它就是“一系列可观测的序列所组成的异步的、基于事件的程序的库”，虽然已经概括得很精确，但还是很抽象。其实，Rxjava 就是一个用来实现异步操作的库。例如，想切换线程来操作 UI 或者发送网络请求等，都可以用 Rxjava 来实现。

7.1 Rxjava 的优点

既然 Rxjava 能实现异步操作，那么就代表它与 AsyncTask 和 Handler 有同样的功能，但是与 AsyncTask 和 Handler 相比，它更加简洁，随着在开发中程序逻辑越来越复杂，Rxjava 依然能继续保持它的简洁性。而这里的简洁性通常是指程序代码的逻辑简洁，也就是可读性，而往往一段代码的可读性有时并不是代表着代码量越少就越加可读，代码可读性是跟它的逻辑性是否清晰有关。如果一段代码的逻辑清晰简洁，其他工程师也就能够很快地理解这段代码的作用。

7.2 Rxjava 原理

它的原理不难理解，其实就是观察者模式，观察者模式有 4 个角色，如图 7.1 所示。

角色	作用
被观察者（Observable）	产生事件
观察者（Observable）	接收事件并做出响应
订阅（Subseribe）	连接被观察者和观察者
事件（Event）	被观察者和观察者交互载体

图 7.1　Rxjava 观察者模式

这 4 个角色分别有着各自要做的事情，如果觉得抽象，不妨这样想一下：假设你要去顺丰邮寄一本书给你的朋友，在一个顺丰店的前台领取了一张快递单来填写要邮寄的事项与信息，写完后，你把快递单和要邮寄的书给前台，然后前台人员再把快递单和书给快递员，快递员就会把快递单和书进行包裹然后就去寄送快递了，最后你的朋友不久后收到你邮寄过来的书。

整个过程，“你”就是被观察者，因为“你”产生了“书和订单”事件；快递员相当于观察者，因为他拿到了“书和订单”事件，并进行包裹处理以及做出去配送的行为；而前台人员则相当于订阅角色，因为他是连接“你”和快递员的中枢，他负责把你写的快递单和书交到快递员手上，使你跟快递员之间有了联系；最后，这里的“填写的快递单和邮寄的书”都是事件，而事件是有顺序的，这里前台人员是先将快递单给快递员，然后最后才给书，最后快递员也是先拿快递单进行确认后才再去包裹书的。

所以，通过上文所描述，Rxjava 的原理可以这样理解：被观察者通过订阅按顺序把产生的事件发送给观察者，然后观察者接收到事件后按顺序对它们进行处理并响应，如图 7.2 所示。

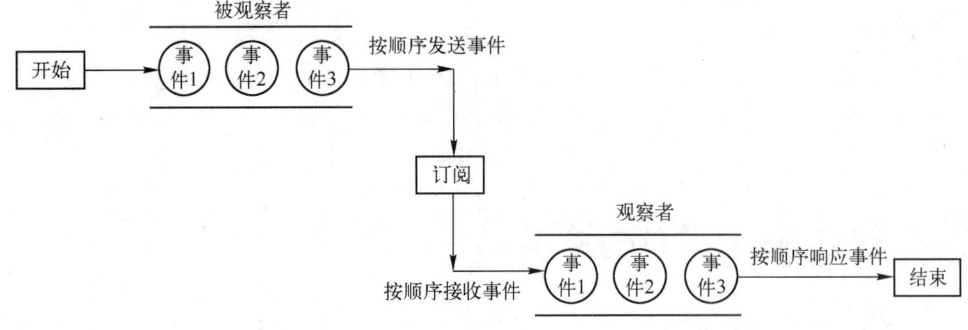

图 7.2　Rxjava 工作流程

7.3 Rxjava 的使用

因为现在主流是用 Rxjava 2.0，所以本书介绍的关于 Rxjava 的知识都是用 Rxjava 2.0 来实现的，其实 1.0 和 2.0 的原理与使用基本相同，只不过 2.0 是在 1.0 的基础上新增了一些功能，所以如果不懂 1.0，也可以继续阅读本书所讲的 Rxjava 框架。

首先，引入 Rxjava 2.0：

```
implementation 'io.reactivex.rxjava2:rxandroid:2.0.1'
implementation 'io.reactivex.rxjava2:rxjava:2.1.0'
```

接着创建被观察者 Observable：

```
Observable<String> observable = Observable.create(
new ObservableOnSubscribe<String>() {

    @Override
        public void subscribe(ObservableEmitter<String> e)
throws Exception {

            e.onNext("Hello");
            e.onNext("World");
            e.onNext("!");
            e.onComplete();
        }
});
```

如上面代码所示，创建了一个 String 类型的 Observable 对象，Observable.create()方法是创建事件及其序列的基本方法，而这里传入该方法的参数是 OnSubscribe 对象，这里用 new ObservableOnSubscribe()实现，而 subscribe()方法就是定义事件。当 Observable 被订阅时，这时 OnSubscribe 里的 call()方法就会被调用，按照 subscribe()方法里的事件按顺序发送给观察者，观察者则会依次调用对应事件的复写方法来响应事件。

然后创建观察者 Observer：

```
Observer<String> observer = new Observer<String>() {
    @Override
    public void onSubscribe(Disposable d) {
        //默认在接收事件前先执行 onSubscribe()方法
        Log.d(TAG, "onSubscribe: ");
    }

    @Override
    public void onNext(String s) {
        //接收到 Next 事件时触发响应 onNext()方法
        Log.d(TAG, "onNext: " + s);//s 就是被观察者那里传递过来的事件
    }

    @Override
    public void onError(Throwable e) {
        //当接收到 Error 事件时触发响应 onError()方法
        Log.d(TAG, "onError: ");
    }

    @Override
    public void onComplete() {
        //当接收到 Complete 事件时触发响应 onComplete()方法
        Log.d(TAG, "onComplete: ");
    }
};
```

如上面代码所示，直接通过 new Observer()来创建观察者对象，并且定义它的复写方法 onSubscribe()、onNext()、onError()和 onComplete()来响应事件。其中，当被观察者不再有新的 Next 事件发出时，观察者就需要触发 onComplete()方法；而在处理事件队列的过程中如果出现异常事件，则 onError()方法就会被触发，而被观察者也不再发送新的 Next 事件。所以，在一个正常的事件发送被处理的过程中，onComplete()方法和 onError()方法有且只有一个，其中一个触发了，另外一个则不会触发，因为它们都是最后触发的，也就是事件序列中的最后一个。

最后实现订阅，即连通观察者和被观察者：

```
//通过订阅来实现被观察者与观察者的连通
observable.subscribe(observer);
```

7.4 操作符

Rxjava 之所以强大是因为它有着非常丰富的操作符，可以说每个操作符都基本能实现各种各样的需求，它们分别是创建操作符、转换操作符、组合操作符、功能操作符、过滤操作符和条件操作符。由于篇幅有限，这里就只选取每个类型的一两个操作符来讲解，剩下的内容读者可自行搜查和研究。

7.4.1 创建操作符

顾名思义，创建操作符就是用来创建被观察者对象，如图 7.3 所示。

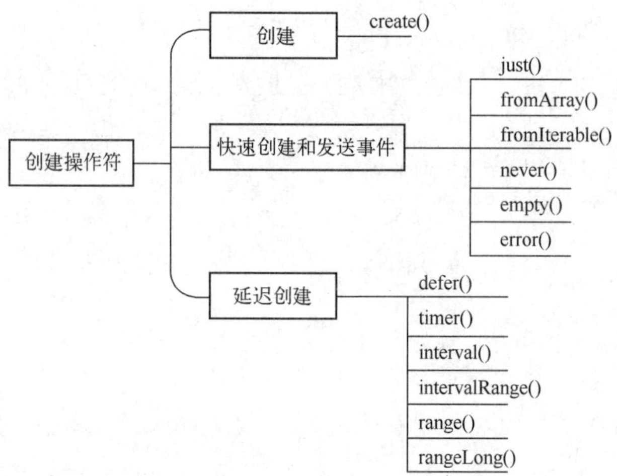

图 7.3　创建操作符

创建操作符有很多种方式，但使用起来不复杂，不用将它们全部都背下来，等实际开发中需要的时候再自行查看文档即可，而接下来本节也会对一些常用的操作符进行讲解。

1）create()用来创建被观察者对象：

```
Observable<String> observable = Observable.create(new ObservableOnSubscribe<String>() {

    @Override
    public void subscribe(ObservableEmitter<String> e) throws Exception {
        e.onNext("Hello");
        e.onNext("Rxjava");
        e.onNext("!");
        e.onComplete();
    }
});
```

这很简单，就是最基本的创建 Observable 对象方法。

2）just()用来快速创建被观察者对象，简便快捷：

```
Observable.just("Hello", "Rxjava", "!")
//相当于执行了 e.onNext("Hello"); e.onNext("World"); e.onNext("!")
            .subscribe(new Observer<String>() {
                @Override
                public void onSubscribe(Disposable d) {
                    //默认在接收事件前先执行 onSubscribe()方法
                    Log.d(TAG, "onSubscribe: ");
                }

                @Override
                public void onNext(String s) {
                    //接收到 Next 事件时触发响应 onNext()方法
                   //s 就是被观察者那里传递过来的事件
                    Log.d(TAG, "onNext: " + s);
                }

                @Override
                public void onError(Throwable e) {
```

```
                //当接收到 Error 事件时触发响应 onError()方法
                Log.d(TAG, "onError: ");
            }

            @Override
            public void onComplete() {
                //当接收到 Complete 事件时触发响应 onComplete()方法
                Log.d(TAG, "onComplete: ");
            }
});
```

它比用 create()要简单得多，但是 just()只能传 10 个以下的参数。

3）defer()方法是在被观察者被订阅的时候才会被创建，这看起来可能比较抽象，下面通过代码来说明：

```
    //定义一个 Integer 数据 i（第 1 次）
    Integer i = 0;
    //通过 Observable 工厂方法创建被观察者对象 Observable
    Observable<Integer> observable = Observable.defer(new Callable<ObservableSource<? extends Integer>>() {
        @Override
        public ObservableSource<? extends Integer> call() throws Exception {
            return Observable.just(i);
        }
    });
    //定义数据 i（第 2 次）
    i = 1;

    //开始订阅,此时才调用 defer()方法来创建被观察者对象
    observable.subscribe(new Observer<Integer>() {
        @Override
        public void onSubscribe(Disposable d) {
            //默认在接收事件前先执行 onSubscribe()方法
            Log.d(TAG, "onSubscribe: ");
        }

        @Override
        public void onNext(Integer integer) {
            //接收到 Next 事件时触发响应 onNext()方法
              //s 就是被观察者那里传递过来的事件
            Log.d(TAG, "onNext: " + integer);
        }

        @Override
        public void onError(Throwable e) {
            //当接收到 Error 事件时触发响应 onError()方法
            Log.d(TAG, "onError: ");
        }

        @Override
        public void onComplete() {
            //当接收到 Complete 事件时触发响应 onComplete()方法
            Log.d(TAG, "onComplete: ");
        }
});
```

通过注释，可以看出，首先定义了一个 Integer 数据 i 为 0，然后创建 Observable 对象，接着在订阅前将 i 赋值为 1，代码的运行结果为：

```
07-11 21:11:54.803 5170-5170/com.example.pingred.rxjavatest D/MainActivity: onSubscribe:
07-11 21:11:54.804 5170-5170/com.example.pingred.rxjavatest D/MainActivity: onNext: 1
07-11 21:11:54.804 5170-5170/com.example.pingred.rxjavatest D/MainActivity: onComplete:
```

从结果中可以看出 i 的值是 1，证明了的确是在订阅时才会调用 defer()方法动态创建被观察者对象。

7.4.2 转换操作符

转换操作符是对发送的事件进行变换操作，变成想要的类型的事件，像 map()、flatMap()、concatMap()和 buffer()方法都是转换操作符方法。

map()可以把事件的类型进行转变，示例代码如下：

```
//map()转换
Observable.create(new ObservableOnSubscribe<Integer>() {
        @Override
        public void subscribe(ObservableEmitter<Integer> e) {
            e.onNext(3);
            e.onNext(6);
            e.onNext(0);
            e.onComplete();
        }
}).map(new Function<Integer, String>() {
            @Override
                //这里进行转换，所以还是 Integer
            public String apply(Integer integer) {
                return "经 map()转变后" + integer    + "从 Integer 类型变为 String 类型" + integer;
            }
}).subscribe(new Consumer<String>() {
            @Override
              //接收到的事件已经是变换后的事件,所以是 String
            public void accept(String s) throws Exception {
                //输出的就是由 apply()返回的 Integer 数据经过转变成的 String 数据
                Log.d(TAG, "accept: " + s);
            }
});
```

从上面的代码可以看出，在使用 subscribe()订阅之前先调用 map()方法进行了转换，运行结果为：

```
07-15 11:58:27.197 7845-7845/com.example.pingred.rxjavatest D/MainActivity: accept: 经 map()转变后 3 从 Integer 类型变为 String 类型 3
07-15 11:58:28.994 7845-7845/com.example.pingred.rxjavatest D/MainActivity: accept: 经 map()转变后 6 从 Integer 类型变为 String 类型 6
07-15 11:58:29.531 7845-7845/com.example.pingred.rxjavatest D/MainActivity: accept: 经 map()转变后 0 从 Integer 类型变为 String 类型 0
```

得到的结果 s 就是在 apply()里返回的结果，由 Integer 类型变成 String 类型的数据。

7.4.3 组合操作符

组合操作符主要用来合并被观察者和需要发送的事件，如图 7.4 所示。

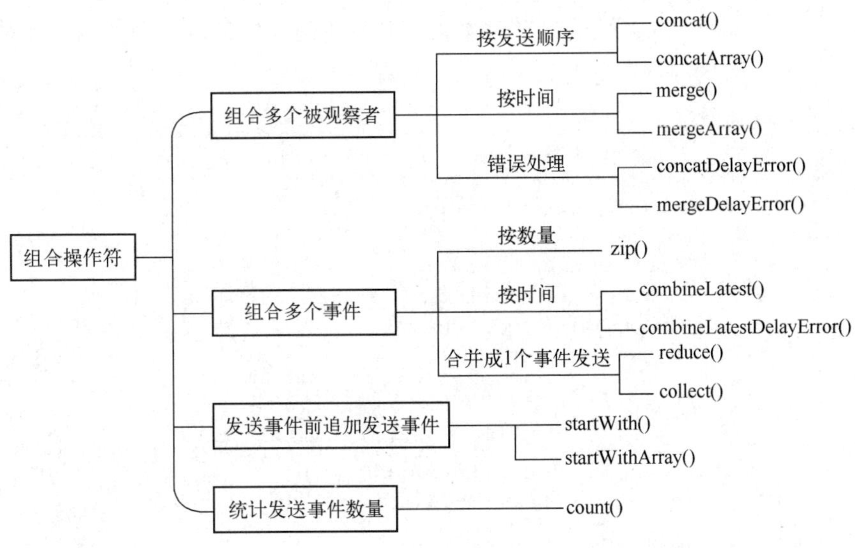

图 7.4 组合操作符

1）concat()可以组合 4 个或以下的被观察者，并将它们的事件一起串行发送：

```
//串行发送
Observable.concat(Observable.just(1, 2), Observable.just(3, 4), Observable.just(5, 6))
    .subscribe(new Observer<Integer>() {
    @Override
    public void onSubscribe(Disposable d) {
        //默认在接收事件前先执行 onSubscribe()方法
        Log.d(TAG, "onSubscribe: ");
    }

    @Override
    public void onNext(Integer integer) {
        //接收到 Next 事件时触发响应 onNext()方法
            //被观察者那里传递过来的事件
        Log.d(TAG, "onNext: " + integer);
    }

    @Override
    public void onError(Throwable e) {
        //当接收到 Error 事件时触发响应 onError()方法
        Log.d(TAG, "onError: ");
    }

    @Override
    public void onComplete() {
        //当接收到 Complete 事件时触发响应 onComplete()方法
        Log.d(TAG, "onComplete: ");
    }
});
```

从上面的代码可以看出把 Observable.just(1，2)、Observable.just(3，4)和 Observable.just(5，6)3 个被观察者对象组合起来，然后串行发送它们的事件，所以最终打印的结果为 onNext：1-6。

2）combineLatest()，当有被观察者对象 A 发送事件时，它的前一个被观察者对象的最后一个事件就会与 A 的全部事件合并到一起发送给观察者对象：

```
Observable.combineLatest(
                Observable.just(3L, 6L, 0L),
                Observable.intervalRange(4, 5, 1, 1, TimeUnit.SECONDS),
                new BiFunction<Long, Long, Long>() {
                    @Override
                    public Long apply(Long aLong, Long aLong2) {
                        Log.d(TAG, "要合并的数据分别是" + aLong + "," + aLong2);
                        return aLong + aLong2;
                    }
                }
    ).subscribe(new Consumer<Long>() {
        @Override
        public void accept(Long aLong) throws Exception {
            Log.d(TAG, "最终合并的结果为：" + aLong);
        }
});
```

上面的代码创建了两个被观察者对象，第一个被观察者对象的最后一个事件是 0L，所以它会跟第二个被观察者对象的全部事件进行合并，然后发送给观察者对象，最终打印结果如下：

```
07-17 22:02:41.228 15023-16319/com.example.pingred.rxjavatest D/MainActivity: 要合并的数据分别是 0,4
07-17 22:02:41.228 15023-16319/com.example.pingred.rxjavatest D/MainActivity: 最终合并的结果为：4
07-17 22:02:42.229 15023-16319/com.example.pingred.rxjavatest D/MainActivity: 要合并的数据分别是 0,5
07-17 22:02:42.233 15023-16319/com.example.pingred.rxjavatest D/MainActivity: 最终合并的结果为：5
07-17 22:02:43.229 15023-16319/com.example.pingred.rxjavatest D/MainActivity: 要合并的数据分别是 0,6
07-17 22:02:43.229 15023-16319/com.example.pingred.rxjavatest D/MainActivity: 最终合并的结果为：6
07-17 22:02:44.228 15023-16319/com.example.pingred.rxjavatest D/MainActivity: 要合并的数据分别是 0,7
07-17 22:02:44.229 15023-16319/com.example.pingred.rxjavatest D/MainActivity: 最终合并的结果为：7
07-17 22:02:45.229 15023-16319/com.example.pingred.rxjavatest D/MainActivity: 要合并的数据分别是 0,8
07-17 22:02:45.229 15023-16319/com.example.pingred.rxjavatest D/MainActivity: 最终合并的结果为：8
```

3）startWith()，在被观察者发送事件之前追加发送一个事件或者一个新的被观察者对象；startWithArray()，则是追加发送多个事件。这两个方法都是先发送追加的事件，然后再发送原来的被观察者对象的事件：

```
Observable.just(7, 8, 9)
        .startWith(Observable.just(5, 6))
        .startWithArray(1, 2, 3, 4)
        .subscribe(new Observer<Integer>() {
            @Override
            public void onSubscribe(Disposable d) {
                //默认在接收事件前先执行 onSubscribe()方法
                Log.d(TAG, "onSubscribe: ");
            }

            @Override
            public void onNext(Integer integer) {
                //接收到 Next 事件时触发响应 onNext()方法
                Log.d(TAG, "onNext: " + integer);//最终打印的数据
            }

            @Override
```

```
                public void onError(Throwable e) {
                    //当接收到 Error 事件时触发响应 onError()方法
                    Log.d(TAG, "onError: ");
                }

                @Override
                public void onComplete() {
                    //当接收到 Complete 事件时触发响应 onComplete()方法
                    Log.d(TAG, "onComplete: ");
                }
        });
```

这里用 startWith()追加了一个新的被观察者对象，用 startWithArray()追加了 4 个事件，最后打印的结果如下：

```
07-18 10:45:21.268 15738-15738/com.example.pingred.rxjavatest D/MainActivity: onSubscribe:
07-18 10:45:21.268 15738-15738/com.example.pingred.rxjavatest D/MainActivity: onNext: 1
07-18 10:45:21.268 15738-15738/com.example.pingred.rxjavatest D/MainActivity: onNext: 2
07-18 10:45:21.268 15738-15738/com.example.pingred.rxjavatest D/MainActivity: onNext: 3
07-18 10:45:21.268 15738-15738/com.example.pingred.rxjavatest D/MainActivity: onNext: 4
07-18 10:45:21.269 15738-15738/com.example.pingred.rxjavatest D/MainActivity: onNext: 5
07-18 10:45:21.269 15738-15738/com.example.pingred.rxjavatest D/MainActivity: onNext: 6
07-18 10:45:21.269 15738-15738/com.example.pingred.rxjavatest D/MainActivity: onNext: 7
07-18 10:45:21.269 15738-15738/com.example.pingred.rxjavatest D/MainActivity: onNext: 8
07-18 10:45:21.269 15738-15738/com.example.pingred.rxjavatest D/MainActivity: onNext: 9
07-18 10:45:21.270 15738-15738/com.example.pingred.rxjavatest D/MainActivity: onComplete:
```

4）count()能得到被观察者对象发送的事件的数量：

```
Observable.just(1, 2, 3)
            .count().subscribe(new Consumer<Long>() {
        @Override
        public void accept(Long aLong) throws Exception {
            Log.d(TAG, "被观察者发送的事件数量是：" + aLong);
        }
});
```

最终打印的事件数量为 3：

```
07-18 10:50:37.170 15740-15740/com.example.pingred.rxjavatest D/MainActivity: 被观察者发送的事件数量是：3
```

7.4.4　功能操作符

在被观察者对象发送事件时使用功能操作符可实现一些功能性需求，例如线程调度和延迟操作等，如图 7.5 所示。

实际开发中常用的功能操作符如图 7.5 所示。

subscribe()，就是订阅，连接被观察者对象与观察者对象，之前所讲解的操作符例子都是使用 subscribe()方法进行订阅的，这里就不再做详细分析了。

subscribeOn()与 observeOn()能实现线程调度，即能指定被观察者和观察者的工作线程。之所以要进行线程切换是因为在实际开发中会遇到需要在子线程中执行耗时的操作，而主线程负责 UI 操作。所以线程调度是很有必要的，而 Rxjava 进行线程调度就是使用 subscribeOn()与 observeOn()实现的。

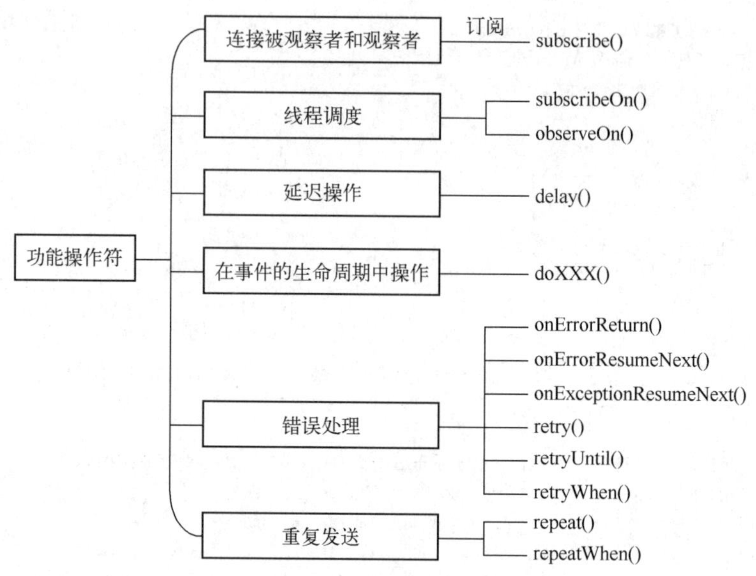

图 7.5　功能操作符

在讲解 subscribeOn()与 observeOn()之前首先介绍一下 Rxjava 中内置的线程类型，如图 7.6 所示。

线　　程	含　　义	应 用 场 景
AndroidSchedulers.mainThread()	Android 主线程	UI 操作
Schedulers.newThread()	普通的新线程	耗时操作
Schedulers.io()	IO 操作线程	网络请求和读写文件流等操作
Schedulers.immediate()	当前线程=不指定线程	在默认情况下
Schedulers.computation()	CPU 计算操作线程	大量的、复杂的计算操作

图 7.6　Rxjava 内置的线程

1）subscribeOn()用来设置指定被观察者对象的工作线程：

```
Observable.create(new ObservableOnSubscribe<String>() {
        @Override
        public void subscribe(ObservableEmitter<String> e) {
            Log.d(TAG, "此时线程是：" + Thread.currentThread().getName());
            e.onNext("Hello");
            e.onNext("Rxjava");
            e.onNext("!");
            e.onComplete();
        }
    })
            //.subscribeOn(Schedulers.newThread())
            .subscribe(new Observer<String>() {
                @Override
                public void onSubscribe(Disposable d) {
                    Log.d(TAG, "onSubscribe: ");
                }

                @Override
```

```
                public void onNext(String value) {
                    Log.d(TAG, "接收到的事件为：" + value);
                }

                @Override
                public void onError(Throwable e) {
                    Log.d(TAG, "onError: ");
                }

                @Override
                public void onComplete() {
                    Log.d(TAG, "onComplete: ");
                }
        });
```

在代码中先把.subscribeOn(Schedulers.newThread())注释掉，可以观察在使用 subscribeOn()方法前被观察者对象的工作线程是什么，运行结果如下：

```
07-23 11:00:26.946 15739-15739/com.example.pingred.rxjavatest D/MainActivity: onSubscribe:
07-23 11:00:26.946 15739-15739/com.example.pingred.rxjavatest D/MainActivity: 此时线程是：main
07-23 11:00:26.946 15739-15739/com.example.pingred.rxjavatest D/MainActivity: 接收到的事件为：Hello
07-23 11:00:26.946 15739-15739/com.example.pingred.rxjavatest D/MainActivity: 接收到的事件为：Rxjava
07-23 11:00:26.947 15739-15739/com.example.pingred.rxjavatest D/MainActivity: 接收到的事件为：!
07-23 11:00:26.947 15739-15739/com.example.pingred.rxjavatest D/MainActivity: onComplete:
```

可以看到，此时被观察者对象的工作线程是 main，现在将代码中的.subsribeOn(Schedulers.newThread())注释取消，然后再观察使用了 subscribeOn()方法后被观察者对象的工作线程又会发生什么变化：

```
07-23 11:02:59.152 15741-15741/com.example.pingred.rxjavatest D/MainActivity: onSubscribe:
07-23 11:02:59.160 15741-17575/com.example.pingred.rxjavatest D/MainActivity: 此时线程是：RxNewThreadScheduler-1
07-23 11:02:59.160 15741-17575/com.example.pingred.rxjavatest D/MainActivity: 接收到的事件为：Hello
07-23 11:02:59.160 15741-17575/com.example.pingred.rxjavatest D/MainActivity: 接收到的事件为：Rxjava
07-23 11:02:59.171 15741-17575/com.example.pingred.rxjavatest D/MainActivity: 接收到的事件为：!
07-23 11:02:59.171 15741-17575/com.example.pingred.rxjavatest D/MainActivity: onComplete:
```

此时被观察者对象的线程明显不是原来的那个线程了，而是 RxNewThreadScheduler-1，这说明了 subscribeOn()方法的作用。

2）observeOn()用来设置指定观察者对象的工作线程：

```
Observable.create(new ObservableOnSubscribe<Integer>() {
    @Override
    public void subscribe(ObservableEmitter<Integer> e) {
        e.onNext(1);
        e.onNext(2);
        e.onNext(3);
        e.onComplete();
    }
})
        //.observeOn(Schedulers.newThread())
        .subscribe(new Observer<Integer>() {
            @Override
            public void onSubscribe(Disposable d) {
                Log.d(TAG, "onSubscribe: ");
            }
```

```
                    @Override
                    public void onNext(Integer value) {
                        Log.d(TAG, "此时观察者的工作线程是: " + Thread.currentThread().getName());
                        Log.d(TAG, "接收到的事件为: " + value);
                    }

                    @Override
                    public void onError(Throwable e) {
                        Log.d(TAG, "onError: ");
                    }

                    @Override
                    public void onComplete() {
                        Log.d(TAG, "onComplete: ");
                    }
        });
```

这里也是一样，先把.observeOn(AndroidSchedulers.mainThread())给注释掉，然后运行代码，运行结果为：

```
07-23 11:07:01.752 16687-16687/? D/MainActivity: onSubscribe:
07-23 11:07:01.753 16687-16687/? D/MainActivity: 此时观察者的工作线程是: main
07-23 11:07:01.753 16687-16687/? D/MainActivity: 接收到的事件为: 1
07-23 11:07:01.753 16687-16687/? D/MainActivity: 此时观察者的工作线程是: main
07-23 11:07:01.753 16687-16687/? D/MainActivity: 接收到的事件为: 2
07-23 11:07:01.753 16687-16687/? D/MainActivity: 此时观察者的工作线程是: main
07-23 11:07:01.753 16687-16687/? D/MainActivity: 接收到的事件为: 3
07-23 11:07:01.754 16687-16687/? D/MainActivity: onComplete:
```

在没有调用 observeOn()方法前，观察者的工作线程是 main，而现在把.observeOn(AndroidSchedulers.mainThread())注释取消，再运行代码，运行结果为：

```
07-23 11:10:58.649 16689-16689/? D/MainActivity: onSubscribe:
07-23 11:10:58.657 16689-18273/? D/MainActivity: 此时观察者的工作线程是: RxNewThreadScheduler-1
07-23 11:10:58.657 16689-18273/? D/MainActivity: 接收到的事件为: 1
07-23 11:10:58.657 16689-18273/? D/MainActivity: 此时观察者的工作线程是: RxNewThreadScheduler-1
07-23 11:10:58.657 16689-18273/? D/MainActivity: 接收到的事件为: 2
07-23 11:10:58.657 16689-18273/? D/MainActivity: 此时观察者的工作线程是: RxNewThreadScheduler-1
07-23 11:10:58.657 16689-18273/? D/MainActivity: 接收到的事件为: 3
07-23 11:10:58.657 16689-18273/? D/MainActivity: onComplete:
```

很明显看到，在使用了 observeOn()后观察者的工作线程变为 RxNewThreadScheduler-1，所以这就是 observeOn()的作用。

observeOn()与 subscribeOn()还有一个需要注意的地方，那就是：subscribeOn()如果被多次调用，那么只有第一次调用是有效的，其他的调用都是无效的：

```
Observable.create(new ObservableOnSubscribe<Integer>() {
        @Override
        public void subscribe(ObservableEmitter<Integer> e) {
            e.onNext(1);
            e.onComplete();
        }
    })
            .subscribeOn(Schedulers.newThread())
```

```
                .subscribeOn(AndroidSchedulers.mainThread())
                .subscribe(new Consumer<Integer>() {
                    @Override
                    public void accept(Integer integer) throws Exception {
                        Log.d(TAG, "accept: " + integer);
                    }
});
```

如上代码所示，指定了两次被观察者的线程，而实际运行程序后，最终打印结果是被观察者的工作线程是第一次调用时的 RxNewThreadScheduler-1：

```
07-23 11:15:37.280 17604-19451/com.example.pingred.rxjavatest D/MainActivity: 此时线程是：RxNewThreadScheduler-1
07-23 11:15:37.281 17604-19451/com.example.pingred.rxjavatest D/MainActivity: accept: 1
```

而 observeOn()方法如果是多次调用，则每一次的指定都有效，而每调用一次，则会切换一次线程：

```
Observable.create(new ObservableOnSubscribe<Integer>() {
        @Override
        public void subscribe(ObservableEmitter<Integer> e) {
            e.onNext(1);
            e.onComplete();
        }
    })
            .observeOn(AndroidSchedulers.mainThread())
            .doOnNext(new Consumer<Integer>() {
                @Override
                public void accept(Integer integer) throws Exception {
                    Log.d(TAG, "第一次调用后观察者线程是：" + Thread.currentThread().getName());
                    Log.d(TAG, "accept: " + integer);
                }
            })
            .observeOn(Schedulers.newThread())
            .subscribe(new Consumer<Integer>() {
                @Override
                public void accept(Integer integer) throws Exception {
                    Log.d(TAG, "第二次调用后观察者线程是：" + Thread.currentThread().getName());
                    Log.d(TAG, "accept: " + integer);
                }
});
```

上述代码中调用了两次 observeOn()方法，而每一次调用都有效，观察者的线程分别为 main 和 RxNewThreadScheduler-1：

```
07-23 11:19:13.668 18506-18506/com.example.pingred.rxjavatest D/MainActivity: 第一次调用后观察者线程是：main
07-23 11:19:13.668 18506-18506/com.example.pingred.rxjavatest D/MainActivity: accept: 1
07-23 11:19:13.669 18506-19805/com.example.pingred.rxjavatest D/MainActivity: 第二次调用后观察者线程是：
RxNewThreadScheduler-1
07-23 11:19:13.670 18506-19805/com.example.pingred.rxjavatest D/MainActivity: accept: 1
```

3）doXXX()，多个 do()方法都是在某个事件的生命周期中使用：

```
Observable.create(new ObservableOnSubscribe<String>() {
        @Override
        public void subscribe(ObservableEmitter<String> e) {
            e.onNext("Hello");
            e.onNext("Rxjava");
```

```
            e.onNext("!");
            e.onError(new Throwable("出错！"));
        }
    })
            //当被观察者 Observable 每发送一个事件就调用一次
            .doOnEach(new Consumer<Notification<String>>() {
                @Override
                public void accept(Notification<String> stringNotification) throws Exception {

                    Log.d(TAG, "doOnEach: " + stringNotification.toString());
                }
            })
            //执行 Next 事件前使用
            .doOnNext(new Consumer<String>() {
                @Override
                public void accept(String s) throws Exception {
                    Log.d(TAG, "doOnNext: " + s);
                }
            })
            //执行 Next 事件后使用
            .doAfterNext(new Consumer<String>() {
                @Override
                public void accept(String s) throws Exception {
                    Log.d(TAG, "doAfterNext: " + s);
                }
            })
            //被观察者 Observable 正常发送完事件后使用
            .doOnComplete(new Action() {
                @Override
                public void run() throws Exception {
                    Log.d(TAG, "doOnComplete: ");
                }
            })
            //被观察者 Observable 发送 Error 事件时使用
            .doOnError(new Consumer<Throwable>() {
                @Override
                public void accept(Throwable throwable) throws Exception {

                    Log.d(TAG, "doOnError: " + throwable.getMessage());
                }
            })
            //订阅时使用
            .doOnSubscribe(new Consumer<Disposable>() {
                @Override
                public void accept(Disposable disposable) throws Exception {

                    Log.d(TAG, "doOnSubscribe: " + disposable.toString());
                }
            })
            //不管是正常发送完事件还是因异常而终止发送事件，被观察者发送完事件后使用
            .doAfterTerminate(new Action() {
                @Override
                public void run() throws Exception {
                    Log.d(TAG, "doAfterTerminate: ");
                }
            })
            //最后执行
            .doFinally(new Action() {
```

```
                    @Override
                    public void run() throws Exception {
                        Log.d(TAG, "doFinally: ");
                    }
                })
                .subscribe(new Observer<String>() {
                    @Override
                    public void onSubscribe(Disposable d) {
                        Log.d(TAG, "onSubscribe: ");
                    }

                    @Override
                    public void onNext(String value) {
                        Log.d(TAG, "onNext: " + value);
                    }

                    @Override
                    public void onError(Throwable e) {
                        Log.d(TAG, "onError: ");
                    }

                    @Override
                    public void onComplete() {
                        Log.d(TAG, "onComplete: ");
                    }
        });
```

以上各种 do()方法都在注释中有解释。

4）onErrorReturn()用来捕捉被观察者中发送的错误事件并处理，最终返回一个特殊事件然后正常结束：

```
Observable.create(new ObservableOnSubscribe<String>() {
        @Override
        public void subscribe(ObservableEmitter<String> e) {
            e.onNext("Hello");
            e.onNext("Rxjava");
            e.onNext("!");
            e.onError(new Throwable("出错了!"));
        }
    }).onErrorReturn(new Function<Throwable, String>() {
        @Override
        public String apply(Throwable throwable) throws Exception {
            Log.e(TAG, "错误事件是：" + throwable.toString());
            //最终发送“处理完毕”事件然后正常结束
            return "处理完毕";
        }
    }).subscribe(new Observer<String>() {
        @Override
        public void onSubscribe(Disposable d) {
            Log.d(TAG, "onSubscribe: ");
        }

        @Override
        public void onNext(String s) {
            Log.d(TAG, "onNext: " + s);
        }
```

```
            @Override
            public void onError(Throwable e) {
                Log.d(TAG, "onError: ");
            }

            @Override
            public void onComplete() {
                Log.d(TAG, "onComplete: ");
            }
    });
```

运行结果为：

```
07-23 11:52:35.463 18505-18505/? D/MainActivity: onSubscribe:
07-23 11:52:35.463 18505-18505/? D/MainActivity: onNext: Hello
07-23 11:52:35.464 18505-18505/? D/MainActivity: onNext: Rxjava
07-23 11:52:35.464 18505-18505/? D/MainActivity: onNext: !
07-23 11:52:35.465 18505-18505/? E/MainActivity: 错误事件是：java.lang.Throwable: 出错了!
07-23 11:52:35.465 18505-18505/? D/MainActivity: onNext: 处理完毕
07-23 11:52:35.465 18505-18505/? D/MainActivity: onComplete:
```

从运行结果可以看出，捕获到的异常事件是“java.lang.Throwable: 出错了!”，而观察者中接收到的最后一个事件是apply()方法里返回的“处理完毕”事件。

5）repeat()用来重复发送被观察者里的事件，不设置参数则发送无数次，设置次数则发送指定的次数。观察者在接收到 onCompleted 事件后会让被观察者再重新发送事件。另外要注意的是 repeat()方法是默认在新的线程上工作的。repeat()的使用示例如下：

```
Observable.create(new ObservableOnSubscribe<Integer>() {
        @Override
        public void subscribe(ObservableEmitter<Integer> e) {
            e.onNext(1);
            e.onNext(2);
            e.onNext(3);
            e.onComplete();
        }
    })
            .repeat(2)//指定发送次数为 2
            .subscribe(new Observer<Integer>() {
                @Override
                public void onSubscribe(Disposable d) {
                    Log.d(TAG, "onSubscribe: ");
                }

                @Override
                public void onNext(Integer integer) {
                    Log.d(TAG, "onNext: " + integer);
                }

                @Override
                public void onError(Throwable e) {
                    Log.d(TAG, "onError: ");
                }

                @Override
                public void onComplete() {
                    Log.d(TAG, "onComplete: ");
```

```
        }
    });
```

运行结果为：

```
08-01 10:20:55.688 11455-11455/com.example.pingred.rxjavatest D/MainActivity: onSubscribe:
08-01 10:20:55.689 11455-11455/com.example.pingred.rxjavatest D/MainActivity: onNext: 1
08-01 10:20:55.689 11455-11455/com.example.pingred.rxjavatest D/MainActivity: onNext: 2
08-01 10:20:55.689 11455-11455/com.example.pingred.rxjavatest D/MainActivity: onNext: 3
08-01 10:20:55.689 11455-11455/com.example.pingred.rxjavatest D/MainActivity: onNext: 1
08-01 10:20:55.690 11455-11455/com.example.pingred.rxjavatest D/MainActivity: onNext: 2
08-01 10:20:55.690 11455-11455/com.example.pingred.rxjavatest D/MainActivity: onNext: 3
08-01 10:20:55.690 11455-11455/com.example.pingred.rxjavatest D/MainActivity: onComplete:
```

7.4.5　过滤操作符

过滤操作符可以对被观察者发送的事件和观察者接收的事件进行筛选，如图 7.7 所示。

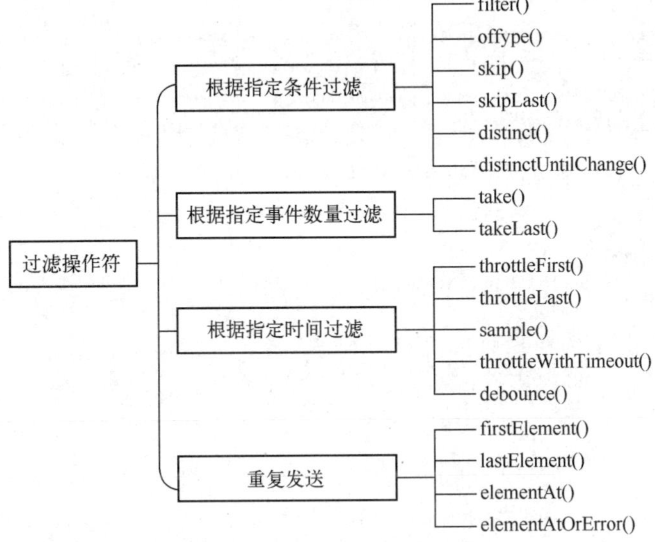

图 7.7　过滤操作符

1）filter()，过滤一些条件的事件：

```
Observable.just(2, 4, 6, 8, 10)
        .filter(new Predicate<Integer>() {
            @Override
            public boolean test(Integer integer) throws Exception {
                //根据返回的 integer 进行事件过滤处理
                //如果 true，则发送；如果 false，则过滤，不发送
                return integer < 5;
            }
        })
        .subscribe(new Observer<Integer>() {
            @Override
            public void onSubscribe(Disposable d) {
                Log.d(TAG, "onSubscribe: ");
            }
```

```
            @Override
            public void onNext(Integer integer) {
                Log.d(TAG, "onNext: " + integer);
            }

            @Override
            public void onError(Throwable e) {
                Log.d(TAG, "onError: ");
            }

            @Override
            public void onComplete() {
                Log.d(TAG, "onComplete: ");
            }
});
```

上面的代码很好理解，它的功能是过滤掉数值大于 5 的事件数据，运行结果为：

```
08-01 16:28:25.480 12731-12731/com.example.pingred.rxjavatest D/MainActivity: onSubscribe:
08-01 16:28:25.480 12731-12731/com.example.pingred.rxjavatest D/MainActivity: onNext: 2
08-01 16:28:25.480 12731-12731/com.example.pingred.rxjavatest D/MainActivity: onNext: 4
08-01 16:28:25.480 12731-12731/com.example.pingred.rxjavatest D/MainActivity: onComplete:
```

2）take()，指定观察者对象接收事件的数量：

```
Observable.just("Hello", "Rxjava", "!")
        .take(1)
        .subscribe(new Observer<String>() {
            @Override
            public void onSubscribe(Disposable d) {
                Log.d(TAG, "onSubscribe: ");
            }

            @Override
            public void onNext(String s) {
                Log.d(TAG, "onNext: " + s);
            }

            @Override
            public void onError(Throwable e) {
                Log.d(TAG, "onError: ");
            }

            @Override
            public void onComplete() {
                Log.d(TAG, "onComplete: ");
            }
});
```

被观察者发送了 3 个事件，而这里用 take()指定观察者只接收 1 个事件，运行结果如下：

```
08-02 10:30:40.708 13583-13583/com.example.pingred.rxjavatest D/MainActivity: onSubscribe:
08-02 10:30:40.708 13583-13583/com.example.pingred.rxjavatest D/MainActivity: onNext: Hello
08-02 10:30:40.708 13583-13583/com.example.pingred.rxjavatest D/MainActivity: onComplete:
```

3）throttleFirst()，在某个时间段里，只发送第一次事件，可能有点抽象，请看一下原理图，如图 7.8 所示。

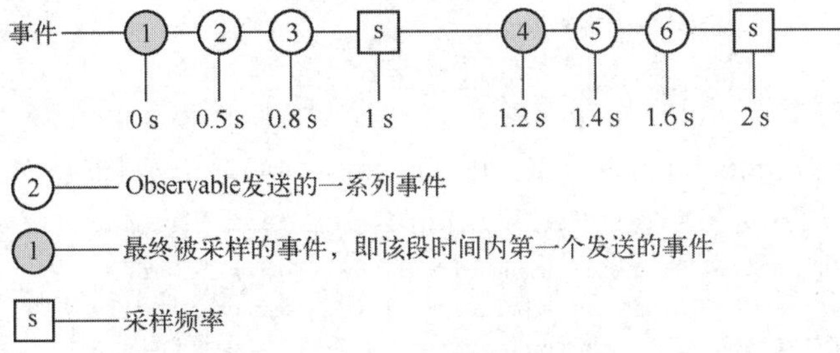

图 7.8　throttleFirst()原理

所以该方法可以用于防抖功能，例如图 7.8 设置的就是 1 秒内点击某个按钮只执行第一次的点击效果。

throttleFirst()的使用方法如下：

```
Observable.create(new ObservableOnSubscribe<Integer>() {
        @Override
        public void subscribe(ObservableEmitter<Integer> e)
throws Exception {
            e.onNext(1);
            Thread.sleep(600);

            e.onNext(2);
            Thread.sleep(1000);

            e.onNext(3);
            Thread.sleep(300);

            e.onNext(4);
            Thread.sleep(400);

            e.onComplete();
        }
    })
            //每 1 秒内执行发送第一个事件
            .throttleFirst(1, TimeUnit.SECONDS)
            .subscribe(new Observer<Integer>() {
                @Override
                public void onSubscribe(Disposable d) {
                    Log.d(TAG, "onSubscribe: ");
                }

                @Override
                public void onNext(Integer integer) {
                    Log.d(TAG, "onNext: " + integer);
                }

                @Override
                public void onError(Throwable e) {
                    Log.d(TAG, "onError: ");
                }
```

```
            @Override
            public void onComplete() {
                Log.d(TAG, "onComplete: ");
            }
});
```

为了更好地观察 throttleFirst()的效果，用 Thread.sleep()方法模拟时间发送，运行结果如下：

```
08-02 11:56:13.110 6323-6323/com.example.pingred.rxjavatest D/BActivity: onSubscribe:
08-02 11:56:13.110 6323-6323/com.example.pingred.rxjavatest D/BActivity: onNext: 1
08-02 11:56:14.716 6323-6323/com.example.pingred.rxjavatest D/BActivity: onNext: 3
08-02 11:56:15.419 6323-6323/com.example.pingred.rxjavatest D/BActivity: onComplete:
08-02 11:56:15.433 6323-6323/com.example.pingred.rxjavatest D/BActivity: onStart:
08-02 11:56:15.437 6323-6323/com.example.pingred.rxjavatest D/BActivity: onResume:
```

可以看到，最后接收到事件是 1 和 3，因为使用 throttleFirst()时设置的时间是 1 秒，也就是在 1 秒内执行发送第一个事件，在第一个 1 秒时间段里，第一个事件是事件 1，而第二个 1 秒时间段里，第一个事件则是事件 3，所以发送的也就是这两个事件。

4）firstElement()，只获取事件序列中第一个事件并把它发送给观察者：

```
Observable.just("Hello", "Rxjava", "!")
        .firstElement()
        .subscribe(new Consumer<String>() {
            @Override
            public void accept(String s) throws Exception {
                Log.d(TAG, "获取到的第一个事件：" + s);
            }
});
```

运行结果为：

```
08-03 10:03:17.749 6670-6670/com.example.pingred.rxjavatest D/BActivity: 获取到的第一个事件：Hello
```

7.4.6 条件操作符

条件操作符是对被观察者发送的事件进行条件判断，如图 7.9 所示。

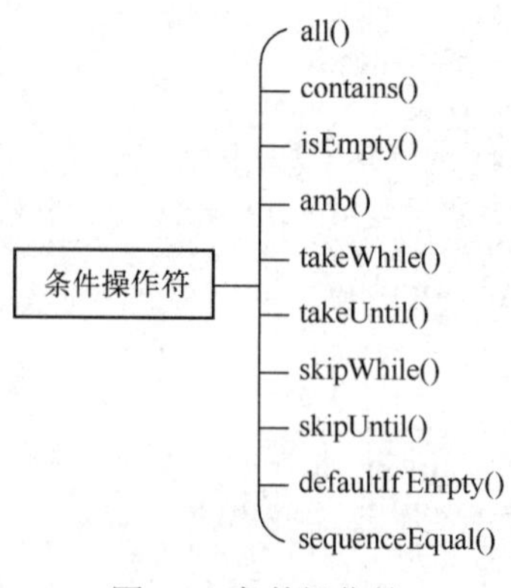

图 7.9 条件操作符

1）all()，判断每个事件是否都符合设置的条件，如果是则返回 true，否则返回 false：

```
Observable.just(2, 4, 6, 8, 10)
        .all(new Predicate<Integer>() {
```

```
            @Override
            public boolean test(Integer integer) throws Exception {
                return (integer > 5);
            }
        })
        .subscribe(new Consumer<Boolean>() {
            @Override
            public void accept(Boolean aBoolean) throws Exception {
                Log.d(TAG, "最后返回的结果是:" + aBoolean);
            }
});
```

这里设置的条件是每个事件是否大于 5，因为事件 2 和事件 4 不是，所以最后返回的结果是 false：

```
08-03 10:38:32.512 7694-7694/com.example.pingred.rxjavatest D/BActivity:  最后返回的结果是:false
```

2）takeUntil()，判断每个事件是否符合设置的条件，只有当符合条件时被观察者才停止发送事件：

```
Observable.interval(1, TimeUnit.SECONDS)
        .takeUntil(new Predicate<Long>() {
            @Override
            public boolean test(Long aLong) throws Exception {
                //将返回的事件设置条件是否小于 5，
               //符合的（返回 true）则停止发送。
                return (aLong > 5);
            }
        })
        .subscribe(new Observer<Long>() {
            @Override
            public void onSubscribe(Disposable d) {
                Log.d(TAG, "onSubscribe: ");
            }

            @Override
            public void onNext(Long aLong) {
                Log.d(TAG, "onNext: ");
            }

            @Override
            public void onError(Throwable e) {
                Log.d(TAG, "onError: ");
            }

            @Override
            public void onComplete() {
                Log.d(TAG, "onComplete: ");
            }
});
```

使用 interval()每次递增 1 无限地发送事件，然后设置判断条件为是否大于 5，符合的（返回 true）则停止发送。运行结果为：

```
08-09 11:49:54.534 9969-11346/com.example.pingred.rxjavatest D/MainActivity: onNext: 0
08-09 11:49:55.531 9969-11346/com.example.pingred.rxjavatest D/MainActivity: onNext: 1
08-09 11:49:56.532 9969-11346/com.example.pingred.rxjavatest D/MainActivity: onNext: 2
08-09 11:49:57.533 9969-11346/com.example.pingred.rxjavatest D/MainActivity: onNext: 3
```

```
08-09 11:49:58.533 9969-11346/com.example.pingred.rxjavatest D/MainActivity: onNext: 4
08-09 11:49:59.533 9969-11346/com.example.pingred.rxjavatest D/MainActivity: onNext: 5
08-09 11:50:00.533 9969-11346/com.example.pingred.rxjavatest D/MainActivity: onNext: 6
08-09 11:50:00.533 9969-11346/com.example.pingred.rxjavatest D/MainActivity: onComplete:
```

所以当事件 6 大于 5 时，下次就不再发送事件了。另外，也可以这样使用 takeUntil()：

```
Observable.interval(1, TimeUnit.SECONDS)
            //使用 timer()创建另一个 Observable 对象作为判断条件
            .takeUntil(Observable.timer(4, TimeUnit.SECONDS))
            .subscribe(new Observer<Long>() {
                @Override
                public void onSubscribe(Disposable d) {
                    Log.d(TAG, "onSubscribe: ");
                }

                @Override
                public void onNext(Long aLong) {
                    Log.d(TAG, "onNext: " + aLong);
                }

                @Override
                public void onError(Throwable e) {
                    Log.d(TAG, "onError: ");
                }

                @Override
                public void onComplete() {
                    Log.d(TAG, "onComplete: ");
                }
});
```

这里是使用 timer()创建了另一个 Observable 对象来作为判断条件，也就是当它开始发送事件时，第一个 Observable 对象就停止发送事件。运行结果如下：

```
08-09 14:30:23.498 10549-11713/com.example.pingred.rxjavatest D/MainActivity: onNext: 0
08-09 14:30:24.497 10549-11713/com.example.pingred.rxjavatest D/MainActivity: onNext: 1
08-09 14:30:25.498 10549-11713/com.example.pingred.rxjavatest D/MainActivity: onNext: 2
08-09 14:30:26.497 10549-11713/com.example.pingred.rxjavatest D/MainActivity: onNext: 3
08-09 14:30:26.515 10549-11712/com.example.pingred.rxjavatest D/MainActivity: onComplete:
```

可以看到，当第二个 Observable 对象在延迟了 4 秒后要发送事件的时候，第一个 Observable 对象就停止发送事件了。

7.5 常见面试笔试真题

1）简单介绍一下 Rxjava 中的功能操作符的延迟操作 delay()方法。

解答：

delay()可以使被观察者延迟指定时间后再发送事件，使用示例代码如下：

```
Observable.just(3, 6)
            .delay(5, TimeUnit.SECONDS)
            .subscribe(new Observer<Integer>() {
                @Override
                public void onSubscribe(Disposable d) {
```

```
                Log.d(TAG, "onSubscribe: ");
            }

            @Override
            public void onNext(Integer value) {
                Log.d(TAG, "onNext: " + value);
            }

            @Override
            public void onError(Throwable e) {
                Log.d(TAG, "onError: ");
            }

            @Override
            public void onComplete() {
                Log.d(TAG, "onComplete: ");
            }
        });
```

其实 delay()方法还有其他重载方法：

- delay（延迟时间，时间单位）；
- delay（延迟时间，时间单位，线程调度器）；
- delay（延迟时间，时间单位，错误延迟参数），若有 Error 事件，则执行后抛出异常；
- delay（延迟时间，时间单位，线程调度器，错误延迟参数）。

注意，因为 Rxjava 的操作符有很多，而且每个都很有用，所以像问题 1）这样问操作符的问题会很多，所以要准备好操作符这块知识点。

2）你能简单说一下你对 Rxjava 的认识吗？

解答：

① 通过观察者模式实现异步调用。

观察者模式可以这么说，如果把用户界面作为观察者，那么业务数据是被观察者，用户界面观察业务数据的变化，一旦发现数据变化后，就会把相应的响应动作显示在界面上。平时在开发中常见的 View 的 onClick()事件模型就是采用了观察者模式，当 Button 持有 OnClickListener 对象之后，Button 被点击之后会自动触发 OnClickListener 中的 OnClick 方法。再看 Rxjava，当 Observable 的状态发生变化时，内部会通过一系列事件触发 Observer 中的方法，从而做出相应的操作。

② Rxjava 的观察者模式。

Rxjava 有 Observable（被观察者）、Observer（观察者）、subscribe（订阅）、事件。Observable 和 Observer 通过 subscribe()方法实现订阅关系，从而 Observable 可以根据情况回调通知 Observer。

Rxjava 常用的回调方法有 3 种：

- onNext：完成队列中的一个事件。
- onComplete：完成队列中所有的事件。
- onError：事件发生错误时，并且后续的事件终止。

观察者模式在模块之间划定了清晰的界限，降低了模块耦合性，提高了代码的可维护性和重用性。

第 8 章　事件分发机制

说到 Android 的事件分发机制，需要先了解什么是事件，在 Android 开发中，事件就是点击事件、触摸事件或者按键事件，它们的性质是相同的。从用户触摸到屏幕后那一刻起会产生一系列事件：

1）按钮按下：事件 1——DOWN 事件；

2）如果滑动：事件 2——MOVE 事件；

3）手指抬起：事件 3——UP 事件。

而 Android 为触摸事件封装了一个类 MotionEvent，触摸事件类型有如下几种，如图 8.1 所示。

事件	代表的动作
MotionEvent.ACTION_DOWN	按下组件
MotionEvent.ACTION_MOVE	滑动组件
MotionEvent.ACTION_UP	抬起组件（手指抬起）
MotionEvent.ACTION_CANCEL	事件结束

图 8.1　事件类型

作为 onTouchEvent()的参数，MotionEvent 里有很多方法，例如 getX()与 getY()方法可以获取到触摸点的坐标信息，然后可以根据 Action 类型来分别处理不同事件下的逻辑。

那么问题来了，因为 Android 的视图结构是树形结构，由 Activity、View 和 ViewGroup 组成的树形结构搭建，然而事件只有一个，那么究竟该分发给谁？于是便是 Android 的事件分发（拦截）机制大显身手的时候了。

既然说到了 Android 的 View 体系，那么在这里再讲解一下。

Android 的控件可以分为 ViewGroup 和 View，ViewGroup 是父控件，它可以包含多个 ViewGroup 与 View，所以整个界面就是一个树形结构，自上而下。父层控件负责管理子层控件，并且传递事件给子层控件处理，而子层控件都有它们的父控件，从而最顶端会有一个根控件进行管理，如图 8.2 所示。

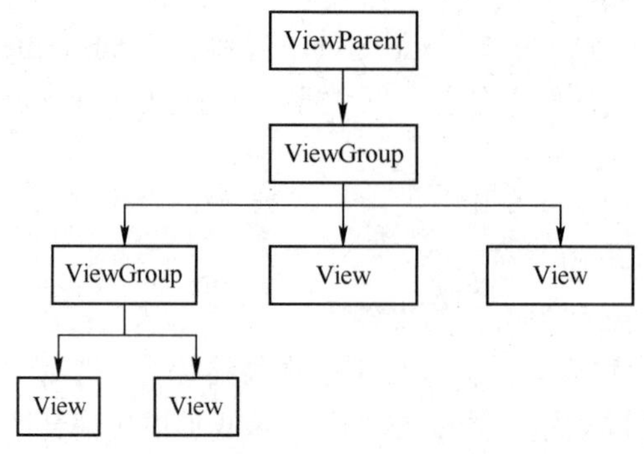

图 8.2　View 的树结构

所以，在 Activity 里经常使用 setContentView()方法，为的就是把布局内容给显示出来，如图 8.3 所示。

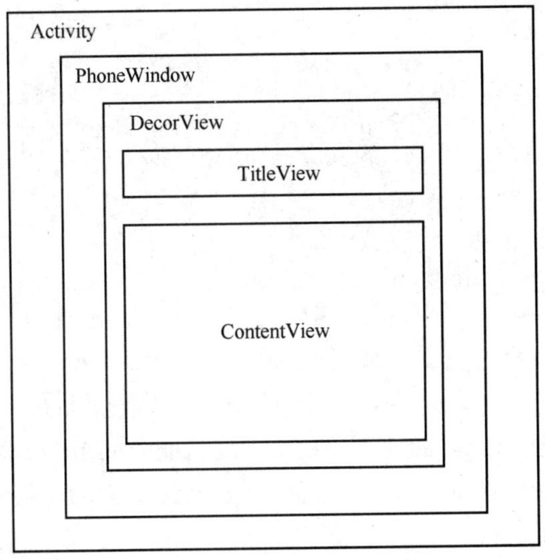

图 8.3　UI 架构图

从图 8.3 可以看到，Activity 有一个 Window 对象，由 PhoneWindow 来实现。而 PhoneWindow 对象下有一个 DecorView 对象，它就是整个应用界面的根 View 了，也就是顶层视图。DecorView 包含了布局内容，就是用户看到的 UI 界面。PhoneWindow 对其进行管理，监听它所有 View 的事件。DecorView 之所以包含了全部布局内容，是因为它将屏幕分成两部分：一个是 TitleView；另一个是 ContentView。而平时 Activity 的布局文件 xml 就是设置在 ContentView 里。

所以，当执行 setContentView()方法后，ActivityManagerService 会调用 onResume()方法，然后系统就把 DecorView 添加到 PhoneWindow 中让其管理并显示出布局内容。

8.1 触摸事件的方法

触摸事件的方法有以下 3 种：

1）public boolean dispatchTouchEvent(MotionEvent ev)：事件分发，把 Event 事件发送出去时触发；

2）public boolean onInterceptTouchEvent(MotionEvent ev)：事件拦截，把 Event 事件拦截时触发；

3）public boolean onTouchEvent(MotionEvent ev)：事件处理，把 Event 事件处理时触发。

8.2 Activity 事件分发

Activity 使用的是 dispatchTouchEvent()与 onTouchEvent()方法。先来看 dispatchTouchEvent()的源代码：

```
@Override
```

```
public boolean dispatchTouchEvent(MotionEvent ev) {
    //事件的开始是 DOWN 事件，也就是手指按下组件
    if (ev.getAction() == MotionEvent.ACTION_DOWN) {
        onUserInteraction();
    }

    if (getWindow().superDispatchTouchEvent(ev)) {
        //若返回 true，代表了点击事件停止往下传递，整个事件分发过程结束
        //若返回 false，则 Activity 调用 onTouchEvent()方法
        return true;
    }

    return onTouchEvent(ev);
}
```

从代码可以看出，首先判断事件是否为 DOWN 事件，一般事件都是从 DOWN 开始的，所以成立，接着往下执行。然后就是通过 getWondow()获取到 Activity 下的 Window 对象，从而能调用到它的实现类 PhoneWindow 中的 superDispatchTouchEvent()方法，最终也就调用到 DecorView 的 superDispatchTouchEvent()，而 DecorView 因为是根 View，所以就接着调用 ViewGroup 的 dispatchToucheEvent()方法，就这样一层一层向下传递也就能实现了事件从 Activity 传给 ViewGroup。如图 8.4 所示。

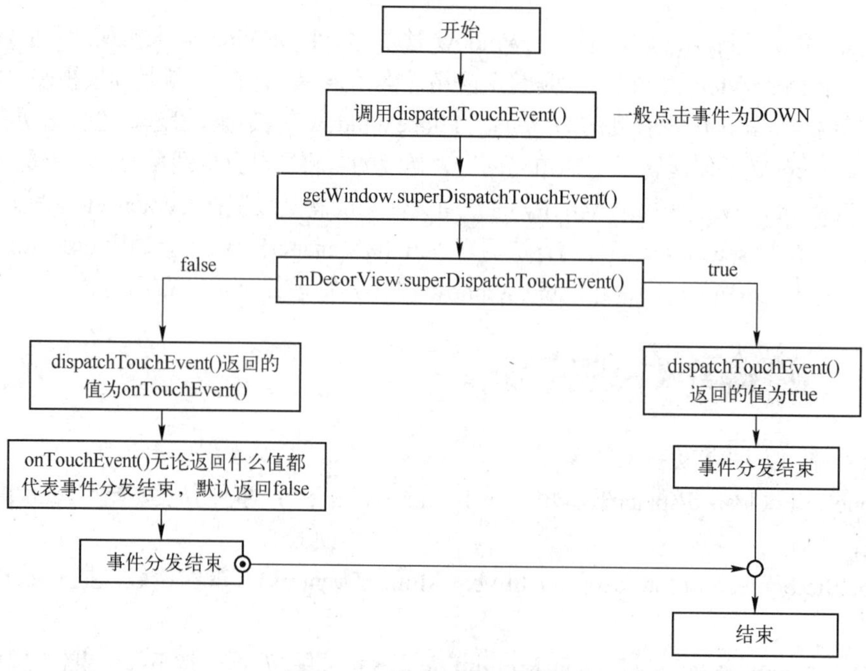

图 8.4　Activity 传递事件过程

8.3 ViewGroup 与 View 事件分发

ViewGroup 使用的是 dispatchTouchEvent()、onInterceptTouchEvent()与 onTouchEvent()方法，只有 ViewGroup 才能实现 onInterceptTouchEvent()；而 View 则和 Activity 一样，也只实

现 dispatchTouchEvent()和 onTouchEvent()。下面用一个例子来展示事件分发过程，首先创建 View：

```
public class MyView extends View {

    private static final String TAG = "MyView";
    public MyView(Context context) {
        super(context);
    }

    public MyView(Context context, AttributeSet attributes) {
        super(context, attributes);
    }

    @Override
    public boolean dispatchTouchEvent(MotionEvent event) {
        Log.d(TAG, "dispatchTouchEvent: ");
        return super.dispatchTouchEvent(event);
    }

    @Override
    public boolean onTouchEvent(MotionEvent event) {
        Log.d(TAG, "onTouchEvent: ");
        return super.onTouchEvent(event);
    }
}
```

代码很简单，分别在 dispatchTouchEvent()和 onTouchEvent()方法中加入了打印方法，用于后面的打印识别。然后再创建 ViewGroup：

```
public class MyViewGroup extends LinearLayout {

    private static final String TAG = "MyViewGroup";
    public MyViewGroup(Context context) {
        super(context);
    }

    public MyViewGroup(Context context, AttributeSet attributes) {
        super(context, attributes);
    }

    @Override
    public boolean dispatchTouchEvent(MotionEvent ev) {
        Log.d(TAG, "dispatchTouchEvent: ");
        return super.dispatchTouchEvent(ev);
    }

    @Override
    public boolean onInterceptTouchEvent(MotionEvent ev) {
        Log.d(TAG, "onInterceptTouchEvent: ");
        return super.onInterceptTouchEvent(ev);
    }

    @Override
    public boolean onTouchEvent(MotionEvent event) {
```

```
            Log.d(TAG, "onTouchEvent: ");
            return super.onTouchEvent(event);
        }
    }
```

代码类似，实现了 onInterceptTouchEvent()方法，接着是 MainActivity 的代码：

```
public class MainActivity extends AppCompatActivity {

    private static final String TAG = "MainActivity";
    private MyViewGroup myViewGroup;
    private    MyView myView;

    @Override
    protected void onCreate(Bundle savedInstanceState) {
        super.onCreate(savedInstanceState);
        setContentView(R.layout.activity_main);

        myViewGroup = (MyViewGroup) findViewById(R.id.my_view_group);
        myView = (MyView) findViewById(R.id.my_view);

    }

    @Override
    public boolean dispatchTouchEvent(MotionEvent ev) {
        Log.d(TAG, "dispatchTouchEvent: ");
        return super.dispatchTouchEvent(ev);
    }

    @Override
    public boolean onTouchEvent(MotionEvent event) {
        Log.d(TAG, "onTouchEvent: ");
        return super.onTouchEvent(event);
    }
}
```

最后就是布局文件：

```
<?xml version="1.0" encoding="utf-8"?>
<LinearLayout xmlns:android="http://schemas.android.com/apk/res/android"
    xmlns:tools="http://schemas.android.com/tools"
    android:layout_width="match_parent"
    android:layout_height="match_parent"
    android:orientation="horizontal"
    tools:context=".MainActivity">

    <com.example.pingred.mylayout.MyViewGroup
        android:id="@+id/my_view_group"
        android:layout_width="match_parent"
        android:layout_height="300px"
        android:background="@color/colorAccent">

        <com.example.pingred.mylayout.MyView
            android:id="@+id/my_view"
            android:layout_width="300px"
            android:layout_height="200px"
```

```
            android:background="#054606"/>

    </com.example.pingred.mylayout.MyViewGroup>

</LinearLayout>
```

布局很简单，呈现的效果如图 8.5 所示。

图 8.5　布局效果

运行代码后，通过点击最小块的长方形，来看打印结果是怎样的。现在运行程序，打印结果如下：

```
13162-13162/com.example.pingred.mylayout D/MainActivity: dispatchTouchEvent:
13162-13162/com.example.pingred.mylayout D/MyViewGroup: dispatchTouchEvent:
13162-13162/com.example.pingred.mylayout D/MyViewGroup: onInterceptTouchEvent:
13162-13162/com.example.pingred.mylayout D/MyView:
dispatchTouchEvent:
13162-13162/com.example.pingred.mylayout D/MyView:
onTouchEvent:
13162-13162/com.example.pingred.mylayout D/MyViewGroup:
onTouchEvent:
13162-13162/com.example.pingred.mylayout D/MainActivity:
onTouchEvent:
13162-13162/com.example.pingred.mylayout D/MainActivity: dispatchTouchEvent:
13162-13162/com.example.pingred.mylayout D/MainActivity:
onTouchEvent
```

从结果来看，事件传递就是先从 Activity 传向 ViewGroup，然后如果 ViewGroup 不拦截事件，则又把事件传给 View，最后 View 来处理事件，如果 View 处理不了，则又把事件往上传给 ViewGroup，然后 ViewGroup 如果也处理不了，则又把事件传给 Activity，最后由 Activity 处理。

8.4 常见面试笔试真题

1）事件传递的整个流程是怎样的？

解答：

因为 View 是树形结构的，基于这样的结构，事件进行有序的分发。事件分发就是当有多个对象均可以处理同一请求的时候，将这些对象串联成一条链，并沿着这条链传递该请求，直到有对象处理它为止。

事件收集之后最先传递给 Activity，然后依次向下传递：

```
Activity --> PhoneWindow --> DecorView --> ViewGroup --> … --> View
```

当触发一个 touch 事件时，事件首先被分发到 Activity 的 dispatchTouchEvent()方法中，Activity 会先将事件分发给 Window 处理，然后 Window 调用 superDispatchTouchEvent()方法；之后 PhoneWindow 又会调用 DecorViewsuperDispatchTouchEvent()方法。最后 DecorView 调用 ViewGroup 的 dispatchTouchEvent()方法进行事件分发。就这样一步步分发到用户调用 setContentView()传入的 ViewGroup 的 dispatchTouchEvent()方法中。

ViewGroup 的 dispatchTouchEvent()方法让事件分发时，会先调用 onInterceptTouchEvent()方法判断是否拦截事件，如果拦截则 mFirstTouchTarget 为 null；如果不拦截就查找对应的子控件进行事件处理。最后不管是否找到处理它的子控件，都会调用 dispatchTransformedTouchEvent()。

如果最终没有任何 View 消费掉事件，那么事件会按照反方向回传，最终传回给 Activity，如果最后 Activity 也没有处理，本次事件就会被抛弃。

2）当触摸点的 ChildView 有重叠时应该如何分配？

解答：

一般 ChildView 有重叠时会分配给显示在最上面的 ChildView，而后面加载的 ChildView 会覆盖在之前的，所以最上面的就是最后加载的。所以当用户手指点击有重叠区域时，事件会分发给可以点击的 View，如果多个 View 都可以点击，则事件会分发给最上层的 View。

3）ViewGroup 的事件分发流程是怎样的？

解答：

判断自身是否需要拦截，如果需要，调用自己的 onTouchEvent()处理事件。不需要拦截则询问 ChildView（是调用手指触摸位置的 ChildView）。如果子 ChildView 不需要拦截则调用 onTouchEvent()处理事件。

4）如果 ViewGroup 和 ChildView 同时注册了事件监听器，哪个会执行?

解答：

事件优先给 ChildView 消费掉，ViewGroup 不会响应。

5）与 View 事件相关的方法的调用顺序是怎样的？

解答：

- 单击事件：onClickListener，需要 ACTION_DOWN 和 ACTION_UP 两个事件才能触发；

- 长按事件：onLongClickListener，需要长时间等待才能出结果，因为不需要 ACTION_UP，应该排在 onClick()前面；
- 触摸事件：onTouchListener，如果注册了触摸事件，要自己处理触摸事件；
- View 自身处理：onTouchEvent 提供了一种默认的处理方式，如果开发者已经处理好了，就不需要使用该默认方法。所以应该排在 onTouchListener 后面。

所以它们的调用顺序是：

```
onTouchListener→onTouchEvent→onLongClickListener→onClickListener
```

6）为什么所有事件都要被同一个 View 消费？

解答：

如果在一次完整的事件中分别将不同的事件分配给了不同的 View 容易造成事件响应混乱。所以必须保证所有的事件都是被同一个 View 消费，对事件 ACTION_DOWN 进行判断，当 View 消费了 ACTION_DOWN 事件时，接收到后续的事件，并且将后续所有事件传递过来，不会再传递给其他 View。

如果上层 View 拦截了当前正在处理的事件，会收到 ACTION_CANCEL 事件，表示当前事件已经结束，后续事件不会再传递。

7）事件分发中的 onTouch() 和 onTouchEvent() 有什么区别？

解答：

onTouch()方法是 View 的 OnTouchListener 接口中定义的方法。当一个 View 绑定了 OnTouchListener 后，有 Touch 事件触发时，就会调用 onTouch()方法：

```
view.setOnTouchListener(new View.OnTouchListener() {
    @Override
    public boolean onTouch(View view, MotionEvent motionEvent) {
        switch (motionEvent.getAction()) {
            case MotionEvent.ACTION_DOWN:
                //onTouch 按下
                break;
            case MotionEvent.ACTION_UP:
                //onTouch 抬起
                break;
            case MotionEvent.ACTION_MOVE:
                //onTouch 移动
                break;
        }

    }
});
```

onTouchEvent()是重写后，当屏幕有 Touch 事件时，此方法会被调用：

```
@Override
public boolean onTouchEvent(MotionEvent event) {
    switch (event.getAction()) {
        case MotionEvent.ACTION_DOWN:
            //按下
            break;
        case MotionEvent.ACTION_UP:
            //抬起
```

```
                break;
            case MotionEvent.ACTION_MOVE:
                //移动
                break;
        }
        return super.onTouchEvent(event);
    }
```

onTouch()方法的优先级比 onTouchEvent()高，会先调用。假如 onTouch()方法返回 false，会接着触发 onTouchEvent()，如果 onTouch()返回 true，则 onTouchEvent()方法不会被调用。还有类似的系统封装好的 click 事件的实现都基于 onTouchEvent()方法，如果 onTouch()返回 true，这些事件将不会被触发。

第 9 章　MVC、MVP 与 MVVM

作为 Android 最常用的架构，MVC、MVP 与 MVVM 这 3 个架构已经是很成熟了，即使现在还有模块化与插件化等方式的架构，MVP 与 MVVM 依然是开发者常采纳的方案。所以无论开发还是面试，MVC、MVP 和 MVVM 都是必须要掌握的知识点，而选用哪种架构来建立应用，更是重中之重。下面就来详细讲解它们。

9.1 MVC

MVC 是一种很早就使用的架构方式，一些较为简单、不需要改动很大的项目就是用 MVC 来写的：

- M：Model，数据模块，提供数据；
- V：View，UI 模块，视图层；
- C：Controller，控制模块，相当于 Activity。

虽然 MVC 的 3 个模块分工明确，但是随着 Activity 的代码越来越多，Model 与 Controller 也越来越耦合，因为 Activity 里的 View 的代码与 Model 的代码就会堆积在一起，导致严重耦合，如图 9.1 所示。

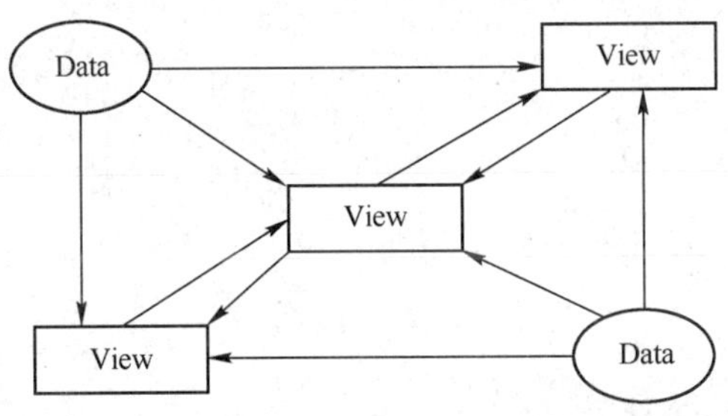

图 9.1　MVC 结构图（耦合）

下面通过一个例子来更好地理解 MVC，假设现在有一个功能需求是这样的：通过点击某个按钮来获取数据并显示在界面上供用户观看。

首先实现 Model 层的代码如下：

```
public interface MyModel {
    void getData(String pwd, OnDataListener listener);
}

interface OnDataListener{
    void onSuccess(Response data);
    void onFail();
}

class MyModelImpl implements MyModel{
```

```
    public void getData(String pwd, OnDataListener listener) {
        //View 层请求数据逻辑
    }
}
```

然后实现 Controller 层（Activity）的代码如下：

```
public class MyActivity extends AppCompatActivity implements View.OnClickListener, OnDataListener {

    private MyModel myModel;
    private EditText editText;
    private Button button;
    private TextView textView;

    @Override
    protected void onCreate(@Nullable Bundle savedInstanceState) {
        super.onCreate(savedInstanceState);
        setContentView(R.layout.activity_my);

        myModel = new MyModelImpl();
        initView();
    }

    public void initView() {
        //初始化 View
        editText = findViewById(R.id.edit);
        textView = findViewById(R.id.text);
        button = findViewById(R.id.click);
        button.setOnClickListener(this);
    }

    public void showDataToView(Pingred pingred) {
        //显示数据
        textView.setText(pingred.getPwd());
    }

    @Override
    public void onClick(View view) {
        switch (view.getId()){
            case R.id.click:
                //使用 Model 层获取数据
                myModel.getData(editText.getText().toString().trim(), this);
                break;
        }
    }

    @Override
    public void onSuccess(Pingred pingred) {
        showDataToView(pingred);
    }

    @Override
    public void onFail() {
        //获取失败
    }
```

```
    }
```

从上面的代码可以看出，View 层的逻辑与 Model 层的逻辑都在 Activity 里，因此 View 与 Model 层根本就没有解耦，也就是说并没有达到三者互相分离的效果，反而随着代码的增多，逻辑也会更加复杂。所以 MVC 的缺点可以总结为：逻辑全在 Activity（Controller）里实现；View 模块与 Model 模块并没有完全分离。

9.2 MVP

通过上面对 MVC 的介绍可以看出 MVC 的主要缺点是所有逻辑都堆在 Activity 里写，这样就会很臃肿，而且 View 与 Model 没有分离，耦合严重。而 MVP 能改善这些缺点。

在 MVP 框架中，Model 负责数据，Presenter 负责逻辑处理，View 负责 UI，从而实现了功能的分离，如图 9.2 所示。

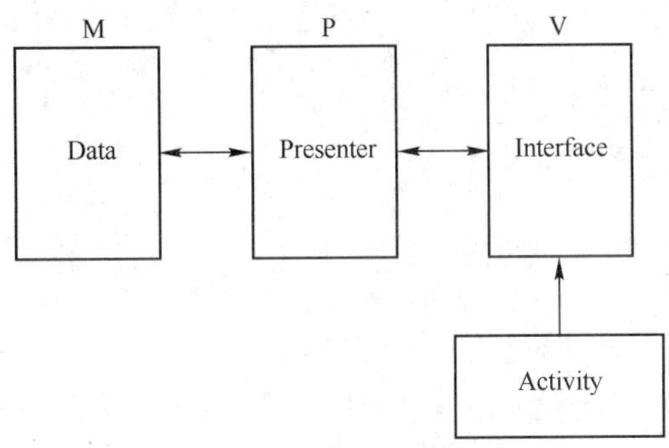

图 9.2　MVP 结构图

下面通过一个例子来说明：用 MVP 写一个登录功能页面。

首先实现 Model 的代码如下：

```
public interface MyModel {
    public void login(String username, String password, OnLoginListener loginListener);
}

/**
创建 OnLoginListener 回调接口
*/
interface OnLoginListener{
    void onSuccess(Pingred pingred);
    void onFail();
}

/**
* Model 的实现
*/
class MyModelImpl implements MyModel{

    @Override
    public void login(final String username, final String password, final OnLoginListener loginListener) {
```

```
                new Thread(){
                    @Override
                    public void run() {
                        try {
                            //模拟耗时操作
                            Thread.sleep(3000);
                        } catch (InterruptedException e) {
                            e.printStackTrace();
                        }
                        //如果登录成功
                        if ("Paul".equals(username) && "Paul123".equals(password)) {

                            Pingred pingred = new Pingred();
                            pingred.setName(username);
                            pingred.setPwd(password);
                            //回调成功
                            loginListener.onSuccess(pingred);

                        }else {//如果登录失败
                            loginListener.onFail();
                        }
                    }
                }.start();
            }
        }
```

很明显，在分层过程中，同时给 Model 编写了接口，从而更加解耦，因为把通过增加接口把对对象的依赖修改成了对接口的依赖，使用了面向接口编程的编程思想。

接下来实现 View 模块：

```
    public interface MyView {
        void toMainActivity(Pingred pingred);//跳转到主页面
        void showDialog();//展示 Dialog 信息
        String getUsername();//获取用户名
        String getPassword();//获取密码
    }
```

MyView 定义好后，通过 MainActivity 实现 MyView 接口：

```
    public class MyActivity extends AppCompatActivity implements View.OnClickListener, MyView {

        private EditText usernameEt;
        private EditText pwdEt;
        private Button loginBtn;

        @Override
        protected void onCreate(@Nullable Bundle savedInstanceState) {
            super.onCreate(savedInstanceState);
            setContentView(R.layout.activity_my);

            initView();
        }

        public void initView() {
            //初始化 View
```

```
        usernameEt = findViewById(R.id.edit_user);
        pwdEt = findViewById(R.id.edit_pwd);
        loginBtn = findViewById(R.id.click_login);
        loginBtn.setOnClickListener(this);
    }

    @Override
    public void onClick(View view) {
        switch (view.getId()){
            case R.id.click_login:
                //使用 Presenter 来调用登录方法

                break;
        }
    }

    @Override
    public String getUsername() {
        //View 模块里的方法，获取 EditView 中用户名
        return usernameEt.getText().toString();
    }

    @Override
    public String getPassword() {
        //View 模块里的方法，获取 EditView 中密码
        return pwdEt.getText().toString();
    }

    @Override
    public void toMainActivity(Pingred pingred) {
        //登录成功
        Toast.makeText(this, "登录成功", Toast.LENGTH_SHORT).show();
    }

    @Override
    public void showDialog() {
        //提示消息
    }
}
```

接下来创建 Presenter，它是 View 和 Model 之间的桥梁，让分离的两者还能互相交互：

```
public class MyPresenter {

    private MyModel myModel;
    private MyView myView;
    //需要子线程中操作 UI
    private Handler handler;

    public MyPresenter(MyView myView) {
        this.myModel = new MyModelImpl();
        this.myView = myView;
    }

    /**
     * Presenter 的登录方法，供 Activity 使用
```

```
        */
        public void login() {
            //可调用 View 方法
            myView.showDialog();
            myModel.login(myView.getUsername(), myView.getPassword(), new OnLoginListener() {

                @Override
                public void onSuccess(final Pingred pingred) {
                    handler.post(new Runnable() {
                        @Override
                        public void run() {
                            myView.toMainActivity(pingred);
                        }
                    });
                }

                @Override
                public void onFail() {
                    handler.post(new Runnable() {
                        @Override
                        public void run() {
                            //提示登录失败
                            myView.showDialog();
                        }
                    });
                }
            });
        }
    }
```

从上面的代码可以看出，在 Presenter 中创建了 View 和 Model 的对象，首先获取 View 模块中 UI 的一些数据，例如用户输入的用户名和密码，然后作为参数传到 Model 的方法中，最后再回调给 View 模块，这样就实现了 View 与 Model 的交互了。

最后，在 Activity 中创建 Presenter 对象并且调用它的方法：

```
public class MyActivity extends AppCompatActivity implements View.OnClickListener, MyView {
    ...
    private MyPresenter presenter = new MyPresenter(this);
    ...
    @Override
    public void onClick(View view) {
        switch (view.getId()){
            case R.id.click_login:

                //使用 Presenter 来调用登录方法
                presenter.login();
                break;
        }
    }
    ...
}
```

通过上面的例子，可以总结出 MVP 是真的实现了 View，Model 与 Presenter 的分离，耦合度相比 MVC 来说要少很多，当然，虽然逻辑还是堆在了 Activity 里，但 Activity 不用关心数据与 UI，因为 Activity 只负责调用 Presenter、View 的方法就可以，具体细节的改动则去 View 和 Model 改动即可。

9.3 MVVM

尽管 MVP 实现了 Model 与 View 的完全解耦，但是 Activity 里的代码会随着业务逻辑的增加，导致页面也会更复杂，这样对 UI 的改动也会变大，也就意味着 View 接口也要庞大起来。所以为了解决这种情况，就需要用到 MVVM。

MVVM 也有三部分：View、ViewModel 和 Model，在 MVP 中，View 与 Presenter 互相持有以便调用对方，而 MVVM 则是通过 Binding 关联 View 与 ViewModel。MVVM 的官方含义是：基于“数据模型数据双向绑定”的方式来构建项目，什么意思呢？就是 View 和 Model 完全分离，它们两者通过 ViewModel 来进行交互，并且是双向动态进行通信。数据变化的同时会马上显示在 UI 上，而 UI 改变的同时也能影响到 Model 模块，所以这样就不用再去改动 View 模块，只要改动数据便可。MVVM 的设计如图 9.3 所示。

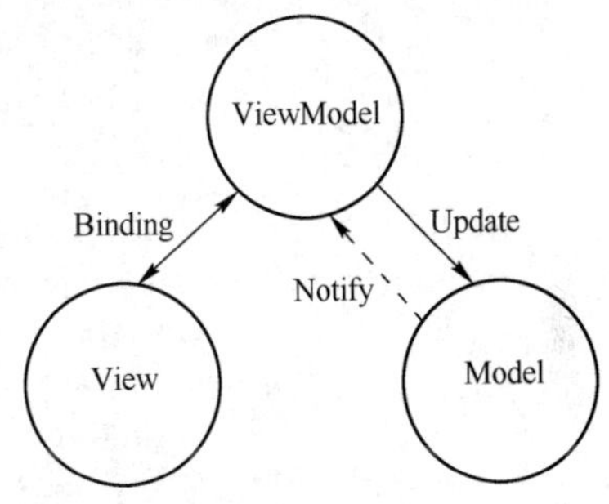

图 9.3　MVVM 结构图

在图中还能看到一个 Binding 的概念，MVVM 就是通过 DataBinding 来进行 Binding 的。DataBinding 是实现视图和数据双向绑定的工具，如图 9.4 所示。

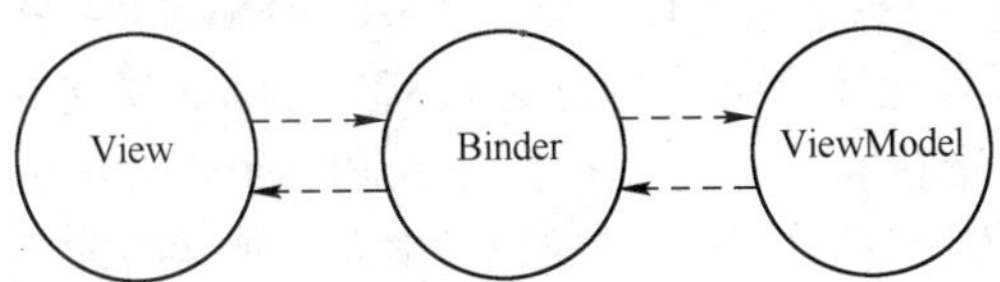

图 9.4　双向绑定 View 与 ViewModel

DataBinding 的使用并不复杂，首先在 gradle 文件里添加：

```
android {
        dataBinding{
            enabled true
        }
}
```

然后使用 DataBindingUtil 动态生成 ViewDataBinding 的子类，类名以布局文件名大写加 Binding 组成。如：

```
ActivityMvvmBinding binding = DataBindingUtil.setContentView(this, R.layout.activity_mvvm);
```

接着就是在布局文件里进行配置，每个控件绑定的实体对象都用<layout>标签包裹，<data>标签中配置变量名和类型，通过@{}或@={}进行引用（@={}的方式表示双向绑定）。如：

```
<?xml version="1.0" encoding="utf-8"?>
<layout xmlns:android="http://schemas.android.com/apk/res/android">
    <data>
```

```
        <variable
            name="pingred"
            type="com.example.pingred.Pingred">
        </variable>
    </data>

    <LinearLayout
        android:layout_width="match_parent"
        android:layout_height="match_parent"
        android:orientation="vertical">

        <TextView
            android:id="@+id/name"
            android:layout_width="wrap_content"
            android:layout_height="wrap_content"
            android:text="@={pingred.name}"
            />

        <TextView
            android:id="@+id/age"
            android:layout_width="wrap_content"
            android:layout_height="wrap_content"
            android:text="@={pingred.age+``}"
            />
    </LinearLayout>
</layout>
```

接着就是定义好 Pingred 实体类，让它继承 BaseObservable，对读写方法做@Bindable 和 notifyPropertyChanged 处理，这样也就实现了双向绑定了，布局文件就是 View 模块，负责 UI 工作，ViewModel 模块负责获取数据和业务逻辑，最后通过 mViewModel.mViewDataBinding.组件名直接修改 View 的属性就可以了。代码比较简单，理解思路便可，想继续了解的读者可自行去搜索琢磨。

9.4 常见面试笔试真题

1）Android 中的 MVC 是什么？有什么特点？

解答：

- M：Model，数据模块，提供数据；
- V：View，UI 模块，视图层；
- C：Controller，控制模块，相当于 Activity。

Controller 操作 Model 层的数据，并且将数据返回给 View 层展示。Activity 既要处理 Controller 的逻辑也要处理 View 的逻辑，导致 Activity 的代码过于臃肿。View 层和 Model 层之间耦合性大，导致不易于维护和扩展。

2）用过 MVP 构建过项目吗？谈一谈你对它的认识。

解答：

MVP 就是在 MVC 上增加了一个接口，因此也降低一层耦合度，这样 View 就不会直接访问 Model 了。

Presenter 完全将 Model 和 View 解耦，主要逻辑都集中在 Presenter 中。和 View 没有直接关联，因为它能通过 View 中定义好的接口进行交互。这样当 View 需要修改的时候，就不用去 Presenter 里改动。View 里就只需处理跟 UI 有关的逻辑即可。

MVP 低耦合、重用方便，而且测试也方便，但使用了接口去设计逻辑复杂的页面时也会导致代码中接口过多或过大。

3）简单说一下你是如何使用 MVP 去构建一个项目的。

思路：

分别按照 MVP 的各个模块去设计代码即可，描述时可以结合实际例子（例如 9.2 节）去讲解。

解答：

① 首先定义 Model，创建好 Model 接口和回调接口，接着就是创建一个实现类，重写 Model 接口里的方法；

② 接着就是设计 View 模块，负责 UI 展示与操作；

③ 用 Activity 去实现这个 View 接口；

④ 创建 Presenter，互相持有对象，让 View 和 Model 能交互；

⑤ 最后用 Activity 创建 Presenter 对象并且调用它的方法来处理业务逻辑。

以上便是整个 MVP 构建项目的思路，并不是一定要该思路，要结合实际情况去考虑。

4）说一下 MVVM 有什么特点？

解答：

Model-View-ViewModel，对比 MVP，就是将 Presenter 替换为 ViewModel。ViewModel 和 Model/View 进行了双向绑定。当 View 发生改变时，ViewModel 会通知 Model 进行更新数据。而 Model 数据更新后，ViewModel 会通知 View 更新显示。因为 Data Binding 能将数据绑定到 xml 中，而且还有 ViewModel 和 LiveData 等，使得 MVVM 用起来更加方便。要说 MVVM 就真的完美吗？也不是，因为它使得数据与视图双向绑定了，所以当出现问题的时候不好找到出错源头，是数据问题还是视图属性修改导致的？可能需要时间去寻找。所以使用的时候要注意。

5）模块化是什么？它与组件化又有什么区别？

解答：

通常一个项目会采用架构，如图 9.5 所示。

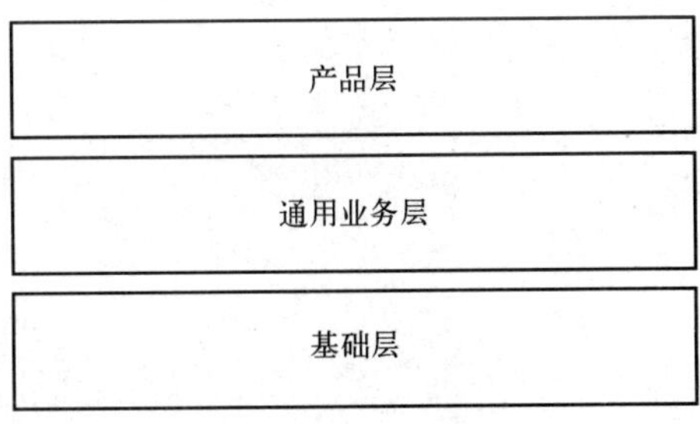

图 9.5　项目架构

- 产品层：即应用层，如果有 3 个项目，则该层有 3 个块；

- 通用业务层：放置公司多个项目的通用业务模块，这些模块是跟业务有关，例如文件等资源下载和上传；
- 基础层：基础库，例如网络请求、图片压缩等逻辑模块、通用 UI 模块和第三方库。

而通常新建一个 App 项目时是按照类型划分的（activity、fragment、view 和 utils 等），或者按照业务划分，每个业务模块就是一个包，每个包再按照不同类型细分下去。

模块化是一种软件设计技术，它能将项目的功能拆分为独立、可交换的模块。每个模块都包含执行单独功能的必要内容。而组件化也是设计技术，它强调将一个软件系统拆分为独立的组件，而这些组件可以是模块也可以是 Web 资源等。

两者的目的都是重用和解耦，主要区别在于模块化侧重于重用，组件化更侧重于业务解耦。

6）如果要构建一个项目，该选择 MVC 还是 MVP，抑或是 MVVM？

解答：

如果要构建的项目简单，其实不需要使用构建模式来构建项目的，因为这样的项目不需要太大改动，只需要封装好每个模块，然后需要使用的时候直接调用即可。

如果要构建的项目主要是展示 UI 和数据，为了更友好地与用户交互，比较适合使用 MVVM 来构建，因为该类项目的大多数业务逻辑都集中在后端，而势必要经常对视图进行改动，所以使用 MVVM 能非常好地进行视图属性修改。

如果构建的项目要处理较多业务逻辑或者是属于工具类 App 的，那使用 MVP 比较合适，使用 MVVM 也是可以的。

当然，MVC 也不是说就用不上，平时也可以使用 MVC 来构建一些学习项目来一层一层地进行封装。

第 10 章　图片加载框架

现在的 App 页面展示都是通过各种各样的图片来实现的，因此对于图片的质量要求很高，所以图片的容量也会越来越大，为了更好地压缩图片，现在几乎每个项目都会使用图片加载框架去加载图片。本章将重点介绍 3 个常用的图片加载框架。

10.1 Glide

Glide 是一个高效的媒体管理框架，能实现获取、解码和展示视频剧照、图片和动画等功能。开发者直接使用其 API 就能在所有网络协议栈里使用 Glide。一般使用 Glide 的主要目的是实现平滑的图片列表滚动效果，使得滚动流畅；当然，它还有其他的一些功能，例如支持远程图片的获取、大小调整和展示。

Glide 的流程如图 10.1 所示。

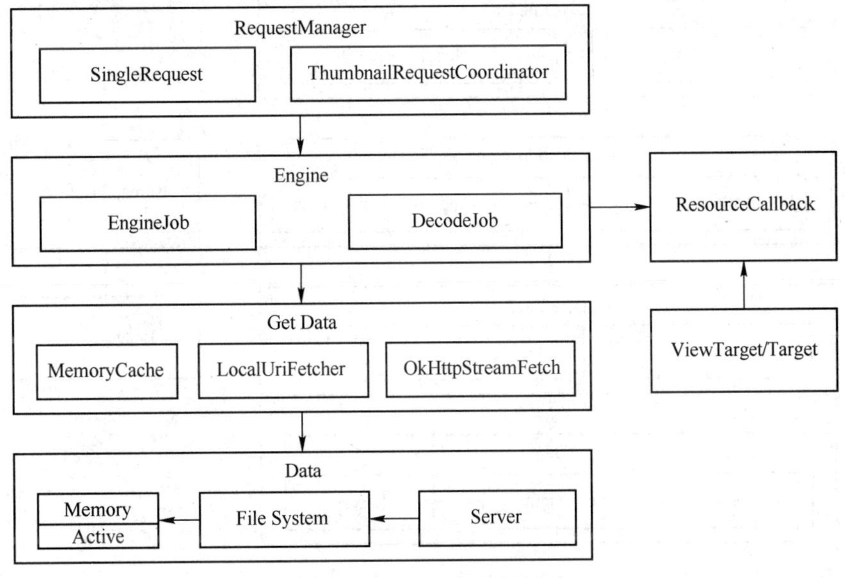

图 10.1　Glide 流程图

Glide 收到加载及显示资源的任务后，会创建 Request 对象并将它交给 RequestManager 任务管理器，然后 Request 启动 Engine 去数据源获取资源（通过 Fetcher 数据获取器），获取到资源后 Transformation 就进行图片的处理，处理完成后会交给 Target。

Glide 的使用也很简单，它支持缩略图，能减少在同一组件里同时加载多张图片的时间，可以通过调用以下方法来实现：

```
Glide.with(context).load("图片路径").thumbnail("缩略比例").into("view 组件")
```

上面的代码通过 thumbnail 控制缩略比例来显示不同比例大小的缩略图。

Glide 也能加载 GIF 动画，加载方法如下：

```
Glide.with(context).load( "图片路径" )
```

这样 GIF 动画图片就会自动显示为动画效果，另外还可以调用：

```
Glide.with(context).load( "图片路径" ).asBitmap()
```

该方法能加载静态图片，如果要加载动画图片，就调用：

```
Glide.with(context).load( "图片路径" ).asGif()
```

Glide 还可以加载视频，加载方法如下：

```
Glide.with(context).load( "视频路径" )
```

由此可见，Glide 能支持 Android 设备中所有视频与图片的加载。

10.2 ImageLoader

相对来说 ImageLoader 是比较早的框架，曾经也是开发者经常使用的图片加载框架，它是通过多线程来加载各种资源（网络、文件系统、assets 和 drawable 等）的图片。

ImageLoader 的流程如图 10.2 所示。

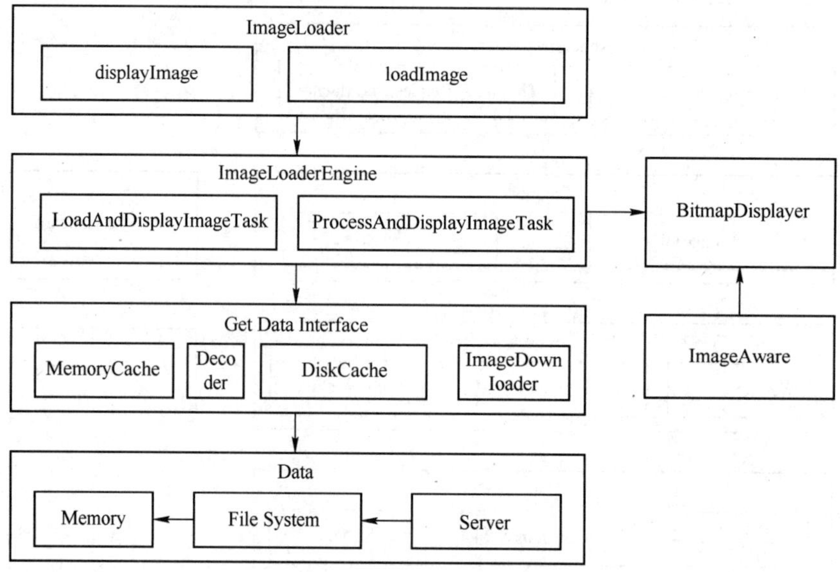

图 10.2　ImageLoader 流程图

ImageLoader 收到加载图片的任务后，将其交给 ImageLoaderEngine 创建任务，并进行任务调度后，分配到具体的线程池去完成，然后通过 Cache 本地缓存及 ImageDownloader （从网络获取图片）获取图片，此过程中再经 BitmapProcessor 图片处理器和 ImageDecoder 图片解码处理后，最终转换为 Bitmap 交给 BitmapDisplayer，最后在 ImageAware 中显示。

10.3 Picasso

Picasso 可以实现图片下载和缓存的功能，是 Square 公司开源的一个 Android 图形缓存库，可以实现图片异步加载。

Picasso 还能解决很多关于图片加载的问题，例如在开发中遇到最多的问题：在 Adapter 中需要取消已经不在视野范围的 ImageView 图片资源的加载，否则会出现图片错位的问题。而 Picasso 已经解决了这个问题，开发者在使用 Picasso 的过程中根本不会出现图片错位的问题。而且 Picasso 自带内存和硬盘二级缓存功能，减少内存消耗。

Picasso 的流程如图 10.3 所示。

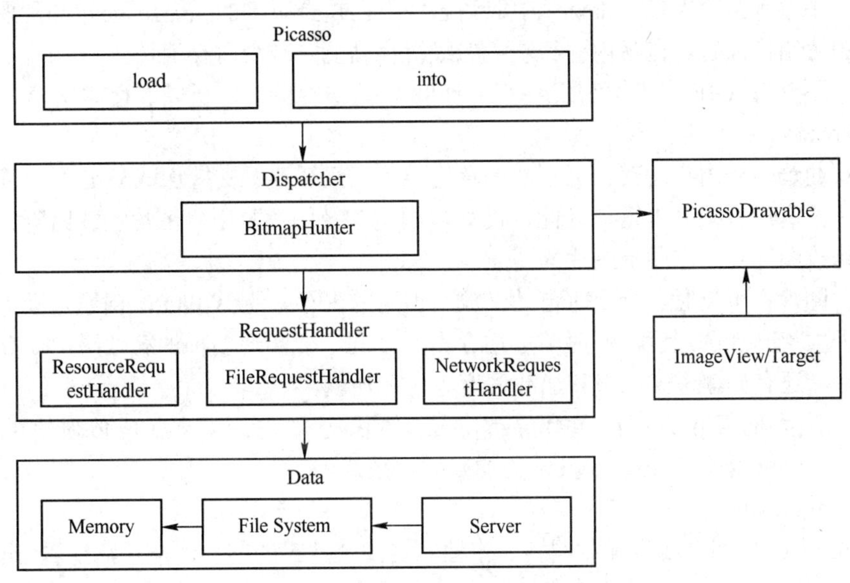

图 10.3　Picasso 流程图

Picasso 在收到加载图片的任务后，会首先创建 Request 并将它交给 Dispatcher，然后 Dispatcher 会分发任务到具体 RequestHandler，任务通过 MemoryCache 及 Handler 获取图片，最后图片获取成功后通过 PicassoDrawable 显示到 Target 中。

10.4 常见面试笔试真题

关于图片框架的面试提问，大多数都是一个核心：就是比较各大框架的优缺点和区别，所以这里就直接按照该思路去讲解本章的面试笔试真题。

解答：

（1）Glide

异步加载图片，可以设置加载尺寸，支持设置加载动画以及加载中和加载失败的图片，支持加载的图片格式有 JPG、PNG、GIF、WEBP。还能支持设置跳过内存缓存，缓存动态清理。缓存策略：生命周期集成，设置动态转换，设置下载优先级。

优点：使用简单，可配置度高，自适应程度高。支持多种媒体加载，例如 JPG、GIF 等格式的图片以及视频。能根据 Activity 或者 Fragment 的生命周期自动管理请求，图片加载会和 Activity 或者 Fragment 的生命周期保持一致，例如在运行 onPaused()方法时会暂停加载图片。

缺点：因为 Glide 功能很多，使用的方法也多，可能导致最后代码量会相应较多，从而导致包也会变大。

（2）Picasso

Picasso 支持全尺寸下载图片，链式调用，所以使用简单方便。直接就可以使用 API 进行图片转换如图片添加圆角，做度灰处理等。加载过程可监听并进行错误处理（支持调试和日志），自动添加磁盘和内存二级缓存，还支持多种数据源加载。

优点：不会因为需要在 Adapter 中取消已经不在视野范围的 ImageView 图片资源的加载而引发的图片错位问题。自带内存和硬盘二级缓存功能，减少内存消耗。

缺点：不支持 GIF，因为使用 ARGB_8888 格式缓存图片，所以缓存体积较大。

（3）Fresco

Fresco 通过两个内存缓存加上本地缓存构成了三级缓存，支持加载 GIF 图，而且以渐进式呈现图片。它还有很多丰富的功能，例如多图请求及图片复用、图片加载监听、图片缩放和旋转、修改图片和动态展示图片等功能。

优点：图片不可见时，会及时自动释放所占用的内存，避免 OOM 问题。因为三级缓存机制，能大大提升加载速度，同时节省内存占用空间。能实现多种加载效果，如高斯模糊等常见的图片。还有如渐进式加载和加载进度等很多功能。

缺点：因为框架较大可能也会导致 Apk 体积变大。还有一点是必须使用它提供的 SimpleDraweeView 来代替 ImageView 的加载显示图片。

（4）ImageLoader

ImageLoader 使用多线程加载网络、本地、资源文件等的图片。能灵活配置 ImageLoader 的线程数、图片下载器、内存缓存策略、缓存方式以及图片显示选项。可采用监听器监听图片加载过程并做出响应，还能配置图片的圆角处理及渐变动画。

优点：支持下载进度监听，可通过 PauseOnScrollListener 接口可以在 View 滚动中暂停图片加载。默认实现多种内存缓存算法，例如使用最少先删除和时间最长先删除等。还支持本地缓存文件名规则定义。

缺点：不支持 GIF 图片加载。缓存机制没有和 Http 的缓存很好地结合。

第 11 章　性能优化与跨进程通信

本章主要讲解一些面试时会考察的其他知识点，可能比较零散，所以这里就以总结的形式来讲解，重点讲解一下性能优化与跨进程通信。

11.1 性能优化

当开发完一个 App 项目后，还要进行性能优化，让整个 App 运行起来流畅不卡顿，并且省电和稳定，这样的 App 才完美。而现在一款性能良好的 App 它至少要使用起来流畅、稳定、省电和安装包体积小。性能的优化往往需要从各方面去考虑。

11.1.1 布局优化

因为屏幕上的某个像素在同一帧的时间内被绘制了很多次，所以在多层次的布局里，那些不可见的 UI 也在被绘制，这样会导致某些像素区域被绘制很多次，从而浪费大量的 CPU 和 GPU 资源。

因此这时需要对布局进行优化，优化方法是减少视图嵌套层级。视图是树形结构，每次刷新和渲染都会遍历一次，减少视图层级可以有效地减少内存消耗。

1）可以使用 ViewStub 标签，ViewStub 是一个宽高为 0 的不可见的 View，通过延迟加载布局的方式优化布局。首先在布局文件使用它：

```
<?xml version="1.0" encoding="utf-8"?>
<LinearLayout xmlns:android="http://schemas.android.com/apk/res/android"
    xmlns:tools="http://schemas.android.com/tools"
    android:id="@+id/activity_main"
    android:layout_width="match_parent"
    android:layout_height="match_parent"
    android:orientation="vertical"
    tools:context="com.example.pingred.MainActivity">

    <Button
        android:layout_width="match_parent"
        android:layout_height="wrap_content"
        android:text="button1" />
    <Button
        android:layout_width="match_parent"
        android:layout_height="wrap_content"
        android:text="button2"/>

    <ViewStub
        android:id="@+id/vs"
        android:layout="@layout/my_view_stub"
        android:layout_width="wrap_content"
        android:layout_height="wrap_content" />

</LinearLayout>
```

然后定义好 my_view_stub.xml 文件：

```
<?xml version="1.0" encoding="utf-8"?>
<LinearLayout xmlns:android="http://schemas.android.com/apk/res/android"
    android:layout_width="match_parent"
    android:layout_height="match_parent"
    android:orientation="vertical">

    <TextView
        android:id="@+id/text"
        android:layout_centerInParent="true"
        android:layout_width="match_parent"
        android:layout_height="wrap_content"
        android:text="text"/>

</LinearLayout>
```

最后在 Activity 中使用即可：

```
viewStub.inflate();
```

使用之后的效果如图 11.1 所示。

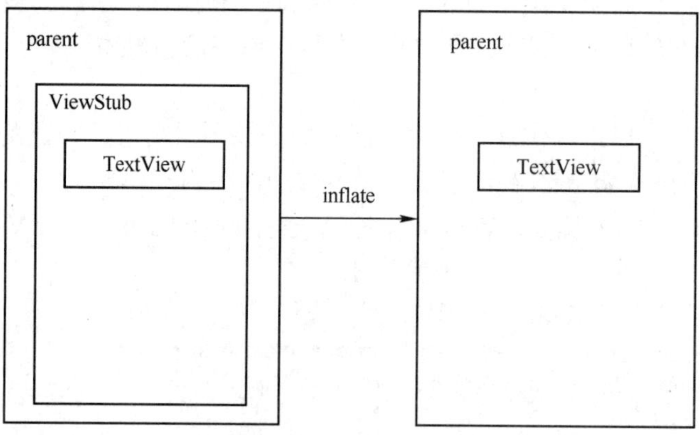

图 11.1　ViewStub 效果

2）可以使用 inlude 标签：

```
<include layout="@layout/my_activity"/>
```

这样可以方便复用，减少代码量以及解耦。

3）可以使用 merge 标签，它可以作为 View 的根标签使用，具有合并的意思，如图 11.2 所示。

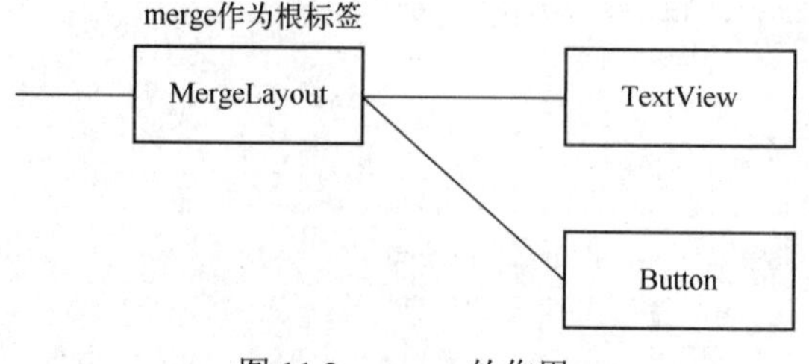

图 11.2　merge 的作用

merge 并不是一个 ViewGroup，也不是一个 View，它相当于声明了一些视图，等待被添加。自定义 View 如果继承 LinearLayout，建议让自定义 View 的布局文件根节点设置成 merge，这样能少一层结点。如果 Activity 的布局文件根节点是 FrameLayout，可以替换为 merge 标签，这样，执行 setContentView 之后，会减少一层 FrameLayout 节点。

4）多使用约束布局，尤其是复杂的界面，也是能减少布局层级的。

11.1.2　绘制优化

在使用 App 的时候，可能会遇到卡顿的情况，原因之一可能是渲染性能不好。因为各种动画和高质量图片，都使得界面越来越复杂化，尤其是酷炫的界面交互起来就需要好的性能才能保持流畅。

Android 系统每隔 16 ms 就会发出 VSYNC 信号，通知 UI 进行渲染，如果渲染成功则画面流畅，渲染失败就会导致在这 16 ms 的时间段里延误一会儿，这样在视觉就会出现卡顿的感觉。

渲染成功如图 11.3 所示。

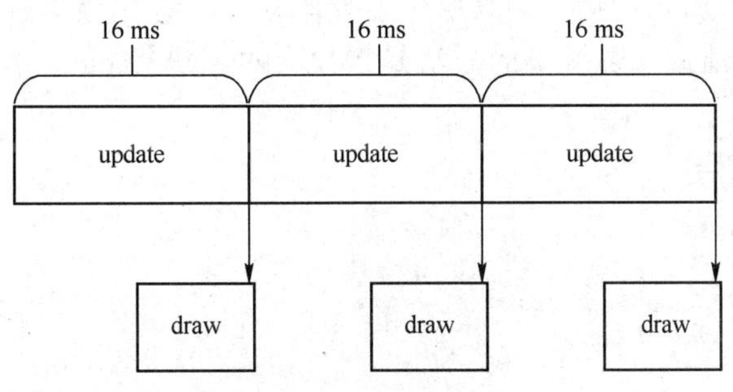

图 11.3　渲染原理

渲染失败则出现卡顿现象，如图 11.4 所示。

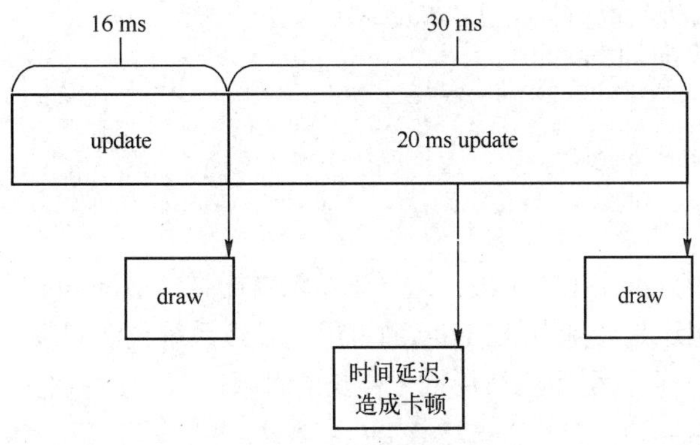

图 11.4　卡顿原理

由此可见，可以通过在 onDraw()方法里进行改进：

1）onDraw()里不要做耗时操作，例如大量循环会占 CPU 内存，导致 View 绘制不流畅；

2）也不要在 onDraw()方法里创建新的局部对象，否则大量的临时对象会造成系统频繁 GC，降低执行效率。

11.1.3 内存优化

内存优化其实是为了解决内存泄漏的问题，内存泄露是指不再被程序使用对象无法被回收，这些对象会一直占着内存，如图 11.5 所示。

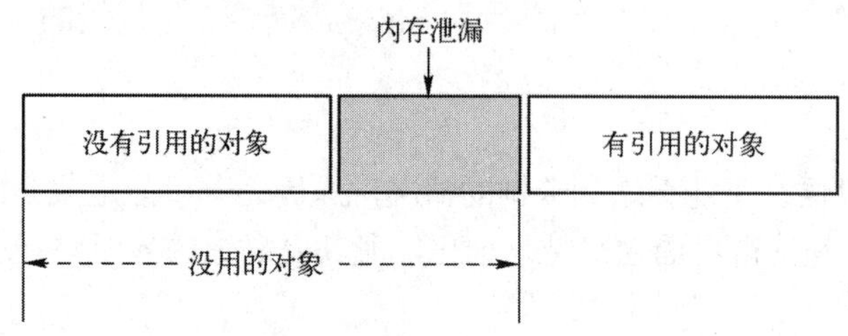

图 11.5 内存泄露原理

通常集合、单例模式、非静态内部类以及一些资源未能及时关闭都会容易造成内存泄漏。

1）集合类对象添加元素后，仍然引用着元素对象，这样该集合的元素对象就无法被回收，也就出现内存泄漏。要解决的方法是把集合对象进行 clear 清空，然后把它的引用也给释放掉。

2）首先看以下代码：

```
public class Pingred {

    private static Pingred mPingred;
    private Context mContext;

    private Pingred(Context context){
        this.mContext = context;
    }

    public static Pingred newInstance(Context context){
        if(mPingred == null){
            mPingred = new Pingred(context);
        }
        return mPingred;
    }
}
```

假设把 Activity 的 context 传进去，这样该单例就会持有 Activity 的引用，所以即使销毁了 Activity，这个单例还是会持有 Activity 的引用，导致系统无法回收，也就出现内存泄漏。所以要解决这种情况，可以引用生命周期一样长的对象：

```
public class Pingred {

    private static Pingred mPingred;
    private Context mContext;

    private Pingred(Context context){
        this.mContext = context.getApplicationContext();
    }
```

```
        public static Pingred newInstance(Context context){
            if(mPingred == null){
                mPingred = new Pingred(context);
            }
            return mPingred;
        }
    }
```

通过把 Application 修改为 context 后，Activity 销毁也就没问题了。

3）非静态内部类会持有外部类的引用，也会出现第 2 种情况，因为非静态内部类的生命周期可能比外部类的生命周期要长，这样当外部类销毁时，非静态内部类也一直持有外部类的引用，导致不能回收而内存泄漏。所以根据实际情况去把非静态内部类变成静态，这样也就不会再持有外部类的引用，保持两者独立。

4）记得及时关闭资源，例如文件流、广播、服务以及一些观察者模式的框架 EventBus 等。

11.1.4　包优化

对项目中的包进行瘦身：

1）尽量使用 xml 文件写 Drawable；

2）重用资源；

3）压缩图片；

4）使用矢量图形；

5）将一些功能模块放在服务器上按需下载。

11.1.5　Bitmap 优化

Bitmap 优化其实就是对 Bitmap 进行压缩，可对图片质量进行压缩，也可对图片的尺寸进行压缩。

以下代码便是对图片质量进行压缩：

```
    public Bitmap cpImage(Bitmap bitmap){
        ByteArrayOutputStream baos = new ByteArrayOutputStream();
        //100 表示不压缩，把压缩后的数据存储到 ByteArrayOutputStream 中
        bitmap.compress(Bitmap.CompressFormat.JPEG, 100, baos);
        int options = 100;
        //判断压缩后的图片是否大于 50 Kb，大于则继续压缩
        while ( baos.toByteArray().length / 1024>50) {
            //清空 baos
            baos.reset();
            bitmap.compress(Bitmap.CompressFormat.JPEG, options, baos);
            //这里设置每次都减少 10
            options -= 10;
        }
        //压缩后的数据存储到 ByteArrayInputStream 中
        ByteArrayInputStream isBm = new ByteArrayInputStream(baos.toByteArray());
        //最后把 ByteArrayInputStream 数据生成图片
        Bitmap newBitmap = BitmapFactory.decodeStream(isBm, null, null);
        return newBitmap;
```

```
    }
```

代码很好理解，对图片尺寸的压缩也不是很复杂，感兴趣的读者可以自行搜索琢磨。

11.2 跨进程通信

11.2.1 进程与线程

进程是系统进行资源分配和调度的基本单位，是计算机中的程序关于某数据集合上的一次运行活动，一个进程至少包含一个线程。而线程是独立运行和调度的基本单位。进程跟线程的区别是进程有自己独立的内存资源，以及进程内的所有线程共享内存资源。

使用多进程模式后，如果一个进程出现了卡死状态，也不会导致其他的进程也卡死，这样也就不会出现因主进程卡死后导致 App 闪退的现象。不仅如此，进入多进程模式后，还可以减小 App 被系统回收的概率，因为当一个进程申请的内存过大时，当系统内存不足时会优先回收申请内存比较大的 App。

开启多进程模式很简单，直接在 AndroidManifest.xml 文件上添加 android：process，代码如下：

```
android:process="com.pingred.myprocess"

//或者以下写法，默认包名加名称
android:process=":myprocess"
```

11.2.2 Android 的 IPC

Android 的跨进程方式有很多种，AIDL、ContentProvider、Messagener、Bundle 和文件共享等。其中 AIDL 最常用，下面来讲解一下 AIDL 这种方式。

1）首先要创建.aidl 的文件，让 AndroidStudio 自动在 IPC 的服务端和客户端创建一个接口：

```
interface IPingredManager {
    void addPingred(in Pingred pingred);
    List<Pingred> getAllPingreds();
}
```

然后在 AndroidStudio 里进行 Build 操作，会自动生成一个对应的 Binder 接口文件 IPingredManager。

2）然后编写服务端代码：

```
public class PingredManagerService extends Service {

    @Nullable
    @Override
    public IBinder onBind(Intent intent) {
        return iPingredManager.asBinder();
    }

    private CopyOnWriteArrayList<Pingred> pingredList = new CopyOnWriteArrayList<>();
```

```
    IPingredManager iPingredManager = new IPingredManager.Stub(){

        @Override
        public void addPingred(Pingred pingred) throws RemoteException {
            pingredList.add(pingred);
        }

        @Override
        public List<Pingred> getAllPingreds() throws RemoteException {
            return pingredList;
        }
    };
}
```

可以看到，创建了一个自定义 Service 类去继承 Service，在实例化之前自动编译出 Binder 接口对象，最后在 onBind()方法中返回 Binder 对象。

3）编写好服务端后编写客户端，绑定服务端，然后获取返回的 Binder 对象：

```
public class MainActivity extends AppCompatActivity {

    @Override
    protected void onCreate(Bundle savedInstanceState) {
        super.onCreate(savedInstanceState);
        setContentView(R.layout.activity_main);
        Intent intent = new Intent();
        intent.setClass(this,PingredManagerService.class);
        bindService(intent,serviceConnection,BIND_AUTO_CREATE);
    }

    private void addPingred() {
        try {
            pingredManager.addPingred(new Pingred());
            int pingredCount = pingredManager.getAllPingreds().size();

            Log.d("MainActivity", "Pingred 的数量是 " + pingredCount);

            new Handler().postDelayed(new Runnable() {
                @Override
                public void run() {
                    addPingred();
                }
            },3000);
        } catch (RemoteException e) {
            e.printStackTrace();
        }
    }

    private IPingredManager pingredManager;

    private ServiceConnection serviceConnection = new ServiceConnection() {

        @Override
        public void onServiceConnected(ComponentName name, IBinder service) {
```

```
                pingredManager = IPingredManager.Stub.asInterface(service);
                addPingred();
            }

            @Override
            public void onServiceDisconnected(ComponentName name) {
            }
        };
    }
```

可以看到，上述代码创建了一个 ServiceConnenction 对象，然后在绑定服务的时候把它传进去，这样就能获取相应的Binder对象了，拿到Binder对象后就能使用pingredManager执行相应的操作了。

11.3 常见面试笔试真题

1）说一说你是怎么对布局进行优化的。

解答：

① 如果无嵌套布局下，对比使用 RelativeLayout，使用 LinearLayout 或者 ConstraintLayout 更好；

② 多使用<include>标签来提高布局复用性；

③ 使用 ViewStub 来延迟加载；

④ 在 onDraw()里不做耗时操作以及创建新的局部变量；

⑤ 多使用一些 GPU 分析工具来监测 UI 渲染情况。

2）怎样避免过度绘制？

解答：

① 清除布局中不需要的背景：

- 移除 Window 默认的背景 Background，直接在 theme 文件中设置：

```
<style name="AppTheme" parent="主题">
        <item name="android:windowBackground">@null</item>
</style>
```

- 移除控件中不需要的背景，如果子控件的背景颜色跟父布局一样，就不需要再给子控件添加背景；相反，如果子控件背景颜色是各种颜色的而且能覆盖父布局的，那么父布局的背景也不需设置。

② 减少布局层级：

- 使用嵌套少的布局，根据实际情况来衡量 RelativeLayout、LinearLayout 和 ConstraintLayout，从而选择使用哪种布局。
- 使用< include >标签，使用<include>标签来复用布局：

```
<LinearLayout

        xmlns:android="http://schemas.android.com/apk/res/android"
        android:layout_width="match_parent"
        android:layout_height="match_parent"
```

```
        android:orientation="vertical">

        <include layout="@layout/textview_include"/>
        <include layout="@layout/button_include"/>

    </LinearLayout>
```

代码看起来简洁而且又解耦，如果要修改其中的布局，直接去具体的布局修改即可，不用在总布局中修改。

- 多使用 lint 静态代码分析工具来优化层级结构。

③ 减少自定义 View 的过度绘制以及透明度的使用。

3）为什么进程之间需要通信？

解答：

进程是一个独立的资源分配单元，不同进程之间的资源是独立的，没有关联，不能在一个进程中直接访问另一个进程的资源。尽管如此，在日常开发中，还是需要它们之间可以进行以下交互：

① 数据传输：一个进程将它的数据传送给另一个进程；

② 资源共享：进程之间共享同样的资源（需要互斥和同步机制）；

③ 进程控制：有时需要某个进程控制另一个进程的执行，例如拦截进程的所有异常，并及时知道它的状态改变；

④ 通知事件：一个进程向另一个进程发送消息，通知它发生了某个事件。

因为 Android 系统的底层就是 Linux，所以 Android 的线程间也按照 Linux 系统的进程交互规则来进行通信，如图 11.6 所示。

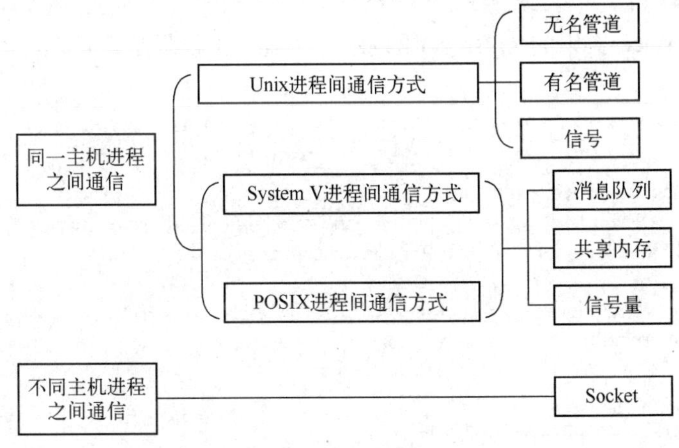

图 11.6　Linux 系统下的进程交互方式

4）在使用 AIDL 时需要注意什么？

解答：

① 创建好实体类，来传递 Parcelable 对象。

② 创建对应的.aidl 文件，服务端和客户端都要同时存在这两个文件，并且包名也要一样；

```
//IPingred.aidl

package com.pingred.aidltest;

parcelable Pingred;
```

5）能说一说 AIDL 接口是在哪个线程上调用的吗？

思路：

AIDL 接口有服务端、客户端、onServiceConnected()和 onServiceDisconnected()，所以分类来说明。

解答：

① 服务端的接口默认是运行在 Binder 池中，直接就可以执行耗时操作。

② 客户端在调用 Binder 对象的接口时是运行在 Binder 池中的，但是它会把当前线程挂起，所以如果使用的是 UI 线程则可能会出现 ANR。

③ onServiceConnected()和 onServiceDisconnected()运行在 UI 线程中，所以不要在这里执行耗时操作。

6）如何通过自定义权限来管理 App 注册服务，从而进行 IPC 的？

解答：

① 首先在 AndroidManifest.xml 文件中自定义一个 permission：

```
<permission
    android:name="com.pingred.aidltest.permission"
    android:protectionLevel="normal" />
```

② 之后在文件中申请这个自定义权限：

```
<uses-permission android:name="com.pingred.aidltest.permission" />
```

③ 最后在 Service 类中的 onBind()里判断这个自定义权限是否存在，不存在则直接返回空的 Binder 对象：

```
@Nullable
@Override
public IBinder onBind(Intent intent) {
    int checkPermission =checkSelfPermission("com.pingred.aidltest.permission");
    Log.d("MainActivity","此时权限是："+ checkPermission);

    if(checkPermission== PackageManager.PERMISSION_DENIED){
        return null;
    }

    return iBinderManager.asBinder();
}
```

第 12 章　Java 基础知识

12.1 基本概念

12.1.1　Java 语言有哪些优点?

SUN 公司对 Java 语言的描述如下："Java is a simple, object-oriented, distributed, interpreted, robust, secure, architecture neutral, portable, high-performance, multithreaded, and dynamic language"。具体而言，Java 语言具有以下几个方面的优点：

1）Java 为纯面向对象的语言（《Java 编程思想》提到 Java 语言是一种 "Everything is object" 的语言），它能够直接反映现实生活中的对象，例如火车、动物等，因此通过它，开发人员更容易编写程序。

2）平台无关性。Java 语言可以一次编译，到处运行。无论是在 Windows 平台还是在 Linux、macOS 等其他平台上对 Java 程序进行编译，编译后的程序在其他平台上都可以运行。由于 Java 是解释型语言，编译器会把 Java 代码变成 "中间代码"，然后在 JVM（Java Virtual Machine，Java 虚拟机）上被解释执行。由于中间代码与平台无关，所以，Java 语言可以很好地跨平台执行，具有很好的可移植性。

3）Java 提供了很多内置的类库，通过这些类库，简化了开发人员的编程工作，同时缩短了项目的开发时间。例如：提供了对多线程支持，提供了对网络通信的支持，最重要的一点是提供了垃圾回收器，把开发人员从对内存的管理中解脱出来。

4）提供了对 Web 应用开发的支持，例如 Applet、Servlet 和 JSP 可以用来开发 Web 应用程序。Socket、RMI 可以用来开发分布式应用程序的类库。

5）具有较好的安全性和健壮性。Java 语言经常被用在网络环境中，为了增强程序的安全性，Java 语言提供了一个防止恶意代码攻击的安全机制（数组边界检测和 byte code 校验等）。Java 的强类型机制、垃圾回收器、异常处理和安全检查机制使得使用 Java 语言编写的程序有很好的健壮性。

6）去除了 C++语言中难以理解、容易混淆的特性，例如头文件、指针、结构、单元、运算符重载、虚拟基础类、多重继承等，使得程序更加严谨、简洁。

12.1.2　Java 与 C/C++有何异同?

Java 与 C++都是面向对象语言，都使用了面向对象思想（例如封装、继承、多态等），由于面向对象有许多非常好的特性（继承、组合等），使得二者都有很好的可重用性。

但二者并非完全一样，下面主要介绍其不同点。

1）Java 为解释性语言，运行的过程为：源代码经过 Java 编译器编译成字节码，然后由 JVM 解释执行。而 C/C++为编译型语言，源代码经过编译和链接后生成可执行的二进制代码。

因此，Java 的执行速度比 C/C++慢，但是 Java 能够跨平台执行，而 C/C++不能。

2）Java 为纯面向对象语言，所有的代码（包括函数、变量等）必须在类中来实现，除基本数据类型（例如 int、float 等）以外，所有的类型都是类。此外，Java 语言中不存在全局变量或全局函数，而 C++兼具面向过程和面向过程编程的特点，可以定义全局变量和全局函数。

3）与 C/C++语言相比，Java 语言中没有指针的概念，有效防止了 C/C++语言中操作指针可能引起的系统问题，使得程序变得更加安全。

4）与 C++语言相比，Java 语言不支持多重继承，但是 Java 语言引入了接口的概念，可以同时实现多个接口，由于接口也具有多态的特性，因此在 Java 语言中可以通过实现多个接口来实现与 C++语言中多重继承类似的目的。

5）在 C++语言中，需要开发人员去管理对内存的分配（包括申请与释放），而 Java 语言提供了垃圾回收器来实现垃圾的自动回收，不需要程序显式地管理内存的分配。在 C++语言中，通常都会把释放资源的代码放到析构函数中，而 Java 语言中没有析构函数的概念，但是引入了一个 finalize()方法，当垃圾回收器将要释放无用对象的内存时，会首先调用该对象的 finalize()方法，因此开发人员不需要关心也不需要知道对象所占的内存空间在何时会被释放。

6）C++语言支持运算符重载，而 Java 语言不支持运算符重载。C++语言支持预处理，而 Java 语言没有预处理器，虽然不支持预处理功能（包括头文件、宏定义等），但它提供的 import 语句与 C++中的预处理器功能类似。C++支持默认函数参数，而 Java 不支持默认函数参数。C/C++支持 goto 语句，而 Java 不提供 goto 语句。C/C++支持自动强制类型转换，会导致程序的不安全，而 Java 不支持自动强制类型转换，必须由开发人员进行显式地强制类型转换。C/C++中，结构和联合的所有成员均为公有，这往往会导致安全性问题的发生，而 Java 根本就不包含结构和联合，所有的内容都封装在类里面。

7）Java 具有平台无关性，即对每种数据类型都分配固定长度，例如，int 类型总是占据 32 位的，而 C/C++却不然，同一个数据类型在不同的平台上会分配不同的字节数。

8）Java 提供对注释文档的内建支持，所以源码文件也可以包含它们自己的文档。通过一个单独的程序，这些文档信息可以提取出来，并重新格式化成 HTML。

9）Java 包含了一些标准库，用于完成特定的任务，同时这些库简单易用，能够大大缩短开发周期，例如 Java 提供给了用于访问数据库的 JDBC 库，用于实现分布式对象的 RMI 等标准库。C++则依靠一些非标准的、由其他厂商提供的库。

12.1.3 为什么需要 public static void main(String[] args)这个方法?

public static void main(String[] args)为 Java 程序的入口方法，JVM 在运行程序的时候，会首先查找 main 方法。其中，public 是权限修饰符，表明任何类或对象都可以访问这个方法，static 表明 main 方法是一个静态方法，即方法中的代码是存储在静态存储区的，只要类被加载后，就可以使用该方法而不需要通过实例化对象来访问，可以直接通过类名.main()直接访问，JVM 在启动的时候就是按照上述方法的签名（必须有 public 与 static 修饰，返回值为 void，且方法的参数为字符串数组）来查找方法的入口地址，如果能找到就执行，找不到则会报错。void 表明方法没有返回值，main 是 JVM 识别的特殊方法名，是程序的入口方法。字符串数组参数 args 为开发人员在命令行状态下与程序交互提供了一种手段。

因为 main 为程序的入口方法，因此当程序运行的时候，第一个执行的方法就是 main 方法。通常来讲，要执行一个类的方法，首先必须实例化一个类的对象，然后通过对象来调用这个方法。但是由于 main 是程序的入口方法，此时还没有实例化对象，因此在编写 main 方法的时候就要求不需要实例化对象就可以调用这个函数，因此 main 方法需要被定义成 public 与 static。下例给出了在调用 main 方法时传递参数的方法。

```
public class Test{
    public static void main(String[] args){
        for(int i=0;i<args.length;i++){
            System.out.println(args[i]);
        }
    }
}
```

在控制台命令下，使用 javac Test.java 指令编译程序，使用 java Test arg1 arg2 arg3 指令运行程序，程序输出结果如下所示。

```
arg1
arg2
arg3
```

引申：

1）main 方法是否还有其他可用的定义格式？

① 由于 public 与 static 没有先后顺序关系，由此下面的定义也是合理的：

```
static public void main(String[] args)
```

② 也可以把 main 方法定义为 final：

```
public static final void main(String[] args)
```

③ 也可以用 synchronized 来修饰 main 方法：

```
static public synchronized void main(String[] args)
```

不管哪种定义方式，都必须保证 main 方法的返回值为 void，有 static 与 public 关键字修饰。同时由于 main 方法为程序的入口方法，因此不能用 abstract 关键字来修饰。

2）同一个.java 文件中是否可以有多个 main 方法？

虽然每个类中都可以定义 main 方法，但是只有与文件名相同的用 public 修饰的类中的 main 方法才能作为整个程序的入口方法。如下例所示。

```
Test.java:
class T{
    public static void main(String[] args) {
        System.out.println("T main");
    }
}

public class Test {
    // 程序入口函数
    public static void main(String[] args) {
        System.out.println("Test main");
    }
}
```

程序运行结果为：

```
Test main
```

12.1.4 如何实现在 main 函数执行前输出“Hello world”？

众所周知，在 Java 语言中，main 方法是程序的入口方法，在程序运行的时候，最先加载的就是 main 方法，但这是否意味着 main 方法就是程序运行的时候第一个被执行的模块呢？

答案是否定的。在 Java 语言中，由于静态块在类被加载的时候就会被调用，所以可以在 main 方法执行前，利用静态块实现输出“Hello World”的功能。以如下代码为例。

```
public class Test
{
    static
    {
        System.out.println("Hello World1");
    }
    public static void main(String args[])
    {
        System.out.println("Hello World2");
    }
}
```

程序输出结果为：

```
Hello World1
Hello World2
```

由于静态初始化域不管顺序如何，都会在 main 方法执行之前执行，所以，以下程序会有同样的输出结果。

```
public class Test
{
    public static void main(String args[])
    {
        System.out.println("Hello World2");
    }
    static
    {
        System.out.println("Hello World1");
    }
}
```

12.1.5 Java 程序初始化的顺序是怎样的？

在 Java 语言中，当实例化对象时，对象所在类的所有成员变量首先要进行初始化，只有当所有类成员完成初始化后，才会调用对象所在类的构造函数创建对象。

Java 程序的初始化一般遵循以下 3 个原则（优先级依次递减）：①静态对象（变量）优先于非静态对象初始化，其中，静态对象（变量）只初始化一次，而非静态对象（变量）可能会初始化多次。②父类优先于子类进行初始化。③按照成员变量定义顺序进行初始化。即使变量定义散布于方法定义之中，它们依然在任何方法（包括构造方法）被调用之前先进行初始化。

Java 程序的初始化工作可以在许多不同的代码块中来完成（例如：静态代码块、构造函数等），它们执行的顺序为：父类静态变量→父类静态代码块→子类静态变量→子类静态代码→父类非静态变量→父类非静态代码块→父类构造函数→子类非静态变量→子类非静态代码块→子类构造函数。下面给出一个不同模块初始化时执行顺序的一个例子。

```
class Base{
    static
    {
        System.out.println("Base static block");
    }
    {
        System.out.println("Base    block");
    }

    public Base()
    {
        System.out.println("Base    constructor");
    }
}

public class Derived extends Base
{
    static
    {
        System.out.println("Derived static block");
    }
    {
        System.out.println("Derived    block");
    }

    public Derived()
    {
        System.out.println("Derived    constructor");
    }
    public static void main(String args[])
    {
        new Derived();
    }
}
```

程序运行结果为：

```
Base static block
Derived static block
Base    block
Base    constructor
Derived    block
Derived    constructor
```

这里需要注意的是，（静态）非静态成员域在定义时初始化和（静态）非静态块中初始化的优先级是平级的，也就是说按照从上到下初始化，最后一次初始化为最终的值（不包括非静态的成员域在构造器中初始化）。所以在（静态）非静态块中初始化的域甚至能在该域声明的上方，因为分配存储空间在初始化之前就完成了。

如下例所示：

```
public class testStatic
{
    static {a=2;}
    static int a =1;
    static int b = 3;
    static{ b=4;}
    public static void main(String[] args)
    {
      System.out.println(a);
      System.out.println(b);
    }
}
```

程序运行结果为：

```
1
4
```

12.1.6 Java 中作用域有哪些？

在计算机程序中，声明在不同地方的变量具有不同的作用域，例如：局部变量、全局变量等。在 Java 语言中，作用域是由花括号的位置决定的，它决定了其定义的变量名的可见性与生命周期。

在 Java 语言中，变量的类型主要有 3 种：成员变量、静态变量和局部变量。类的成员变量的作用范围与类实例化对象的作用范围相同，当类被实例化的时候，成员变量就会在内存中分配空间并初始化，直到这个被实例化对象的生命周期结束时，成员变量的生命周期才结束。被 static 修饰的成员变量被称为静态变量或全局变量，与成员变量不同的是静态变量不依赖于特定的实例，而是被所有实例所共享，也就是说只要一个类被加载，JVM 就会给类的静态变量分配存储空间。因此，就可以通过类名和变量名来访问静态变量。局部变量的作用范围与可见性为它所在的花括号内。

此外，成员变量也有 4 种作用域，它们的区别如表 12.1 所示。

表 12.1　作用域的对比

作用域/可见性	当前类	同一 package	子类	其他 package
public	√	√	√	√
private	√	×	×	×
protected	√	√	√	×
default	√	√	×	×

public：表明该成员变量或方法对所有类或对象都是可见的，所有类或对象都可以直接访问。

private：表明该成员变量或方法为私有的，只有当前类对其有访问权限，除此之外其他类或者对象都没有访问权限。

protected：表明成员变量或方法对该类自身，与它在同一个包中的其他类，在其他包中的该类的子类都可见。

default：只有自己和与其位于同一包内的类可见。如果父类与子类位于同一个包内，则子类对父类的 default 成员变量或方法都有访问权限，但是如果父类与子类位于不同的 package（包）内，则没有访问权限。

需要注意的是这些修饰符只能修饰成员变量，不能用来修饰局部变量。private 与 protected 不能用来修饰外部类（只有 public、abstract 或 final 能用来修饰外部类），但它们可以用来修饰内部类。

12.1.7　一个 Java 文件中是否可以定义多个类?

一个 Java 文件可以定义多个类，但是最多只能有一个类被 public 修饰，并且这个类的类名与文件名必须相同，若这个文件中没有 public 的类，则文件名随便是一个类的名字即可。需要注意的是，当用 javac 指令编译这个.java 文件的时候，它会给每一个类生成一个对应的.class 文件。如下例定义 Derived.java 为：

```
class Base
{
        public void print()
        {
                System.out.println("Base");
        }
}

public class Derived    extends Base
{
        public static void main(String[] a)
        {
                Base c = new Derived();
                c.print();
        }
}
```

使用 javac Derived.java 指令编译上述代码，会生成两个字节码文件：Base.class 与 Derived.class，然后使用 java Derived 指令执行，会输出：Base。

12.1.8　什么是构造方法?

构造方法是一种特殊的方法，用来在对象实例化时初始化对象的成员变量。在 Java 语言中，构造方法具有以下特点。

1）构造方法必须与类的名字相同，并且不能有返回值（返回值也不能为 void）。

2）每个类可以有多个构造方法。当开发人员没有提供构造方法的时候，编译器在把源代码编译成字节码的过程中会提供一个没有参数默认的构造方法，但该构造方法不会执行任何代码。如果开发人员提供了构造方法，那么编译器就不会再创建默认的构方法数了。

3）构造方法可以有 0 个、1 个或 1 个以上的参数。

4）构造方法总是伴随着 new 操作一起调用，不能由程序的编写者直接调用，必须要由系统调用。构造方法在对象实例化的时候会被自动调用，且只运行一次，而普通的方法是在程序执行到它的时候被调用的，可以被该对象调用多次。

5）构造方法的主要作用是完成对象的初始化工作。

6）构造方法不能被继承，因此就不能被重写（Override），但是构造方法能够被重载，可以使用不同的参数个数或参数类型来定义多个构造方法。

7）子类可以通过 super 关键字来显式地调用父类的构造方法，当父类没有提供无参数的构造方法时，子类的构造方法中必须显示地调用父类的构造方法，如果父类中提供了无参数的构造方法，此时子类的构造方法就可以不显式地调用父类的构造方法，在这种情况下编译器会默认调用父类的无参数的构造方法。当有父类时，在实例化对象时会首先执行父类的构造方法，然后才执行子类的构造方法。

8）当父类和子类都没有定义构造方法的时候，编译器会为父类生成一个默认的无参数的构造方法，给子类也生成一个默认的无参数的构造方法。此外，默认构造器的修饰符只跟当前类的修饰符有关（例如：如果一个类被定义为 public，那么它的构造方法也是 public）。

引申：普通方法是否可以与构造方法有相同的方法名？

答案：可以。如下例所示：

```
public class Test
{
        public Test()
        {
                System.out.println("construct");
        }
        public void Test()
        {
                System.out.println("call Test");
        }
        public static void main(String[] args)
        {
                Test a = new Test(); //调用构造函数
                a.Test();   //调用 Test 方法
        }
}
```

程序运行结果为：

```
construct
call Test
```

常见面试笔试题：

1）下列关于构造方法的叙述中，错误的是（　　）。

A：Java 语言规定构造方法名与类名必须相同

B：Java 语言规定构造方法没有返回值，但不用 void 声明

C：Java 语言规定构造方法不可以重载

D：Java 语言规定构造方法只能通过 new 自动调用

答案：C。Java 可以定义多个构造方法，只要不同的构造方法有不同的参数即可。

2）下列说法正确的有（　　）。

A：class 中的 constructor 不可省略

B：constructor 必须与 class 同名，但方法不能与 class 同名

C：constructor 在一个对象被 new 时执行

D：一个 class 只能定义一个 constructor

答案：C。见本节讲解。

12.1.9 为什么 Java 中有些接口没有声明任何方法？

由于 Java 不支持多重继承，即一个类只能有一个父类，为了克服单继承的缺点，Java 语言引入了接口这一概念。接口是抽象方法定义的集合（接口中也可以定义一些常量值），是一种特殊的抽象类。接口中只包含方法的定义，没有方法的实现（Java 8 引入了接口的默认方法与静态方法，也就是说从 Java 8 开始，接口也可以包含行为，而不仅仅包含方法的定义）。接口中成员的作用域修饰符都是 public，接口中的常量值默认使用 public static final 修饰。由于一个类可以实现多个接口，因此通常可以采用实现多个接口的方式来间接地达到多重继承的目的。

在 Java 语言中，有些接口内部没有声明任何方法，也就是说实现这些接口的类不需要重写任何方法，这些没有任何方法声明的接口又被称为标识接口，标识接口对实现它的类没有任何语义上的要求，它仅仅充当一个标识的作用，用来表明实现它的类属于一个特定的类型。这个标签类似于汽车的标志图标，每当人们看到一个汽车的标志图标时，就能知道这款汽车的品牌。Java 类库中已存在的标识接口有 Cloneable 和 Serializable 等。在使用的时候会经常用 instanceof 来判断实例对象的类型是否实现了一个给定的标识接口。

下面通过一个例子来详细说明标识接口的作用。例如要开发一款游戏，游戏里面有一个人物角色专门负责出去寻找有用的材料，假设这个人物只收集矿石和武器，而不会收集垃圾，下例通过标识接口来实现这个功能。

```
import java.util.ArrayList;

interface Stuff{}
//矿石
interface Ore extends Stuff{}
//武器
interface Weapon extends Stuff{}
//垃圾
interface Rubbish extends Stuff{}

//金矿
class Gold implements Ore
{
        public String toString()
        {
                return "Gold";
        }
}
//铜矿
class Copper implements Ore
{
        public String toString()
        {
                return "Copper";
        }
}
```

```
//枪
class Gun implements Weapon
{
    public String toString()
    {
        return "Gun";
    }
}
//榴弹
class Grenade implements Weapon
{
    public String toString()
    {
        return "Grenade";
    }
}

class Stone implements Rubbish
{
    public String toString()
    {
        return "Stone";
    }
}

public class Test
{
    public static ArrayList<Stuff> collectStuff(Stuff[] s)
    {
        ArrayList<Stuff> al=new ArrayList<Stuff>();
        for(int i=0;i<s.length;i++)
        {
            if(!(s[i] instanceof Rubbish))
                al.add(s[i]);
        }
        return al;
    }
    public static void main(String[] args)
    {
        Stuff[] s={new Gold(),new Copper(),new Gun(),new Grenade(),new Stone()};
        ArrayList<Stuff> al=collectStuff(s);
        System.out.println("The usefull Stuff collected is:");
        for(int i=0;i<al.size();i++)
            System.out.println(al.get(i));
    }
}
```

程序运行结果为：

```
The usefull Stuff collected is:
Gold
Copper
Gun
Grenade
```

在上例中，设计了 3 个接口：Ore、Weapon 和 Rubbish 分别代表矿石、武器和垃圾，只要是实现 Ore 或 Weapon 的类，游戏中的角色都会认为这是有用的材料，例如：Gold、Copper、Gun、Grenade，因此会收集，只要是实现 Rubbish 的类，都会被认为是无用的东西，例如 Stone，因此不会被收集。

12.1.10　Java 中 clone 方法有什么作用?

由于指针的存在不仅会给开发人员带来不便，同时也是造成程序不稳定的根源，为了消除 C/C++语言的这些缺点，Java 语言取消了指针的概念，但这只是在 Java 语言中没有明确提供指针的概念与用法，而实质上每个 new 语句返回的都是一个指针的引用，只不过在大部分情况下开发人员不需要关心如何去操作这个指针而已。

由于 Java 取消了指针的概念，所以开发人员在编程中往往忽略了对象和引用的区别。如下例所示：

```
class Obj
{
	public void setStr(String str) {
		this.str = str;
	}
	private String str = "default value";
	public String toString(){
		return str;
	}
}
public class TestRef
{
	private Obj aObj = new Obj();
	private int aInt = 0;
	public Obj getAObj()
	{
		return aObj;
	}
	public int getAInt()
	{
		return aInt;
	}
	public void changeObj(Obj inObj)
	{
		inObj.setStr( "changed value");
	}
	public void changeInt(int inInt)
	{
		inInt = 1;
	}
	public static void main(String[] args)
	{
		TestRef oRef = new TestRef();

		System.out.println("*******************引用类型*******************");
		System.out.println("调用 changeObj()前: " + oRef.getAObj());
		oRef.changeObj(oRef.getAObj());
		System.out.println("调用  changeObj()后: " + oRef.getAObj());
```

```
                System.out.println("******************基本数据类型******************");
                System.out.println("调用 changeInt()前: " + oRef.getAInt());
                oRef.changeInt(oRef.getAInt());
                System.out.println("调用 changeInt()后: " + oRef.getAInt());
        }
}
```

上述代码的输出结果为：

```
******************引用类型******************
调用 changeObj()前: default value
调用 changeObj()后: changed value
******************基本数据类型******************
调用 changeInt()前: 0
调用 changeInt()后: 0
```

上面两个看着类似的方法却有着不同的运行结果，主要原因是 Java 在处理基本数据类型（例如 int、char、double 等）的时候，都是采用按值传递（传递的是输入参数的复制）的方式，除此之外的其他类型都是按引用传递（传递的是对象的一个引用）的方式执行。对象除了在函数调用的时候是引用传递，在使用“=”赋值的时候也采用引用传递，示例代码如下：

```
class Obj
{
        private int aInt=0;

        public int getAInt()
        {
                return aInt;
        }
        public void setAInt(int int1)
        {
                aInt = int1;
        }
        public void changeInt()
        {
                this.aInt=1;
        }
}
public class TestRef
{

        public static void main(String[] args)
        {
                Obj a=new Obj();
                Obj b=a;
                b.changeInt();
                System.out.println("a:"+a.getAInt());
                System.out.println("b:"+b.getAInt());
        }
}
```

上述代码的运行结果为：

```
a:1
b:1
```

在实际的编程中，经常会遇到从某个已有的对象 A 创建出另外一个与 A 具有相同状态的对象 B，并且对 B 的修改不会影响到 A 的状态，例如在 Prototype（原型）模式中，就需要 clone 一个对象实例。在 Java 语言中，仅仅通过简单的赋值操作显然无法达到这个目的，而 Java 提供了一个简单且有效的 clone 方法能够满足这个需求。

Java 中所有的类默认都继承自 Object 类，而 Object 类中提供了一个 clone 方法。这个方法的作用是返回一个 Object 对象的复制。这个复制函数返回的是一个新的对象而不是一个引用。那么怎样使用这个方法呢？以下是使用 clone 方法的步骤。

1）实现 clone 的类首先需要继承 Cloneable 接口。Cloneable 接口实质上是一个标识接口，没有任何接口方法。

2）在类中重写 Object 类中的 clone 方法。

3）在 clone 方法中调用 super.clone()。无论 clone 类的继承结构是什么，super.clone()都会直接或间接调用 java.lang.Object 类的 clone()方法。

4）把浅拷贝的引用指向原型对象新的克隆体。

对上面的例子引入 clone 方法如下：

```
class Obj implements Cloneable
{
	private int aInt=0;
	public int getAInt()
	{
		return aInt;
	}
	public void setAInt(int int1)
	{
		aInt = int1;
	}
	public void changeInt()
	{
		this.aInt=1;
	}
	public Object clone()
	{
		Object o=null;
		try
		{
			o = (Obj)super.clone();
		} catch (CloneNotSupportedException e) {
			e.printStackTrace();
		}
		return o;
	}
}
public class TestRef
{
	public static void main(String[] args)
	{
		Obj a=new Obj();
		Obj b=(Obj)a.clone();
		b.changeInt();
		System.out.println("a:"+a.getAInt());
```

```
            System.out.println("b:"+b.getAInt());
        }
    }
```

程序运行结果为：

```
a:0
b:1
```

在 C++语言中，当开发人员自定义复制构造函数的时候，会存在浅拷贝与深拷贝之分。Java 在重载 clone 方法的时候也存在同样的问题，当类中只有一些基本的数据类型的时候，采用上述方法就可以了，但是当类中包含了一些对象的时候，就需要用到深拷贝了，实现方法是对对象调用 clone 方法完成复制后，接着对对象中的非基本类型的属性也调用 clone 方法完成深拷贝。如下例所示：

```
import java.util.Date;

class Obj implements Cloneable
{
    private Date birth=new Date() ;

    public Date getBirth()
    {
        return birth;
    }
    public void setBirth(Date birth)
    {
        this.birth = birth;
    }
    public void changeDate()
    {
        this.birth.setMonth(4);
    }
    public Object clone()
    {
        Obj o=null;
        try
        {
            o = (Obj)super.clone();
        } catch (CloneNotSupportedException e)
        {
            e.printStackTrace();
        }
      //实现深复制
        o.birth=(Date)this.getBirth().clone();
        return o;
    }
}
public class TestRef
{
    public static void main(String[] args)
    {
        Obj a=new Obj();
        Obj b=(Obj)a.clone();
        b.changeDate();
```

```
                System.out.println("a="+a.getBirth());
                System.out.println("b="+b.getBirth());
        }
}
```

运行结果为：

```
a=Sat Jul 13 23:58:56 CST 2013
b=Mon May 13 23:58:56 CST 2013
```

那么在编程的时候如何选择使用哪种复制方式呢？首先，检查类有无非基本类型（即对象）的数据成员。如果没有，则返回 super.clone() 即可，如果有，确保类中包含的所有非基本类型的成员变量都实现了深拷贝。

```
Object o = super.clone(); // 先执行浅拷贝
//对于每一个对象 attr
o. attr = this.getAttr().clone();
//最后返回 o
```

引申：

1）浅拷贝和深拷贝的区别是什么？

浅拷贝（Shallow Clone）：被复制对象的所有变量都含有与原来对象相同的值，而所有的对其他对象的引用仍然指向原来的对象。换言之，浅复制仅仅复制所考虑的对象，而不复制它所引用的对象。

深拷贝（Deep Clone）：被复制对象的所有变量都含有与原来对象相同的值，除去那些引用其他对象的变量。那些引用其他对象的变量将指向被复制的新对象，而不再是原有的那些被引用的对象。换言之，深复制把复制的对象所引用的对象都复制了一遍。

假如定义如下一个类：

```
class Test
{
        public int i;
        public StringBuffer s;
}
```

图 12.1 给出了对这个类的对象进行复制时，浅拷贝与深拷贝的区别。

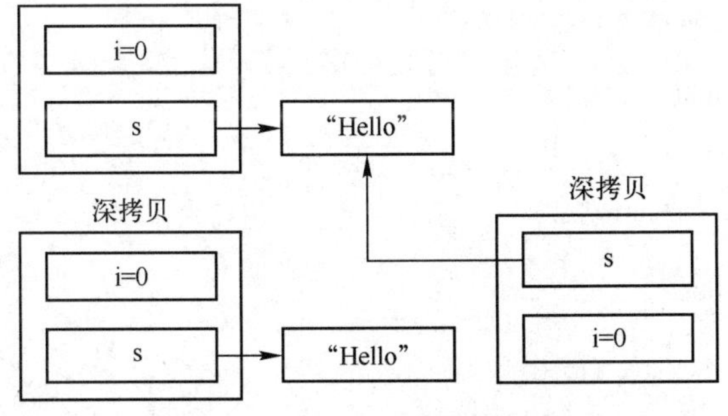

图 12.1　深拷贝与浅拷贝的区别

2）clone()方法的保护机制在 Object 中 clone()是被声明为 protected 的。以 User 类为例，通过声明为 protected，就可以保证只有 User 类里面才能“克隆”User 对象，原理可以参考前面关于 public、protected、private 的讲解。

12.1.11 反射

在 Java 语言中，反射机制是指对于处在运行状态中的类，都能够获取到这个类的所有属性和方法。对于任意一个对象，都能够调用它的任意一个方法以及访问它的属性；这种通过动态获取类或对象的属性以及方法从而完成调用功能被称为 Java 语言的反射机制。它主要实现了以下功能：

- 获取类的访问修饰符、方法、属性以及父类信息。
- 在运行时根据类的名字创建对象。可以在运行时调用任意一个对象的方法。
- 在运行时判断一个对象属于哪个类。
- 生成动态代理。

在反射机制中 Class 是一个非常重要的类，在 Java 语言中获取 Class 对象主要有如下几种方法：

1）通过 className.class 来获取：

```
class A
{
    static  { System.out.println("static block"); }
    { System.out.println("dynamic block"); }
}

class Test
{
    public static void main(String[] args)
    {
        Class<?> c=A.class;
        System.out.println("className:"+c.getName());
    }
}
```

程序的运行结果为：

```
className:A
```

2）通过 Class.forName()来获取：

```
public static void main(String[] args)
{
    Class<?> c=null;
    try
    {
        c=Class.forName("A");
    }
    catch(Exception e)
    {
        e.printStackTrace();
    }
    System.out.println("className:"+c.getName());
}
```

程序的运行结果为：

```
static block
```

```
className:A
```

3）通过 Object.getClass()来获取：

```
public static void main(String[] args)
{
        Class<?> c=new A().getClass();;
        System.out.println("className:"+c.getName());
}
```

程序的运行结果为：

```
static block
dynamic block
className:A
```

从上面的例子可知，虽然这 3 种方式都可以够获得 Class 对象，但是它们还是有区别的，区别如下所示：

- 方法一不执行静态块和动态构造块；
- 方法二只执行静态块，而不执行动态构造块；
- 方法三因为需要创建对象，所以会执行静态块和动态构造块。

Class 类提供了非常多的方法，下面给出 3 类常用的方法：

（1）获取类的构造方法

构造方法的封装类为 Constructor，Class 类中有如下 4 个方法来获得 Constructor 对象：

1）public Constructor<?>[] getConstructors()：返回类的所有的 public 构造方法；

2）public Constructor<T> getConstructor(Class<?>…parameterTypes)：返回指定的 public 构造方法；

3）public Constructor<?>[] getDeclaredConstructors()：返回类的所有的构造方法；

4）public Constructor<T> getDeclaredConstructor(Class<?>…parameterTypes)：返回指定的构造方法。

（2）获取类的成员变量的方法

成员变量的封装类为 Field 类，Class 类提供了以下 4 个方法来获取 Field 对象：

1）public Field[] getFields()：获取类的所有 public 成员变量；

2）public Field getField(String name)：获取指定的 public 成员变量；

3）public Field[] getDeclaredFields()：获取类的所有的成员变量；

4）public Field getDeclaredField(String name)：获取任意访问权限的指定名字的成员。

（3）获取类的方法

1）public Method[] getMethods()；

2）public Method getMethod(String name,Class<?>…parameterTypes) public Method[]；

3）getDeclaredMethods()：获取所有的方法；

4）public Method getDeclaredMethod(String name,Class<?>…parameterTypes)。

使用示例如下所示：

```
import java.lang.reflect.*;

public class Test
{
```

```
    protected Test()    { System.out.println("Protected constructor"); }
    public Test(String name) { System.out.println("Public constructor"); }

    public void f() { System.out.println("f()");        }

    public void g(int i){ System.out.println("g(): " + i);    }

    /* 内部类 */
    class Inner { }

    public static void main(String[] args) throws Exception
    {
        Class<?> clazz = Class.forName("Test");

        Constructor<?>[] constructors = clazz.getDeclaredConstructors();
        System.out.println("Test 类的构造方法: ");
        for (Constructor<?> c : constructors)
        {
            System.out.println(c);
        }

        Method[] methods = clazz.getMethods();
        System.out.println("Test 的全部 public 方法: ");
        for (Method md : methods)
        {
            System.out.println(md);
        }

        Class<?>[] inners = clazz.getDeclaredClasses();
        System.out.println("Test 类的内部类为: ");
        for (Class<?> c : inners)
        {
            System.out.println(c);
        }
    }
}
```

程序的运行结果为：

Test 类的构造方法：

```
protected Test()
public Test(java.lang.String)
```

Test 的全部 public 方法：

```
public static void Test.main(java.lang.String[]) throws java.lang.Exception
public void Test.f()
public void Test.g(int)
public final void java.lang.Object.wait() throws java.lang.InterruptedException
public final void java.lang.Object.wait(long,int) throws java.lang.InterruptedException
public final native void java.lang.Object.wait(long) throws java.lang.InterruptedException
public boolean java.lang.Object.equals(java.lang.Object)
public java.lang.String java.lang.Object.toString()
public native int java.lang.Object.hashCode()
public final native java.lang.Class java.lang.Object.getClass()
public final native void java.lang.Object.notify()
```

```
public final native void java.lang.Object.notifyAll()
```

Test 类的内部类为：

```
class Test$Inner
```

引申：有如下代码：

```
class ReadOnlyClass
{
    private  Integer age = 20;
    public Integer getAge() { return age; }
}
```

现给定一个 ReadOnlyClass 的对象 roc，能否把这个对象的 age 值改成 30？

答案：从正常编程的角度出发分析，会发现在本题中，age 属性被修饰为 private，而且这个类只提供了获取 age 的 public 的方法，而没有提供修改 age 的方法，因此，这个类是一个只读的类，无法修改 age 的值。但是 Java 语言还有一个非常强大的特性：反射机制，所以，本题中可以通过反射机制来修改 age 的值。

在运行状态中，对于任意一个类，都能够知道这个类的所有属性和方法；对于任意一个对象，都能够调用它的任意一个方法和属性；这种动态获取对象的信息以及动态调用对象的方法的功能称为 Java 语言的反射机制。Java 反射机制允许程序在运行时加载、探知、使用编译期间完全未知的 class。换句话说，Java 可以加载一个运行时才得知名称的 class，并获得其完整结构。

在 Java 语言中，任何一个类都可以得到对应的 Class 实例，通过 Class 实例就可以获取类或对象的所有信息，包括属性（Field 对象）、方法（Method 对象）或构造方法（Constructor 对象）。对于本题而言，在获取到 ReadOnlyClass 类的 class 实例以后，就可以通过反射机制获取到 age 属性对应的 Field 对象，然后可以通过这个对象来修改 age 的值，实现代码如下所示：

```
import java.lang.reflect.Field;
class ReadOnlyClass
{
    private Integer age = 20;
    public Integer getAge()
    {
        return age;
    }
}
public class Test
{
    public static void main(String[] args) throws Exception
    {
        ReadOnlyClass pt = new ReadOnlyClass();
        Class<?> clazz = ReadOnlyClass.class;
        Field field = clazz.getDeclaredField("age");
        field.setAccessible(true);
        field.set(pt, 30);
        System.out.println(pt.getAge());
    }
}
```

程序的运行结果为：

```
30
```

12.1.12 package 有什么作用?

package 中文意思是包，它是一个比较抽象的逻辑概念，它的宗旨是把.java 文件（Java 源文件）、.class 文件（编译后的文件）以及其他 resource 文件（例如.xml 文件、.avi 文件、.mp3 文件、.txt 文件等）有条理地进行组织，以供使用。它类似于 Linux 文件系统，有一个根，然后从根开始有目录和文件，然后目录中嵌套有目录。

具体而言，package 主要有两个作用：第一，提供多层命令空间，解决命名冲突，通过使用 package，使得处于不同 package 中的类可以存在相同的名字：第二，对类按功能进行分类，使项目的组织更加清晰。当开发一个有非常多的类的项目时，如果不使用 package 对类进行分类，而是把所有的类都放在一个 package 下，这样的代码不仅可读性差，而且可维护性也不好，会严重影响开发效率。

package 的用法一般如下（源文件所在目录为当前目录）：

1）在每个源文件的开头加上"package packagename;"，然后源文件所在目录下创建一新目录，名称为 packagename。

2）用 javac 指令编译每个 sourcename.java 源文件，将生成的 sourcename.classname 文件复制到 packagename 目录。

3）用 java 指令运行程序：java packagename.sourcename。

以下是一个简单的程序示例。

```
package com.pkg;
public class TestPackage
{
        public static void main(String[] args)
        {
                System.out.println("Hello world");
        }
}
```

通过运行指令 javac -d.TestPackage.java 编译代码，会在当前目录下自动生成目录 com/pkg，然后通过运行指令 java com.pkg.TestPackage 执行程序，程序运行结果为：

```
Hello world
```

12.1.13 Java 如何实现类似于 C 语言中函数指针的功能?

在 C 语言中，有一个非常重要的概念：函数指针，其最重要的功能是实现回调函数。什么是回调函数呢？所谓回调函数，就是指函数先在某处注册，而它将在稍后某个需要的时候被调用。在 Windows 系统中，开发人员想让系统 DLL（Dynamic Link Library，动态链接库）调用自己编写的一个方法，于是利用 DLL 当中回调函数的接口来编写程序，通过传递一个函数的指针来被调用，这个过程就称为回调。回调函数一般用于截获消息、获取系统信息或处理异步事件。举一个简单例子，程序员 A 写了一段程序 a，其中预留有回调函数接口，并封装好了该程序。程序员 B 要让 a 调用自己的程序 b 中的一个方法，于是，他通过 a 中的接口回调属于自己的程序 b 中的方法。

函数指针一般作为函数的参数来使用，开发人员在使用的时候可以根据自己的需求传递自定义的函数来实现指定的功能。例如：在实现排序算法的时候，可以通过传递一个函数指针来决定两个数的先后顺序，从而最终决定该算法是按升序还是降序排列。

由于在 Java 语言中没有指针的概念，那么如何才能实现类似于函数指针的功能呢？可以利用接口与类来实现同样的效果。具体而言，首先定义一个接口，然后在接口中声明要调用的方法，接着实现这个接口，最后把这个实现类的一个对象作为参数传递给调用程序，调用程序通过这个参数来调用指定的方法，从而实现回调函数的功能。如下例所示：

```
//接口中定义了一个用来比较大小的方法
interface IntCompare
{
        public int cmp(int a,int b);
}

class Cmp1 implements IntCompare
{
        public int cmp(int a, int b) {
                if(a>b)
                        return 1;
                else if (a<b)
                        return -1;
                else
                        return 0;
        }
}

class Cmp2 implements IntCompare
{
        public int cmp(int a, int b)
        {
                if(a>b)
                        return -1;
                else if (a<b)
                        return 1;
                else
                        return 0;
        }
}

public class Test
{
        public static void insertSort(int[] a, IntCompare cmp)
        {
                if (a != null)
                {
                        for (int i = 1; i < a.length; i++)
                        {
                                int temp = a[i], j = i;
                                if (cmp.cmp(a[j - 1], temp) == 1)
                                {
                                        while (j >= 1 && cmp.cmp(a[j - 1], temp) == 1)
                                        {
                                                a[j] = a[j - 1];
                                                j--;
```

```
                        }
                    }
                    a[j] = temp;
                }
            }
        }

        public static void main(String[] args)
        {
            int[] array1={7,3,19,40,4,7,1};
            insertSort(array1,new Cmp1());
            System.out.print("升序排列：");
            for(int i=0;i<array1.length;i++)
                System.out.print(array1[i]+" ");
            System.out.println();

            int[] array2={7,3,19,40,4,7,1};
            insertSort(array2,new Cmp2());
            System.out.print("降序排列：");
            for(int i=0;i<array2.length;i++)
                System.out.print(array2[i]+" ");
        }
    }
```

程序运行结果为：

```
升序排列：1 3 4 7 7 19 40
降序排列：40 19 7 7 4 3 1
```

在上例中，定义了一个用来比较大小的接口 IntCompare，这个接口实际上充当了 C 语言中函数指针的功能，在使用的时候，开发人员可以根据实际需求传入自定义的类。在上例中分别有两个类 Cmp1 和 Cmp2 都实现了这个接口，分别用来在实现升序排序和降序排序的时候使用。其实这也是策略设计模式所用到的思想。

12.1.14 本地变量类型推断

JDK 10 引入了一个新的关键字 var，它可以用来声明局部变量（方法内定义的变量），也就是说可以用 var 替换具体的类型信息。例如：

```
String s = "Hello";
```

在 Java 10 中可以使用下面的写法：

```
var s = "Hello";
```

下面将重点介绍 var 关键字的特性以及使用方法

1）类型推断

编译器可以根据具体赋的值推断出它的正确类型。在上面的代码中，编译器可以推断出变量 s 的类型为 String。

与 Javascript 中的 var 关键字不同的是，Java 中 var 声明的变量是静态类型。也就是说，一旦给使用 var 声明的变量赋值后，后面只能给这个变量赋相同类型的值。例如，在上面的代码中声明了 s 后，编译器就确定了 s 的类型为 String（编译器会把 var s = "Hello"替换为 String s = “Hello”)，接下来再执行赋值的时候 s=”hello” 是正确的写法，而 s=1 就是错误的写法。由此可见使用 var 声明的变量还可以保证编译时的安全性。示例代码如下：

```
public class Test
{
        public static void main(String[] args)
        {
                var s = "Hello James";
                var name = s.substring(6);   //编译器会把 s 识别为 String 类型，因此可以调用 String 的方法
                System.out.println(name);
                s = "Hello world";
                System.out.println(s);
                //s = 1;                          //编译错误，编译器会把 var s 替换为 String s，把 int 类型的值赋给 String 类型的变量是不允许的
        }
}
```

程序运行结果为：

```
James
Hello world
```

var 关键字也可以与 final 一起使用来表示变为不可修改，例如：

```
final var s = “Hello”;
s = “hello”; // Cannot assign a value to final variable ‘s’
```

2）继承特性

在使用 var 时，多态仍然有效。也就是说 var 类型的子类型可以像平常一样赋值给超类型的 var 类型，如下所示：

```
var str = "Hello";
var obj = new Object();
obj = str;
str = obj;   //编译错误，无法把 Object 转成 String
```

3）var 在集合中的使用

Java 的集合中大量地使用了泛型，那么当 var 与泛型一起使用的时候是如何进行类型推断的呢，下面将通过一个示例来说明：

```
1. var list = List.of(5);
2. int i = list.get(0);
3. String s = list.get(0);          //编译错误

3. var list2 = new ArrayList<>();
4. list2.add(10);
5. int a = list2.get(0);            //编译错误
6. int b = (int) list2.get(0);      //需要进行转换，获得 int

7. var list3 = new ArrayList<Integer>();
8. list3.add(10);
9. int c = list3.get(0);
```

在上面的代码中，第 1 行代码创建了一个 List 的对象 list，这个 list 中只包含一个元素，元素的值是 5，编译器可以根据 5 来推断出 list 中存储的元素是 Integer，因此，第 2 行代码从

list 中把元素取出来赋值给 int 类型的变量是正确的写法。而第 3 行代码会有编译错误，因为试图将 Integer 类型的值赋值给 String 类型的变量是不允许的。

对于第 3 行代码，在创建 list2 的时候，由于没有指定具体的类型，编译器会认为 list2 中存储的是 Object 对象。这就导致第 5 行代码会有编译错误，因为无法将 Object 对象赋值给 int 类型的变量。如果要完成赋值就需要显式地转换类型（第 6 行的写法就是正确的）。

对于第 7 行的代码，在创建 list3 的时候已经指定 List 中元素的类型是 Integer，因此第 9 行代码的写法是正确的。

4）其他用法

上面介绍了 var 在一些特殊场景中的使用方法。其实 var 可以在 for 循环、foreach、三元表达式以及 stream 等场景中使用，示例代码如下：

```
import java.io.Serializable;
import java.util.*;

public class Test
{
    public static void main(String[] args)
    {
        for (var x = 1; x <= 5; x++)
        {
            var a = x*x;
            System.out.print(a+" ");
        }
        System.out.println();

        var list = Arrays.asList(1, 2, 3, 4, 5);
        for (var item : list)
        {
            var m = item * item;
            System.out.print(m+" ");
        }
        System.out.println();

        var list1 = List.of(1, 2, 3, 4, 5);
        var stream = list1.stream();
        stream.filter(x -> x % 2 == 1).forEach(System.out::println);

        var x1 = 1 > 0 ? 10 : "Less than zero";
        var x2 = 1 < 0 ? 10 : "Less than zero";
        System.out.println(x1.getClass());
        System.out.println(x2.getClass());

        Serializable x3 = 1 > 0 ? 10 : "Less than zero";
        System.out.println(x3.getClass());
    }
}
```

程序运行结果为：

```
1 4 9 16 25
1 4 9 16 25
1
```

```
3
5
class java.lang.Integer
class java.lang.String
class java.lang.Integer
```

5）优点

var 关键字的引入能减少样板变量类型定义并提高代码可读性。例如，对于下面的代码：

```
Map<String,List<Integer>> map=new HashMap<>();
```

在使用 var 关键字后可以修改为：

```
var map = new HashMap<String,List<Integer>>();
```

6）局限性

当然，在 JDK10 中使用 var 还有一些限制：

- 只能用于局部变量上；
- 声明时必须初始化；
- 不能用作方法参数；
- 不能在 Lambda 表达式中使用。

下面通过几个示例来说明不能使用 var 的场景。

1）使用 var 声明的变量必须要进行初始化。例如下面的代码，如果不对 a 进行初始化，编译器就无法推断出变量 a 的类型。

```
var a;  //编译错误，无法推断 a 的类型
public void f(var args) {}       //这里的 args 也没有初始化，因此也无法推断它的类型
var g(){ … return result; }      //无法推断返回值的类型
```

2）不能给 var 变量赋值为 null，因为编译器无法通过 null 来确定变量的类型（任何类的对象都可以赋值为 null）。

```
var a = null;   //编译错误
```

3）不允许在复合声明中使用。例如，下面的代码有编译错误：

```
var a=1,b=2;
```

4）不能对 Lambda 表达式使用局部变量类型推断，因为它们需要显式的目标类型。例如，下面的代码有编译错误：

```
var c = ()->System.out.println("Hello world"); //编译错误：lambda expression needs an explicit target-type
```

5）不能在 catch 中使用 var。

```
try
{
        Thread.sleep(1);
}catch (var e) {}   //编译错误
```

6）不能类的属性中使用 var。

```
class Student
{
        private var age; //编译错误
}
```

7）与数组的使用。当 var 与数组一起使用的时候，var 和[]不能同时出现在等号的左边，例如下面的写法都是错误的：

```
var arr[] = new int[]{1, 2, 3};
var arr1 = {1, 2, 3};
var arr2[] = {1, 2, 3};
```

但是下面的写法就是正确的：

```
var arr = new int[]{1, 2, 3};
```

从 Java 11 开始，Lambda 表达式的参数也允许使用 var 关键字，例如：

```
import java.util.Arrays;

public class Test
{
    public static void main(String[] args)
    {
        var   arr= new int[]{1, 2, 3, 4, 5};

        int[] subset = Arrays.stream(arr).filter((var a) -> a <3).toArray();
        for (int i = 0; i < subset.length; i++)
        {
            System.out.println(subset[i]);   //输出 1 2
        }
    }
}
```

12.1.15 常见面试笔试真题

1）Java 语言是从（　　）语言改进重新设计。

A：Ada　　B：C++　　C：Pascal　　D：BASIC

答案：B。Ada 语言是美国军方为了整合不同语言开发的系统而发明的一种语言，其最大的特点是实时性，在 Ada95 中已加入面向对象内容。Pascal 语言是为提倡结构化编程而发明的语言。BASIC 语言为了让大学生简单容易控制计算机开发的语言，特点是简单易懂，且可以用解释和编译两种方法执行。C++是一种静态数据类型检查的、支持多重编程范式的通用程序设计语言，它支持过程化程序设计、数据抽象、面向对象程序设计、泛型程序设计等多种程序设计风格。Java 语言是一种面向对象语言，从语法结构上看和 C++类似。

2）下列说法错误的有（　　）。

A：Java 面向对象语言允许单独的过程与函数存在

B：Java 面向对象语言允许单独的方法存在

C：Java 语言中的方法属于类中的成员（member）

D：Java 语言中的方法必定隶属于某一类（对象），调用方法与过程或函数相同

答案：A、B、C。

3）Java 程序中程序运行入口方法 main 的签名正确的有（　　）。

A：public static void main(String[] args)

B：public static final void main(String[] args)

C：static public void main(String[] args)

D：static public synchronized void main(String[] args)

E：static public abstract void main(String[] args)

答案：A、B、C、D。

4）下面的代码运行的结果是（　　）。

```
class B extends Object
{
        static
        {
                System.out.println("Load B1");
        }
        public B()
        {
            System.out.println("Create B");
        }
        static
        {
            System.out.println("Load B2");
        }
}

class A extends B
{
        static
        {
            System.out.println("Load A");
        }
        public A()
        {
            System.out.println("Create A");
        }
}

public class Testclass
{
        public static void main(String[] args)
        {
                new A();
        }
}
```

A：Load B1 Load B2　　Create B　　Load A　　Create A

B：Load B1 Load B2　　Load A　　Create B　　Create A

C：Load B2 Load B1　　Create B　　Create A　　Load A

D：Create B　　Create A　　Load B1 Load B2　　Load A

答案为 B。

5）下列说法是正确的（　　）。

A：实例方法可直接调用超类的实例方法

B：实例方法可直接调用超类的类方法

C：实例方法可直接调用其他类的实例方法

D：实例方法可直接调用本类的类方法

答案：D。当超类的实例方法或类方法为 private 的时候，是不能被子类调用的。同理，当其他类的实例方法为 private 的时候，也不能被直接调用。

6）下列说法正确的是（　　）。

A：Java 中包的主要作用是实现跨平台功能

B：package 语句只能放在 import 语句后面

C：包（package）由一组类（class）和接口（interface）组成

D：可以用#include 关键字来表明来自其他包中的类

答案：C。

12.2 面向对象技术

12.2.1 面向对象与面向过程有什么区别?

面向对象中的对象不是指女朋友，它是一种编程术语。面向对象是当今软件开发方法的主流方法之一，它是把数据及对数据的操作方法放在一起，作为一个相互依存的整体，即对象。对同类对象抽象出其共性，即类，类中的大多数数据，只能被本类的方法进行处理。类通过一个简单的外部接口与外界发生关系，对象与对象之间通过消息进行通信。程序流程由用户在使用中决定。例如，站在抽象的角度，人类具有身高、体重、年龄、血型等一些特征，人类会劳动、人类都会直立行走、人类都会吃饭、人类都会用自己的头脑去创造工具等这些方法，人类仅仅只是一个抽象的概念，它是不存在的实体，但是所有具备人类这个群体的属性与方法的对象都叫人，这个对象人是实际存在的实体，每个人都是人这个群体的一个对象。

而面向过程是一种以事件为中心的开发方法，就是自顶向下顺序执行，逐步求精，其程序结构是按功能划分为若干个基本模块，这些模块形成一个树状结构，各模块之间的关系也比较简单，在功能上相对独立，每一模块内部一般都是由顺序、选择和循环 3 种基本结构组成，其模块化实现的具体方法是使用子程序，而程序流程在写程序时就已经决定。例如五子棋，面向过程的设计思路就是首先分析问题的步骤：第一步，开始游戏；第二步，黑子先走；第三步，绘制画面；第四步，判断输赢；第五步，轮到白子；第六步，绘制画面；第七步，判断输赢；第八步，返回第二步；第九步，输出最后结果。把上面每个步骤分别用函数来实现，就是一个面向过程的开发方法。

具体而言，二者主要有以下几个方面的不同之处。

（1）出发点不同

面向对象是用符合常规思维方式来处理客观世界的问题，强调把问题域的要领直接映射到对象及对象之间的接口上。而面向过程方法则不同，它强调的是过程的抽象化与模块化，它是以过程为中心构造或处理客观世界问题的。

（2）层次逻辑关系不同

面向对象方法则是用计算机逻辑来模拟客观世界中的物理存在，以对象的集合类作为处理问题的基本单位，尽可能地使计算机世界向客观世界靠拢，以使问题的处理更清晰直接，面向对象方法是用类的层次结构来体现类之间的继承和发展。而面向过程方法处理问题的基本单位是能清晰、准确地表达过程的模块，用模块的层次结构概括模块或模块间的关系与功能，把客观世界的问题抽象成计算机可以处理的过程。

（3）数据处理方式与控制程序方式不同

面向对象方法将数据与对应的代码封装成一个整体，原则上其他对象不能直接修改其数据，即对象的修改只能由自身的成员函数完成，控制程序方式上是通过“事件驱动”来激活和运行程序。而面向过程方法是直接通过程序来处理数据的，处理完毕后即可显示处理结果，在控制程序方式上是按照设计调用或返回程序，不能自由导航，各模块之间存在着控制与被控制、调用与被调用。

（4）分析设计与编码转换方式不同

面向对象方法贯穿软件生命周期的分析、设计及编码之间是一种平滑过程，从分析到设计再到编码是采用一致性的模型表示，即实现的是一种无缝连接。而面向过程方法强调分析、设计及编码之间按规则进行转换，贯穿软件生命周期的分析、设计及编码之间实现的是一种有缝的连接。

12.2.2　面向对象有哪些特征?

面向对象的主要特征有抽象、继承、封装、多态。

1）抽象：抽象就是忽略一个主题中与当前目标无关的方面，以便更充分地注意与当前目标有关的方面。抽象并不打算了解全部问题，而只是选择其中的一部分，暂时不用部分细节。抽象包括两个方面：一是过程抽象；二是数据抽象。

2）继承：继承是一种联结类的层次模型，并且允许和鼓励类的重用，它提供了一种明确表述共性的方法。对象的一个新类可以从现有的类中派生，这个过程称为类继承。新类继承了原始类的特性，新类称为原始类的派生类（子类），而原始类称为新类的基类（父类）。派生类可以从它的基类那里继承方法和实例变量，并且子类可以修改或增加新的方法使之更适合特殊的需要。

3）封装：封装是指将客观事物抽象成类，每个类对自身的数据和方法实行保护。类可以把自己的数据和方法只让可信的类或者对象操作，对不可信的进行信息隐藏。

4）多态：多态是指允许不同类的对象对同一消息做出响应。多态包括参数化多态和包含多态。多态性语言具有灵活、抽象、行为共享、代码共享的优势，很好地解决了应用程序函数同名的问题。

12.2.3　面向对象的开发方式有什么优点?

采用面向对象的开发方式有诸多的优点，下面主要介绍其中 3 个优点。

1）较高的开发效率。采用面向对象的开发方式，可以对现实的事物进行抽象，可以把现实的事物直接映射为开发的对象，与人类的思维过程相似。例如可以设计一个 Car 类来表示现实中的汽车，这种方式非常直观，也非常接近人们的正常思维。同时，由面向对象的开发方式可以通过继承或者组合的方式来实现代码的重用，因此可以大大地提高软件的开发效率。

2）保证软件的鲁棒性。正是由于面向对象的开发方法有很高的重用性，在开发的过程中可以重用已有的而且在相关领域经过长期测试的代码，所以，自然而然地对软件的鲁棒性起到了良好的促进作用。

3）保证软件的高可维护性。由于采用面向对象的开发方式，使得代码的可读性非常好，同时面向对象的设计模式也使得代码结构更加清晰明了。同时针对面向对象的开发方式，已有许多非常成熟的设计模式，这些设计模式可以使程序在面对需求的变更时，只需要修改部分的模块就可以满足需求。因此维护起来非常方便。

12.2.4 什么是继承?

继承是面向对象中的一个非常重要的特性。通过继承，子类可以使用父类中的一些成员变量与方法，从而能够提高代码的复用性，提高开发效率。在 Java 语言中，被继承的类叫超类（superclass）或父类，继承超类的类叫子类（subclass）。继承是通过 extends 关键字来实现的，使用格式为：class 子类名 extends 父类名。

关于继承，主要有如下几个特性：

1）Java 语言不支持多重继承，也就是说子类至多只能有一个父类。但是可以通过实现多个接口来达到多重继承的目的。

2）子类只能继承父类的非私有（public 与 protected）成员变量与方法。

3）当子类中定义的成员变量和父类中定义的成员变量同名时，子类中的成员变量会覆盖父类的成员变量，而不会继承。

4）当子类中的方法与父类中的方法用相同的方法签名（相同的方法名，相同的参数个数与类型）时，子类将会覆盖父类的方法，而不会继承。

12.2.5 组合与继承有什么区别?

组合和继承是面向对象中两种代码复用的方式。组合是指在新类里面创建原有类的对象，重复利用已有类的功能。继承是面向对象的主要特性之一，它允许设计人员根据其他类的实现来定义一个类的实现。组合和继承都允许在新的类中设置子对象（subobject），只是组合是显式的，而继承则是隐式的。组合和继承存在着对应关系：组合中的整体类和继承中的子类对应，组合中的局部类和继承中的父类对应。

二者的区别在哪里呢？首先分析一个实例。Car 表示汽车对象，Vehicle 表示交通工具对象，Tire 表示轮胎对象。三者的类关系如图 12.2 所示。

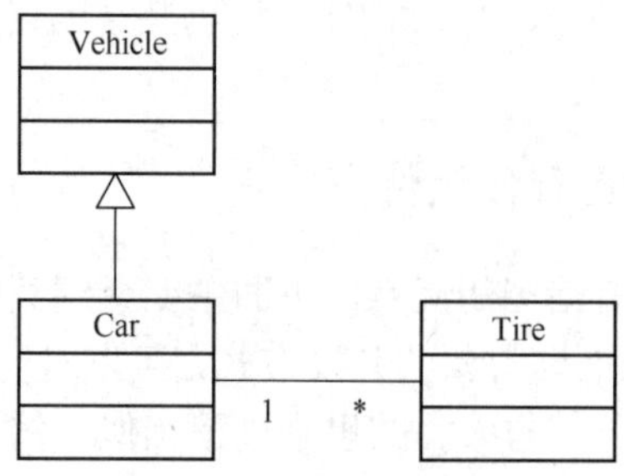

图 12.2 组合与继承对比

从图中可以看出，Car 是 Vehicle 的一种，因此是一种继承关系（又被称为 is-a 关系）；而 Car 包含了多个 Tire，因此是一种组合关系（又被称为 has-a 关系）。其实现方式如下：

<table>
<tr><th>继承</th><th>组合</th></tr>
<tr><td><pre>class Vehicle
{
}
class Car extends Vehicle
{

}</pre></td><td><pre>class Tire
{
}
class Car extends Vehicle
{
	private Tire t=new Tire();
}</pre></td></tr>
</table>

既然继承和组合都可以实现代码的重用，那么在实际使用的时候又该如何选择呢？

1）除非两个类之间是“is-a”的关系，否则不要轻易地使用继承，不要单纯地为了实现代码的重用而使用继承，因为过多地使用继承会破坏代码的可维护性，当父类被修改的时候，会影响到所有继承自它的子类，从而增加程序的维护难度与成本。

2）不要仅仅为了实现多态而使用继承，如果类之间没有“is-a”的关系。可以通过实现接口与组合的方式来达到相同的目的。设计模式中的策略模式可以很好地说明这一点，采用接口与组合的方式比采用继承的方式具有更好的可扩展性。

由于 Java 语言只支持单继承，如果想同时继承两个类或多个类，在 Java 中是无法直接实现的。同时，在 Java 语言中，如果继承使用太多，也会让一个 class 里面的内容变得臃肿不堪。所以，在 Java 语言中，能用组合的时候尽量不要使用继承。

12.2.6　多态的实现机制是什么?

多态是面向对象程序设计中代码重用的一个重要机制，它表示当同一个操作作用在不同的对象的时候，会有不同的语义，从而会产生不同的结果。例如：同样是“+”操作，3+4 用来实现整数相加，而“3”+“4”却实现了字符串的连接。在 Java 语言中，多态主要有以下两种表现方式。

1）重载（Overload）

重载是指同一个类中有多个同名的方法，但这些方法有着不同的参数，因此可以在编译的时候就可以确定到底调用哪个方法，它是一种编译时多态。重载可以被看作一个类中的方法多态性。

2）重写（Override）

子类可以重写父类的方法，因此同样的方法会在父类与子类中有着不同的表现形式。在 Java 语言中，基类的引用变量不仅可以指向基类的实例对象，也可以指向其子类的实例对象。同样，接口的引用变量也可以指向其实现类的实例对象。而程序调用的方法在运行期才动态绑定（绑定指的是将一个方法调用和一个方法主体连接到一起），就是引用变量所指向的具体实例对象的方法，也就是内存里正在运行的那个对象的方法，而不是引用变量的类型中定义的方法。通过这种动态绑定的方法实现了多态。由于只有在运行时才能确定调用哪个方法，因此通过方法重写实现的多态也可以被称为运行时多态。如下例所示：

```
class Base
{
	public Base()
	{
		g();
	}
```

```
        public void f()
        {
                System.out.println("Base f()");
        }
        public void g()
        {
                System.out.println("Base g()");
        }
}
class Derived extends Base
{
        public void f()
        {
                System.out.println("Derived f()");
        }
        public void g()
        {
                System.out.println("Derived g()");
        }
}

public class Test
{
        public static void main(String[] args)
        {
                Base b=new Derived();
                b.f();
                b.g();
        }
}
```

程序的输出结果为：

```
Derived g()
Derived f()
Derived g()
```

上例中，由于子类 Derived 的 f()方法和 g()方法与父类 Base 的方法同名，因此 Derived 的方法会覆盖 Base 的方法。在执行 Base b = new Derived()语句的时候，会调用 Base 类的构造函数，而在 Base 的构造函数中，执行了 g()方法，由于 Java 语言的多态特性，此时会调用子类 Derived 的 g()方法，而非父类 Base 的 g()方法，因此会输出 Derived g()。由于实际创建的是 Derived 类的对象，后面的方法调用都会调用子类 Derived 的方法。

此外，只有类中的方法才有多态的概念，类中成员变量没有多态的概念。如下例所示：

```
class Base
{
        public int i=1;
}
class Derived extends Base
{
        public int i=2;
}

public class Test
```

```
{
        public static void main(String[] args)
        {
                Base b=new Derived();
                System.out.println(b.i);
        }
}
```

程序输出结果为：

```
1
```

由此可见，成员变量是无法实现多态的，成员变量的值取父类还是子类并不取决于创建对象的类型，而是取决于定义的变量的类型。这是在编译期间确定的。在上例中，由于 b 所属的类型为 Base，b.i 指的是 Base 类中定义的 i，所以程序输出结果为 1。

12.2.7　Overload 和 Override 有什么区别?

Overload（重载）和 Override（覆盖）是 Java 多态性的不同表现。其中，Overload 是在一个类中多态性的一种表现，是指在一个类中定义了多个同名的方法，它们或有不同的参数个数或有不同的参数类型。在使用重载时，需要注意以下几点：

1）重载是通过不同的方法参数来区分的，例如：不同的参数个数、不同的参数类型或不同的参数顺序。

2）不能通过方法的访问权限、返回值类型和抛出的异常类型来进行重载。

3）对于继承来说，如果基类方法的访问权限为 private，那么就不能在派生类时对其重载，如果派生类也定义了一个同名的函数，这只是一个新的方法，不会达到重载的效果。

Override 是指派生类函数覆盖基类函数。覆盖一个方法并对其重写，以达到不同的作用。在使用覆盖时需要注意以下几点：

1）派生类中的覆盖的方法必须要和基类中被覆盖的方法有相同的方法名和参数。

2）派生类中的覆盖方法的返回值必须和基类中被覆盖方法的返回值相同。

3）派生类中的覆盖方法所抛出的异常必须和基类中被覆盖的方法所抛出的异常一致或是其子类。

4）基类中被覆盖的方法不能为 private，否则其子类只是定义了一个方法，并没有对其实现覆盖。

重载与覆盖的区别主要有以下几个方面的内容：

1）覆盖是子类和父类之间的关系，是垂直关系；重载是同一个类中方法之间的关系，是水平关系。

2）覆盖只能由一个方法或只能由一对方法产生关系；方法的重载是多个方法之间的关系。

3）覆盖要求参数列表相同；重载要求参数列表不同。

4）覆盖关系中，调用方法体是根据对象的类型（对象对应存储空间类型）来决定的；而重载关系是根据调用时的实参表与形参表来选择方法体的。

12.2.8　abstract class（抽象类）与 interface（接口）有何异同?

如果一个类中包含抽象方法，那么这个类就是抽象类。在 Java 语言中，可以通过把类或者类中的某些方法声明为 abstract（abstract 只能用来修饰类或者方法，不能用来修饰属性）来表示一个类是抽象类。只要包含一个抽象方法的类就必须被声明为抽象类，抽象类可以声明方法的存在而不去实现它，被声明为抽象的方法不能包含方法体。在实现时，必须包含相同的或者更低的访问级别（public->protected->private）。抽象类在使用的过程中不能被实例化，但是可以创建一个对象使其指向具体子类的一个实例。抽象类的子类为父类中所有的抽象方法提供具体的实现，否则它们也是抽象类。

接口就是指一个方法的集合，在 Java 语言中，接口是通过关键字 interface 来实现的。在 JDK8 之前，接口中既可以定义方法也可以定义变量，其中变量必须是 public、static 或 final，而方法必须是 public 或 abstract。由于这些修饰符都是默认的，所以在 JDK8 之前，下面的写法都是等价的。

```
interface I1
{
    public static final int id1 = 0;
    int id2 = 0;

    public abstract void f1();
    void f2() ;
}
```

从 JDK8 开始，通过使用关键字 default 可以给接口中的方法添加默认实现，此外，接口中还可以定义静态方法，示例代码如下所示：

```
interface Inter8{
    default void g() {
        System.out.println("this is default method in interface");
    }
    static void h(){
        System.out.println("this is static method in interface");
    }
}
```

那么，为什么要引入接口中方法的默认实现呢？

其实，这样做的最重要的一个目的就是为了实现接口升级。在原有的设计中，如果想要升级接口，例如给接口中添加一个新的方法，那么会导致所有实现这个接口的类都需要被修改，这给 Java 语言已有的一些框架进行升级带来了很大的麻烦。如果接口能支持默认方法的实现，那么可以给这些类库的升级带来许多便利。例如，为了支持 Lambda 表达式，Collection 中引入了 foreach 方法，可以通过这个语法增加默认的实现，从而降低了对这个接口进行升级的代价，不需要对所有实现这个接口的类进行修改。

在 JDK8 之前，实现接口的非抽象类必须要实现接口中的方法，在 JDK8 中引入接口中方法的默认实现后，实现接口的类也可以不实现接口中的方法，例如：

```
class A implements Inter8
{
    //接口中的方法已经有了默认的实现，因此，这里可以重写方法的实现，也可以使用默认的实现
}
```

接口中的静态方法只能通过接口名来调用，不可以通过实现类的类名或者实现类的对象来调用。而 default 方法则只能通过接口实现类的对象来调用。示例代码如下：

```
    public static void main(String[] args)
    {
        Inter8.h();
        new A().g();
    }
```

在 Java 中由于不支持多重继承，也就是说一个类只能继承一个父类，不能同时继承多个父类，但是一个类可以实现多个接口。因此经常通过实现多个接口的方式来实现多重继承的目的。那么如果多个接口中存在同名的 static 和 default 方法会有什么样的情况发生呢？静态方法并不会导致歧义的出现，因为静态方法只能通过接口名来调用；对于 default 方法来说，在这种情况下，这个类必须要重写接口中的这个方法。否则无法确定到底使用哪个接口中默认的实现。

从上面的介绍可以看出接口与抽象类有很多相似的地方，那么它们有哪些不同点呢？

（1）抽象类

1）抽象类只能被继承（用 extends），并且一个类只能继承一个抽象类。

2）抽象类强调所属关系，其设计理念为 is-a 关系。

3）抽象类更倾向于充当公共类的角色，不适用于日后重新对里面的代码进行修改。

4）除了抽象方法之外，抽象类还可以包含具体数据和具体方法（可以有方法的实现）。

5）抽象类不能被实例化，如果子类实现了所有的抽象方法，那么子类就可以被实例化了。如果子类只实现了部分抽象方法，那么子类还是抽象类，不能被实例化。

（2）接口

1）接口需要实现（用 implements），一个类可以实现多个接口，因此使用接口可以间接地实现多重继承的目的。

2）接口强调特定功能的实现，其设计理念是 has-a 关系。

3）接口被运用于实现比较常用的功能，便于日后维护或者添加删除方法。

4）接口不是类，而是对类的一组需求描述，这些类要遵从接口描述的统一格式进行定义。

5）接口中的所有方法都是 public 的，因此，在实现接口的类中，必须把方法声明成 public，因为类中默认的访问属性是不可见的，而不是 public，这就相当于在子类中降低了方法的可见性，会导致编译错误。

总之，接口是一种特殊形式的抽象类，使用接口完全有可能实现与抽象类相同的操作，但一般而言，抽象类多用于在同类事物中有无法具体描述的方法场景，所以当子类和父类之间存在有逻辑上的层次结构时，推荐使用抽象类，而接口多用于不同类之间，定义不同类之间的通信规则，所以当希望支持差别较大的两个或者更多对象之间的特定交互行为时，应该使用接口。

此外，接口可以继承接口，抽象类可以实现接口，也可以继承具体类还也可以有静态的 main 方法。

12.2.9　内部类有哪些?

在 Java 语言中，可以把一个类定义到另外一个类的内部，在类内部的这个类就叫作内部类，外面的类叫作外部类。在这种情况下，这个内部类可以被看成外部类的一个成员（与类的属性和方法类似）。还有一种类被称为顶层（top-level）类，指的是类定义代码不嵌套在其他类定义中的类。

需要注意的是，嵌套类（Nested Class）与内部类（Inner Class）类似，只是嵌套类是 C++ 的说法，而内部类则是 Java 的说法。内部类可以分为很多种，主要有以下 4 种：静态内部类（static inner class）、成员内部类（member inner class）、局部内部类（local inner class）和匿名内部类（anonymous inner class）。它们的定义方法如下：

```
class outerClass
{
    static class innerClass{}   //静态内部类
}
```

```
class outerClass
{
    class innerClass{}   //成员内部类（普通内部类）
}
```

```
class outerClass
{
    public void menberFunction()
    {
        class innerClass{}    //局部内部类
    }
}
```

```
public class MyFrame extends Frame
{   //外部类
    public MyFrame()
    {
        addWindowListener(new WindowAdapter()
        {   //匿名内部类
            public void windowClosing(WindowEvent e)
            {
                dispose();
                System.exit(0);
            }
        });
    }
}
```

静态内部类是指被声明为 static 的内部类，它可以不依赖于外部类实例而被实例化，而通常的内部类需要在外部类实例化后才能实例化。静态内部类不能与外部类有相同的名字，不能访问外部类的普通成员变量，只能访问外部类中的静态成员和静态方法（包括私有类型）。

一个静态内部类，若去掉“static”关键字，就成为成员内部类。成员内部类为非静态内部类，它可以自由地引用外部类的属性和方法，无论这些属性和方法是静态的还是非静态的。但是它与一个实例绑定在了一起，不可以定义静态的属性和方法。只有在外部的类被实例化后，这个内部类才能被实例化。需要注意的是：非静态内部类中不能有静态成员。

局部内部类指的是定义在一个代码块内的类，它的作用范围为其所在的代码块，是内部类中最少使用到的一种类型。局部内部类像局部变量一样，不能被 public、protected、private 以及 static 修饰，只能访问方法中定义为 final 类型的局部变量。对一个静态内部类，去掉其声明中的“static”关键字，将其定义移入其外部类的静态方法或静态初始化代码段中就成为局部静态内部类。对一个成员类，将其定义移入其外部类的实例方法或实例初始化代码中就成为局部内部类。局部静态内部类与静态内部类的基本特性相同。局部内部类与内部类的基本特性相同。

匿名内部类是一种没有类名的内部类，不使用关键字 class、extends、implements，没有构造函数，它必须继承（extends）其他类或实现其他接口。匿名内部类的优势是代码更加简洁、紧凑，但带来的问题是易读性下降。它一般应用于 GUI（Graphical User Interface，图形用户界面）编程中实现事件处理等。在使用匿名内部类时，需要牢记以下几个原则：

1）匿名内部类不能有构造函数。

2）匿名内部类不能定义静态成员、方法和类。

3）匿名内部类不能是 public、protected、private、static。

4）只能创建匿名内部类的一个实例。

5）一个匿名内部类一定是在 new 的后面，这个匿名类必须继承一个父类或实现一个接口。

6）因匿名内部类为局部内部类，所以局部内部类的所有限制都对其生效。

12.2.10　如何获取父类的类名?

Java 提供了获取类名的方法：getClass().getName()，开发人员可以调用这个方法来获取类名，代码如下（示例 1）：

```
public    class Test
{
        public void test()
        {
                System.out.println(this.getClass().getName());
        }
        public static void main(String[] args)
        {
                new Test().test();
        }
}
```

程序运行结果为：

```
Test
```

通过以上这个例子的运行结果是否可以得出一个结论，即通过调用父类的 getClass().getName()方法来获取父类的类名是可行的。为了解答这个问题，首先来做一个实验。给出下面的程序（示例 2）：

```
class A{}
public    class Test extends A
{
        public void test()
        {
                System.out.println(super.getClass().getName());
        }
        public static void main(String[] args)
        {
                new Test().test();
        }
}
```

程序运行结果为：

```
Test
```

为什么输出的结果不是“A”而是“Test”呢？主要原因在于 Java 语言中任何类都继承自 Object 类，getClass()方法在 Object 类中被定义为 final 与 native，子类不能覆盖该方法。因此 this.getClass()和 super.getClass()最终都调用的是 Object 中的 getClass()方法。而 Object 的 getClass()方法的释义是：返回此 Object 的运行时类。由于在示例 2 中实际运行的类是 Test 而不是 A，因此程序输出结果为 Test。那么如何才能在子类中得到父类的名字呢？可以通过 Java 的反射机制，使用 getClass().getSuperclass().getName()。代码如下（示例 3）：

```
class A{}
public    class Test extends A
{
        public void test()
        {
                System.out.println(this.getClass().getSuperclass().getName());
        }
        public static void main(String[] args)
        {
                new Test().test();
        }
}
```

程序运行结果为：

```
A
```

12.2.11　this 与 super 有什么区别?

在 Java 语言中，this 用来指向当前实例对象，它的一个非常重要的作用就是用来区分对象的成员变量与方法的形参（当一个方法的形参与成员变量有着相同名字的时候就会覆盖成员变量）。为了能对 this 有一个更好的认识，首先创建一个类 People，示例如下：

```
class People
{
        String name;
          //正确的写法
        public People(String name)
        {
                this.name=name;
        }
        //错误的写法
        public People(String name)
        {
                name=name;
        }
}
```

上例中，第一个构造方法使用 this.name 来表示左边的值为成员变量，而不是这个构造方法的参数。对于第二个构造方法，由于在这个方法中形参与成员变量有着相同的名字，因此对于语句 name=name，等号左边和右边的两个 name 都代表的是形式参数。在这种情况下只有通过 this 才能访问到成员变量。

super 可以用来访问父类的方法或成员变量。当子类的方法或成员变量与父类有相同名字的时候也会覆盖父类的方法或成员变量，要想访问父类的方法或成员变量只能通过 super 关键字来访问，如下例所示：

```
class Base
{
        public void f(){

                System.out.println("Base:f()");
        }
}
class Sub extends Base
{
        public void f()
        {
                System.out.println("Sub:f()");
        }
        public void subf()
        {
                f();
        }
        public void basef()
        {
                super.f();
        }
}

public class Test
{
        public static void main(String[] args)
        {
         Sub s=new Sub();
         s.subf();
         s.basef();
        }
}
```

程序运行结果为：

```
Sub:f()
Base:f()
```

12.2.12　常见面试笔试真题

1）下列有关继承的说法正确的是（　　）。

A：子类能继承父类的所有方法和状态　　B：子类能继承父类的非私有方法和状态

C：子类只能继承父类 public 方法和状态　D：子类能继承父类的方法，而不是状态

答案：B。

2）Java 中提供了哪两种用于多态的机制？

答案：编译时多态和运行时多态。编译时多态是通过方法重载实现的，运行时多态是通过方法重写（子类覆盖父类方法）实现的。

3）下面代码的运行结果是（　　）。

```
class A
{
    void f()
    {
        System.out.println("A.f() is called");
    }
}
class B extends A
{
    void f()
    {
        System.out.println("B.f() is called");
    }
    void g()
    {
        System.out.println("B.g() is called");
    }
}
public class Test {

    public static void main(String[] args) {
        A a=new B();
        a.g();
    }
}
```

A. B.g() is called　　　B. 编译错误　　　C. 运行时错误

答案 B。因为 A 中没有方法 g()。因此会有编译错误。

4）如下代码输出结果是（　　）。

```
class Super
{
    public int f()
    {
        return 1;
    }
}
public class SubClass extends Super
{
    public float f()
    {
        return 2f;
    }
    public static void main(String[] args)
    {
        Super s=new SubClass();
        System.out.println(s.f());
    }
}
```

答案：编译错误。因为方法不能以返回值来区分，虽然父类与子类中的方法有着不同的返回值，但是它们有着相同的函数签名，因此无法区分。

5）在接口中以下定义正确的是（　　）。

A：void methoda();　　B：public double methoda();　　C：public final double methoda();

D：static void methoda(double d1);　　E：protected void methoda(double d1);

F：int a;　　G：int b=1;

答案：A、B、G。从上面的分析可知，接口中的方法只能用关键字 public 和 abstract 来修饰，因此选项 C、E 都是错误的。被 static 修饰的方法必须有方法的实现，因此选项 D 是错误的，接口中的属性默认都为 public static final，由于属性被 final 修饰，因此它是常量，常量在定义的时候就必须初始化，因此 F 是错误的。

6）下列正确的说法有（　　）。

A：声明抽象方法，大括号可有可无

B：声明抽象方法不可写出大括号

C：抽象方法有方法体

D：abstract 可修饰属性、方法和类

答案：B。抽象方法不能有方法体，同理也就不能有大括号。abstract 只能用来修饰类与方法，不能用来修饰属性。

7）不能用来修饰外部 interface 的有（　　）。

A：private　　B：public　　C：protected　　D：static

答案：A、C、D。

8）定义如下一个外部类：

```
public class OuterClass
{
    private int d1 = 1;
    //编写内部类
}
```

需要在这个外部类中先定义一个内部类，下面定义正确的是（　　）。

A：class InnerClass{
public static int methoda() {return d1;}
}
	B：public class InnerClass{
	static int methoda() {return d1;}
	}

C：private class InnerClass{
int methoda() {return d1;}
}
	D：static class InnerClass{
	protected int methoda() {return d1;}
	}

E：abstract class InnerClass{
public abstract int methoda();
}	

答案：C、E。由于在非静态内部类中不能定义静态成员，因此 A 和 B 是错误的。由于静态内部类不能访问外部类的非静态成员，因此 D 也是错误的。

9）下面程序的运行结果是什么？

```
class Base
{
    public Base()
    {
```

```
                System.out.println("Base");
            }
        }
        class Sub extends Base
        {
            public Sub()
            {
                System.out.println("Sub");
                super();
            }
        }

        public class Test
        {
            public static void main(String[] args)
            {
             Base s=new Sub();
            }
        }
```

答案：编译错误。当子类构造方法需要显示调用父类构造方法的时候，super()必须为构造方法中的第一条语句。因此正确的写法应该是：

```
public Sub()
{
    super();
    System.out.println("Sub");
}
```

12.3 关键字

12.3.1 变量命名有哪些规则?

在 Java 语言中，变量名、函数名、数组名统称为标识符，Java 语言规定标识符只能由字母（a～z，A～Z）、数字（0～9）、下划线（_）和$组成，并且标识符的第一个字符必须是字母、下划线或$。此外，标识符也不能包含空白字符（换行符、空格和制表符）。

以下标识符都是非法的：

1）char：char 是 Java 语言的一个数据类型，是保留字，不能作为标识符，其他的如 int、float 等类似。

2）number of book：标识符中不能有空格。

3）3com：不能以数字开头。

4）a*b：*不能作为标识符的字符。

值得注意的是，在 Java 语言中，变量名是区分大小写的，例如 Count 与 count 被认为是两个不同的标识符。

12.3.2 break、continue 以及 return 的区别是什么?

break：直接强行跳出当前循环，不再执行剩余部分。当循环中遇到 break 语句时，忽略循环体中任何其他语句和循环条件测试，程序控制在循环后面语句重新开始。所以，当多层循环嵌套，break 语句出现在嵌套循环中的内层循环，它将仅仅只是终止了内层循环的执行，而不影响外层循环的执行。

continue：停止当次循环，回到循环起始处，进入下一次循环操作。continue 语句之后的语句将不再执行，用于跳过循环体中的一部分语句，也就是不执行这部分语句，而不是跳出整个循环执行下一条语句，这就是 continue 与 break 的主要区别。简单地说，continue 只是中断一次循环的执行而已。

return：return 语句是一个跳转语句，用来表示从一个方法返回（返回一个值或其他复杂类型），可以使程序控制返回到调用它方法的地方。当执行 main 方法时，return 语句可以使程序执行返回到 Java 运行系统。

由于 break 只能跳出当前的循环，那么如何才能实现跳出多重循环呢？可以在多重循环的外面定义一个标识，然后在循环体里使用带有标识的 break 语句即可跳出多重循环。例如：

```
public class Break
{
        public static void main(String[] args)
        {
                out:
                for(int i=0;i<5;i++)
                  {
                        for(int j=0;j<5;j++)
                          {
                            if(j>=2)
                                    break out;
                            System.out.println(j);
                          }
                  }
                System.out.println("break");
        }
}
```

程序运行结果为：

```
0
1
break
```

上例中，当内部循环 j=2 时，程序跳出双重循环，执行 System.out.println("break")语句。

引申：Java 语言中是否存在 goto 关键字？

虽然 goto 作为 Java 的保留字，但目前没有在 Java 中使用。在 C/C++中，goto 常被用作跳出多重循环，在 Java 语言中，可以使用 break 和 continue 来达到同样的效果。那么既然 goto 没有在 Java 语言中使用，为什么还要作为保留字呢？其中一个可能的原因就是这个关键字有可能会在将来被使用。如果现在不把 goto 作为保留字，开发人员就有可能用 goto 作为变量名来使用。一旦有一天 Java 支持 goto 关键字了，这会导致以前的程序无法正常运行。因此把 goto 作为保留字是非常有必要的。

这里需要注意的是，在 Java 语言中，虽然没有 goto 语句，但是却能使用标识符加冒号 (:) 的形式定义标签，如“mylabel:”，其目的主要是为了在多重循环中方便使用 break 和 continue 而设计的。

12.3.3 final、finally 和 finalize 有什么区别?

1）final 用于声明属性、方法和类，分别表示属性不可变、方法不可覆盖和类不可被继承（不能再派生出新的子类）。

final 属性：被 final 修饰的变量不可变，由于不可变有两重含义：一是引用不可变；二是对象不可变。那么 final 到底指的是哪种含义呢？下面通过一个例子来进行说明。

<table>
<tr>
<td>

```
public class Test
{
  public static void main(String[] arg)
     {
       final  StringBuffer  s=new  StringBuffer
("Hello");
       s.append(" world");
       System.out.println(s);
  }
}
```

</td>
<td>

```
public class Test
{
  public static void main(String[] arg)
     {
       final  StringBuffer  s=new  StringBuffer
("Hello");
       s=new StringBuffer("Hello world");
  }
}
```

</td>
</tr>
<tr>
<td>运行结果为：
Hello world</td>
<td>编译期间错误</td>
</tr>
</table>

从以上例子中可以看出，final 指的是引用的不可变性，即它只能指向初始时指向的那个对象，而不关心指向对象内容的变化。所以，被 final 修饰的变量必须被初始化。一般可以通过以下几种方式对其进行初始化：1）在定义的时候初始化。2）final 成员变量可以在初始化块中初始化，但在静态初始化块中无法完成。3）静态 final 成员变量可以在静态初始化块中被初始化，但不可在初始化块中初始化。4）在类的构造器中初始化，但静态 final 成员变量不可以在构造函数中初始化。

final 方法：当一个方法声明为 final 时，该方法不允许任何子类重写这个方法，但子类仍然可以使用这个方法。另外还有一种被称为 inline（内联）的机制，当调用一个被声明为 final 的方法时，直接将方法主体插入到调用处，而不是进行方法调用（类似于 C++中的 inline），这样做能提高程序的效率。

final 参数：用来表示这个参数在这个方法内部不允许被修改。

final 类：当一个类被声明为 final 时，此类不能被继承，所有方法都不能被重写。但这并不表示 final 类的成员变量也是不可改变的，要想做到 final 类的成员变量不可改变，必须给成员变量增加 final 修饰。值得注意的是，一个类不能既被声明为 abstract，又被声明为 final。

2）finally 作为异常处理的一部分，它只能用在 try/catch 语句中，并且附带着一个语句块，表示这段语句最终一定被执行，经常被用在需要释放资源的情况下。

示例 1：不使用 finally 的代码如下：

```
Connection conn = null;
Statement stmt = null;
try
{
        conn=DriverManager.getConnection(url1, userName, password);
        stmt = con.createStatement();
        stmt.executeUpdate(update);   //执行一条 update 语句，此时出现异常
```

```
            stmt.close();
            conn.close();
        } catch (Exception e)
        {}
```

在上面的程序片段中，如果程序在运行过程中没有异常，那么数据库的连接能够得到释放，程序运行没有问题。如果在执行 update 语句时出现异常，后面的 close()方法将不会被调用，数据库的连接将得不到释放。如果这样的程序长期运行将会耗光数据库的连接资源。通过使用 finally 可以保证在任何情况下数据库的连接资源都能够被释放。

示例 2：使用 finally 代码如下：

```
        Connection conn = null;
        Statement stmt = null;
        try
        {
            conn = DriverManager.getConnection(url1, userName, password);
            stmt = conn.createStatement();
            stmt.executeUpdate(update); // 执行一条 update 语句，此时出现异常
            stmt.close();
            conn.close();
        }
        catch (Exception e)
        {
        }
        finally
        {
            if (stmt != null)
                try {
                    stmt.close();
                } catch (SQLException e) {}
            if (conn != null)
                try {
                    conn.close();
                } catch (SQLException e) {
                }
        }
```

在示例 2 中，不管程序运行是否会出现异常，finally 中的代码一定会执行，这样能够保证在任何情况下数据库的连接都能被释放。

3）finalize 是 Object 类的一个方法，在垃圾收集器执行的时候会调用被回收对象的 finalize()方法，可以覆盖此方法来实现对其他资源的回收，例如关闭文件等。需要注意的是，一旦垃圾回收器准备好释放对象占用的空间，将首先调用其 finalize()方法，并且在下一次垃圾回收动作发生时，才会真正回收对象占用的内存。

常见面试笔试题：

JDK 中哪些类是不能被继承的？

答案：从上面的介绍可以知道，不能继承的类是那些用 final 关键字修饰的类。一般比较基本的类型为防止扩展类无意间破坏原来方法的实现的类型都应该是 final 的，在 JDK 中，String、StringBuffer 等都是基本类型。所以，String 和 StringBuffer 等是不能继承的。

12.3.4 assert 有什么作用?

assert（断言）作为一种软件调试的方法，提供了一种在代码中进行正确性检查的机制，目前很多开发语言都支持这种机制。它的主要作用是对一个 boolean 表达式进行检查，一个正确运行的程序必须保证这个 boolean 表达式的值为 true，如果 boolean 表达式的值为 false，则说明程序已经处于一种不正确的状态下，系统需要提供警告信息并且退出程序。在实际的开发中，assert 主要用来保证程序的正确性，通常在程序开发和测试的时候使用。为了提高程序运行的效率，在软件发布后，assert 检查默认是被关闭的。

assert 包括两种表达式，分别为 assert expression1 与 assert expression1: expression2，其中，expression1 表示一个 boolean 表达式，expression2 表示一个基本类型或者是一个对象，基本类型包括 boolean、char、double、float、int 和 long。以下代码是对这两个表达式的应用：

```
public class Test
{
	public static void main(String[] args)
	{
		assert 1+1==2;
		System.out.println("assert1 ok");
		assert 1+1==3 : "assert faild,exit";
		  System.out.println("assert2 ok");
	}
}
```

对于上述代码，当执行指令 javac Test.Java 与 java Test 时，程序的输出结果为：

```
assert1 ok
assert2 ok
```

对于上述代码，当执行指令 Javac Test.Java 和 Java -ea Test 时（注意，Java -ea Test 的意思是打开-ea 开关），程序的输出结果为：

```
assert1 ok
Exception in thread "main" Java.lang.AssertionError: assert faild,exit
		at Test.main(Test.Java:5)
```

assert 的应用范围很多，例如：1）检查控制流；2）检查输入参数是否有效；3）检查函数结果是否有效；4）检查程序不变量。虽然 assert 的功能与 if 判断类似，但二者有着本质的区别：assert 一般测试调试程序时使用，但如果不小心用 assert 来控制了程序的业务流程，那在测试调试结束后去掉 assert 就意味着修改了程序正常的逻辑，这样的做法是非常危险的，而 if 判断是逻辑判断，用以控制程序流程。

需要注意的是，在 Java 语言中，assert 与 C 语言中的 assert 尽管功能类似，但也不完全一样，具体表现为以下两个方面的不同：1）Java 语言中是使用 assert 关键字去实现其功能，而 C 语言中是使用的库函数；2）C 语言中的 assert 是在编译时开启，而 Java 语言中则是在运行时才开启。

12.3.5 static 关键字有哪些作用?

static 关键字主要有两种作用：第一，只想为某特定数据类型或对象分配单一的存储空间，而与创建对象的个数无关。第二，希望某个方法或属性与类而不是对象关联在一起，也就是说，在不创建对象的情况下就可以通过类来直接调用方法或使用类的属性。具体而言，static 在 Java 语言中主要有 4 种使用情况：成员变量、成员方法、代码块、内部类。

1）static 成员变量

Java 语言中没有全局的概念，但可以通过 static 关键字来达到全局的效果。Java 类提供了两种类型的变量：用 static 关键字修饰的静态变量和没有 static 关键字的实例变量。静态变量属于类，在内存中只有一个拷贝（所有实例都指向同一个内存地址），只要静态变量所在的类被加载，这个静态变量就会被分配空间，因此就可以被使用了。对静态变量的引用有两种方式，分别为“类.静态变量”和“对象.静态变量”。

实例变量属于对象，只有对象被创建后，实例变量才会被分配空间，才能被使用，它在内存中存在多个拷贝。只能用“对象.静态变量”的方式来引用。以下是静态变量与实例变量的使用例子：

```
public class TestAttribute
{
        public static int staticInt=0;
        public int nonStaticInt=0;

        public static void main(String[] args)
        {
                TestAttribute t=new TestAttribute();
                System.out.println("t.staticInt="+t.staticInt);
                System.out.println("TestAttribute.staticInt="+TestAttribute.staticInt);
                System.out.println("t.nonStaticInt="+t.nonStaticInt);
                System.out.println("对静态变量和实例变量分别+1");
                t.staticInt++;
                t.nonStaticInt++;
                TestAttribute t1=new TestAttribute();
                System.out.println("t1.staticInt="+t1.staticInt);
                System.out.println("TestAttribute.staticInt="+TestAttribute.staticInt);
                System.out.println("t1.nonStaticInt="+t1.nonStaticInt);
        }
}
```

上例的运行结果为：

```
t.staticInt=0
TestAttribute.staticInt=0
t.nonStaticInt=0
对静态变量和实例变量分别+1
t1.staticInt=1
TestAttribute.staticInt=1
t1.nonStaticInt=0
```

从上例可以看出，静态变量只有一个，被类拥有，所有的对象都共享这个静态变量，而实例对象是与具体对象相关的。需要注意的是：与 C++不同的是，在 Java 语言中，不能在方法体中定义 static 变量。

2）static 成员方法

与变量类似，Java 类同时也提供了 static 方法与非 static 方法。static 方法是类的方法，不需要创建对象就可以被调用，而非 static 方法是对象的方法，只有对象被创建出来后才可以被使用。

static 方法中不能使用 this 和 super 关键字，不能调用非 static 方法，只能访问所属类的静态成员变量和成员方法，因为当 static 方法被调用的时候，这个类的对象可能还没被创建，即使已经被创建了，也无法确定调用哪个对象的方法。同理，static 方法也不能访问非 static 类型的变量。

static 一个很重要的用途是实现单例模式。单例模式的特点是该类只能有一个实例，为了实现这个要求，必须隐藏类的构造函数，即把构造函数声明为 private，并提供一个创建对象的方法，由于构造对象被声明为 private，外界无法直接创建这个类型的对象，只能通过该类提供的方法来获取类的对象，要达到这样的目的只能把创建对象的方法声明为 static。程序示例如下所示：

```
class Singleton
{
    private static Singleton   instance = null;
    private Singleton (){}
    public static Singleton   getInstance()
    {
        if( instance == null ) {
            instance = new Singleton ();
        }
        return instance;
    }
}
```

用 public 修饰的 static 变量和方法本质上都是全局的，如果在 static 变量前用 private 修饰，则表示这个变量可以在类的静态代码块或者类的其他静态成员方法中使用，但是不能在其他类中通过类名来直接引用。

3）static 代码块

static 代码块（静态代码块）在类中是独立于成员变量和成员函数的代码块。它不在任何一个方法体内，JVM 在加载类的时候会执行 static 代码块，如果有多个 static 代码块，JVM 将会按顺序来执行。static 代码块经常被用来初始化静态变量。需要注意的是：这些 static 代码块只会被执行一次。如下例所示：

```
public class Test
{
    private static int a;
    static
    {
        Test.a = 4;
        System.out.println(a);
        System.out.println("static block is called");
    }
    public static void main(String[] args)
    {
    }
}
```

程序运行结果为：

```
4
static block is called
```

4）static 内部类

static 内部类是指被声明为 static 的内部类，它可以不依赖于外部类实例对象而被实例化，而通常的内部类需要在外部类实例化后才能实例化。静态内部类不能与外部类有相同的名字，不能访问外部类的普通成员变量，只能访问外部类中的静态成员和静态方法（包括私有类型）。如下例所示：

```
public class Outer
{
    static int n = 5;

    static class Inner
    {
        void accessAttrFromOuter()
        {
            System.out.println("Inner:Outer.n=" + n);
        }
    }

    public static void main(String[] args)
    {
        Outer.Inner nest = new Outer.Inner();
        nest.accessAttrFromOuter();
    }
}
```

程序运行结果为：

```
Inner:Outer.n=5
```

需要注意的是：只有内部类才能被定义为 static。

引申：

1）什么是实例变量？什么是局部变量？什么是类变量？什么是 final 变量？

实例变量：变量归对象所有，只有在实例化对象后才可以。每当实例化一个对象时，会创建一个副本并初始化，如果没有显示初始化，会初始化一个默认值；各个对象中的实例变量互不影响。

局部变量：在方法中定义的变量，在使用前必须初始化。

类变量：用 static 可修饰的属性；变量归类所有，只要类被加载，这个变量就可以被使用（类名.变量名）。所有实例化的对象共享类变量。

final 变量：表示这个变量为常量，不能被修改。

2）static 与 final 结合使用表示什么意思？

static 常与 final 关键字结合使用，用来修饰成员变量与成员方法，有点类似于“全局常量”。对于变量，如果使用 static final 修饰，则表示一旦赋值，就不可修改，并且通过类名可以访问。对于方法，如果使用 static final 修饰，则表示方法不可覆盖，并且可以通过类名直接访问。

12.3.6 switch 使用时有哪些注意事项?

在使用 switch(expr)的时候，expr 只能是一个枚举常量（内部也是由整型或字符类型实现）或一个整数表达式，其中整数表达式可以是基本类型 int 或其对应的包装类 Integer，当然也包括不同的长度整型，例如 short。由于 byte、short 和 char 都能够被隐式地转换为 int 类型，因此这些类型以及它们对应的包装类型都可以作为 switch 的表达式。但是，long、float、double、String 类型由于不能够隐式地转换为 int 类型，因此它们不能被用作 switch 的表达式。如果一定要使用 long、float 或 double 作为 switch 的参数，必须将其强制转换为 int 型才可以。

例如以下使用就是非法的：

```
float a = 0.123;
switch(a) //错误！ a 不是整型或字符类型变量
{
...
}
```

另外，与 switch 对应的是 case 语句，case 语句之后可以是直接的常量数值，例如 1、2，也可以是一个常量计算式，例如 1+2 等，还可以是 final 型的变量（final 变量必须是编译时的常量），例如 final int a = 0，但不能是变量或带有变量的表达式，例如 i * 2 等。当然更不能是浮点型数，例如 1.1，或 1.2 / 2 等。

```
switch(formWay)
{
    case 2-1 :  //正确
        ...
        break;
    case a-2 :  //错误
        ...
        break;
    case 2.0 :  //错误
        ...
        break;
}
```

随着 Java 语言的发展，在 Java 7 中，switch 开始支持 String 类型。以下是一段支持 string 类型的示例代码。

```
public class Test {
    public void test(String str)
    {
        switch (str)
        {
        case "one":
            System.out.println("This is 1");
            break;
        case "two":
            System.out.println("This is 2");
            break;
        case "three":
```

```
                System.out.println("This is 3");
                break;
            default:
                System.out.println("default");
            }
        }
    }
```

从本质上来讲，switch 对字符串的支持，其实是 int 类型值的匹配。它的实现原理如下：通过对 case 后面的 String 对象调用 hashCode()方法，得到一个 int 类型的 hash 值，然后用这个 hash 值来唯一标识这个 case。那么当匹配的时候，首先调用这个字符串的 hashCode()方法，获取一个 hash 值（int 类型），用这个 hash 值来匹配所有的 case，如果没有匹配成功，说明不存在；如果匹配成功，接着会调用字符串的 String.equals()方法进行匹配。由此可以看出 String 变量不能为 null，同时 switch 的 case 子句中使用的字符串也不能为 null。

在使用 switch 的时候需要注意的另外一个问题是：一般必须在 case 语句结尾添加 break 语句。因为一旦通过 switch 语句确定了入口点，就会顺序执行后面的代码，直到遇到关键字 break。否则，会执行满足这个 case 之后的其他 case 的语句而不管 case 是否匹配，直到 switch 结束或者遇到 break 为止。如果在 switch 中省略了 break 语句，那么匹配的 case 值后的所有情况（包括 default）都会被执行。如下例所示：

```
public class Test
{
    public static void main(String[] args)
    {
        int x = 4;
        switch (x)
        {
        case 1:
            System.out.println(x);
        case 2:
            System.out.println(x);
        case 3:
            System.out.println(x);
        case 4:
            System.out.println(x);
        case 5:
            System.out.println(x);
        default:
            System.out.println(x);
        }
    }
}
```

程序运行结果为：

```
4
4
4
```

Java 12 对 switch 表达式的写法进行了进一步的扩展，使用新的写法可以省去 break 语句，从而可以避免了因漏写 break 而出错，同时还支持合并多个 case 的写法，这种新的写法让代码变得更加简洁。语法为：case condition ->，即如果条件匹配 case condition，就执行->

后面的代码。示例代码如下：

```
public class Test
{
    public static void CheckWeekendOldVersion(int num)
    {
        switch (num)
        {
        case 1:
        case 2:
        case 3:
        case 4:
        case 5:
            System.out.println("周内");
            break;
        case 6:
        case 7:
            System.out.println("周末");
            break;
        default:
            System.out.println("非法值");
        }
    }

    public static void CheckWeekendNewVersion(int num)
    {
        switch (num)
        {
        case 1,2,3,4,5-> System.out.println("周内");
        case 6,7 -> System.out.println("周末");
        default -> System.out.println("非法值");
        }
    }


    public static void main(String[] args)
    {
        CheckWeekendNewVersion(2);
        CheckWeekendNewVersion(6);
        CheckWeekendOldVersion(10);
    }
}
```

代码运行结果为：

```
周内
周末
非法值
```

从上面的代码可以看出，新的写法可以省略 break，同时合并了多个条件，从而使得代码变得更加简洁。

12.3.7 volatile 有什么作用？

volatile 的使用是为了线程安全，但 volatile 不保证线程安全。线程安全有 3 个要素：可见性、有序性、原子性。线程安全是指在多线程情况下，对共享内存的使用，不会因为不同线程的访问和修改而发生不期望的情况。

volatile 有 3 个作用：

1）volatile 用于解决多核 CPU 高速缓存导致的变量不同步。

本质上这是个硬件问题，其根源在于：CPU 的高速缓存的读取速度远远快于主存（物理内存）。所以，CPU 在读取一个变量的时候，会把数据先读取到缓存，这样下次再访问同一个数据的时候就可以直接从缓存读取了，显著提高了读取的性能。而多核 CPU 有多个这样的缓存。这就带来了问题，当某个 CPU（例如 CPU1）修改了这个变量（例如把 a 的值从 1 修改为 2），但是其他的 CPU（例如 CPU2）在修改前已经把 a=1 读取到自己的缓存了，当 CPU2 再次读取数据的时候，它仍然会去自己的缓存区中去读取，此时读取到的值仍然是 1，但是实际上这个值已经变成 2 了。这里，就涉及线程安全的要素：可见性。

可见性是指当多个线程在访问同一个变量时，如果其中一个线程修改了变量的值，那么其他线程应该能立即看到修改后的值。

volatile 的实现原理是内存屏障（Memory Barrier），其原理为：当 CPU 写数据时，如果发现一个变量在其他 CPU 中存有副本，那么会发出信号量通知其他 CPU 将该副本对应的缓存行置为无效状态，当其他 CPU 读取到变量副本的时候，会发现该缓存行是无效的，然后，它会从主存重新读取。

2）volatile 还可以解决指令重排序的问题。

在一般情况下，程序是按照顺序执行的，例如下面的代码：

```
1、int i = 0;
2、i++;
3、boolean f = false;
4、f = true;
```

如果 i++发生在 int i=0 之前，那么会不可避免的出错，CPU 在执行代码对应指令的时候，会认为 1、2 两行是具备依赖性的，因此，CPU 一定会安排行 1 早于行 2 执行。

那么，int i=0 一定会早于 boolean f=false 吗？

并不一定，CPU 在运行期间会对指令进行优化，没有依赖关系的指令，它们的顺序可能会被重排。在单线程执行下，发生重排是没有问题的，CPU 保证了顺序不一定一致，但结果一定一致。

但在多线程环境下，重排序则会引起很大的问题，这又涉及线程安全的要素：有序性。

有序性是指程序执行的顺序应当按照代码的先后顺序执行。

为了更好地理解有序性，下面通过一个例子来分析：

```
//成员变量 i
int i = 0;

//线程一的执行代码
Thread.sleep(10);
i++;
f = true;
//线程二的执行代码
while(!f)
{
```

```
        System.out.println(i);
    }
```

理想的结果应该是线程二不停地打印 0，最后打印一个 1，终止。

在线程一里，f 和 i 没有依赖性，如果发生了指令重排，那么 f = true 发生在 i++之前，就有可能导致线程二在终止循环前输出的全部是 0。

需要注意的是，这种情况并不常见，再次运行并不一定能重现，正因为如此，很可能会导致一些莫名的问题，需要特别注意。如果修改上方代码中 i 的定义为使用 volatile 关键字来修饰，那么就可以保证最后的输出结果符合预期。这是因为被 volatile 修饰的变量，CPU 不会对它做重排序优化，所以也就保证了有序性。

3）volatile 不保证操作的原子性。

原子性：一个或多个操作，要么全部连续执行且不会被任何因素中断，要么就都不执行。这个概念和数据库概念里的事务（Transaction）很类似，没错，事务就是一种原子性操作。

原子性、可见性和有序性，是线程安全的三要素。

需要特别注意的是，volatile 保证线程安全的可见性和有序性，但是不保证操作的原子性，下面的代码将会证明这一点：

```
static volatile int intVal = 0;
public static void main(String[] args)
{
    //创建 10 个线程，执行简单的自加操作
    for (int i = 0; i < 10; i++)
    {
        new Thread(() ->
        {
            for (int j = 0; j < 1000; j++)
                intVal++;
        }).start();
    }
    // 保证之前启动的全部线程执行完毕
    while (Thread.activeCount() > 1)
        Thread.yield();
    System.out.println(intVal);
}
```

在之前的内容有提及，volatile 能保证修改后的数据对所有线程可见，那么，这一段对 intVal 自增的代码，最终执行完毕的时候，intVal 应该为 10000。

但事实上，结果是不确定的，大部分情况下会小于 10000。这是因为，无论是 volatile 还是自增操作，都不具备原子性。

假设 intVal 初始值为 100，自增操作的指令执行顺序如下所示：

1）获取 intVal 值，此时主存内 intVal 值为 100；

2）intVal 执行+1，得到 101，此时主存内 intVal 值仍然为 100；

3）将 101 写回给 intVal，此时主存内 intVal 值从 100 变化为 101。

具体执行流程如图 12.3 所示。

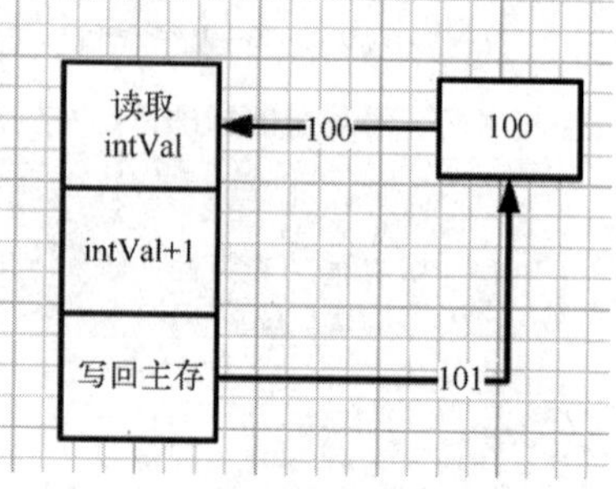

图 12.3　自增操作的实现原理

这个过程很容易理解，如果这段指令发生在多线程环境下呢？以下面这段会发生错误的指令顺序为例：

1）线程一获得了 intVal 值为 100；

2）线程一执行+1，得到 101，此时值没有写回给主存；

3）线程二在主存内获得了 intVal 值为 100；

4）线程二执行+1，得到 101；

5）线程一写回 101；

6）线程二写回 101。

于是，最终主存内的 intVal 值，还是 101。具体执行流程如图 12.4 所示。

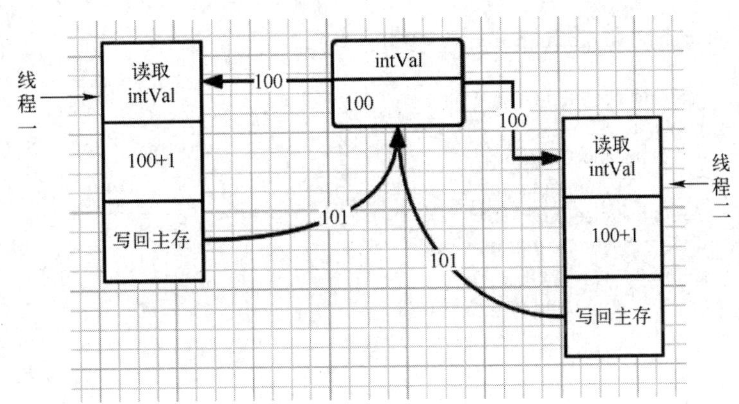

图 12.4 多线程执行自增操作的结果

为什么 volatile 的可见性保证在这里没有生效？

根据 volatile 保证可见性的原理（内存屏障），当一个线程执行写的时候，才会改变“数据修改”的标量，在上述过程中，线程 A 在执行加法操作发生后，写回操作发生前，CPU 开始处理线程 B 的时间片，执行了另外一次读取 intVal，此时 intVal 值为 100，且由于写回操作尚未发生，这一次读取是成功的。

因此，出现了最后计算结果不符合预期的情况。

synchoronized 关键字确实可以解决多线程的原子操作问题，可以修改上面的代码为：

```
for (int i = 0; i < 10; i++)
{
    new Thread(() -> {
        synchronized (lock) {
            for (int j = 0; j < 1000; j++)
                intVal++;
        }
    }).start();
}
```

但是，这种方式明显效率不高（后面会介绍如何通过 CAS 来保证原子性），10 个线程都在争抢同一个代码块的使用权。

由此可见，volatile 只能提供线程安全的两个必要条件：可见性和有序性。

12.3.8 instanceof 有什么作用?

instanceof 是 Java 语言中的一个二元运算符，它的作用是判断一个引用类型的变量所指向的对象是否为一个类（或接口、抽象类、父类）的实例，即它左边的对象是否是它右边的类的实例，返回 boolean 类型的数据。

常见的用法为：result = object instanceof class，如果 object 是 class 的一个实例，则 instanceof 运算符返回 true。如果 object 不是指定类的一个实例，或者 object 是 null，则返回 false。

以如下程序为例：

```
public class Test
{
    public static void main(String args[])
    {
        String s = "Hello";
        int[] a = { 1, 2 };
        if (s instanceof String)
            System.out.println("true");
        if (s instanceof Object)
            System.out.println("true");
        if (a instanceof int[])
            System.out.println("true");
    }
}
```

程序运行结果为：

```
true
true
true
```

12.3.9 strictfp 有什么作用?

关键字 strictfp 即 strict float point 的缩写，指的是精确浮点，它用来确保浮点数运算的准确性。JVM 在执行浮点数运算时，如果没有指定 strictfp 关键字，此时计算结果可能会不精确，而且计算结果在不同平台或厂商的虚拟机上会有不同的结果，可能导致意想不到的错误。而一旦使用了 strictfp 来声明一个类、接口或者方法，那么在所声明的范围内，Java 编译器以及运行环境会完全依照浮点规范 IEEE-754 来执行，在这个关键字声明的范围内所有浮点数的计算都是精确的。需要注意的是，当一个类被 strictfp 修饰时，所有的方法都会自动被 strictfp 修饰。因此，strictfp 可以保证浮点数运算的精确性，而且在不同的硬件平台上会有一致的运行结果。下例给出了 strictfp 修饰类的使用方法。

```
public strictfp class Test
{
    public static void testStrictfp()
    {
        float f = 0.12365f;
        double d = 0.03496421d;
        double sum = f + d;
        System.out.println(sum);
    }
```

```
        public static void main(String[] args)
        {
                testStrictfp();
        }
}
```

程序运行结果为：

```
0.15861420949932098
```

12.3.10　常见面试笔试真题

1）下列不属于 Java 标识符的是（　　）。

A：_HelloWorld　　B：3HelloWorld　　C：$HelloWorld　　D：HelloWorld3

答案：B。

2）下列标识符不合法的有（　　）。

A：new　　B：$usdollars　　C：1234　　D：car.taxi

答案：A、C、D。

3）输出结果是（　　）。

```
public class Test
{
        public static int testStatic()
        {
                static final int i = 0;
                System.out.println(i++);
        }
        public static void main(String args[])
        {
                Test test = new Test();
                test.testStatic();
        }
}
```

A：0　　B：1　　C：2　　D：编译失败

答案：D。在 Java 语言中，不能在成员函数内部定义 static 变量。

4）是否可以把一个数组修饰为 volatile?

答案：在 Java 中可以用 volatile 来修饰数组，但是 volatile 只作用在这个数组的引用上，而不是整个数组的内容。也就是说如果一个线程修改了这个数组的引用，这个修改会对其他所有线程可见。但是如果只是修改了数组的内容，则无法保证这个修改对其他数组可见。

12.4　基本类型与运算

12.4.1　Java 提供了哪些基本的数据类型?

Java 语言一共提供了 8 种原始的数据类型（byte、short、int、long、float、double、char、boolean），这些数据类型不是对象，而是 Java 中不同于类的特殊类型，这些基本类型的数据变量在声明之后就会立刻在栈上分配内存空间。除了这 8 种基本的数据类型外，其他的类型都是引用类型（例如类、接口、数组等），引用类型类似于 C++中的引用或指针的概念，它以特殊的方式指向对象实体，这类变量在声明时不会被分配内存空间，只是存储了一个内存地址而已。

表 12.2 是 Java 中基本数据类型及其描述。

表 12.2　不同数据类型对比

数据类型	字节长度	范围	默认值	包装类
int	4	[−2147483648, 2147483647] ($-2^{31}\sim2^{31}-1$)	0	Integer
short	2	[−32768, 32767]	0	Short
long	8	[−9223372036854775808, 9223372036854775807] ($-2^{63}\sim2^{63}-1$)	0L 或 0l	Long
byte	1	[−128, 127]	0	Byte
float	4	32 位 IEEE754 单精度范围	0.0F 或 0.0f	Float
double	8	64 位 IEEE754 双精度范围	0.0	Double
char	2	Unicode[0,65535]	u0000	Character
boolean	1	true 和 false	false	Boolean

以上这些基本类型可以分为如下 4 种类型：

1）int 长度数据类型：byte（8bits）、short（16bits）、int（32bits）、long（64bits）。

2）float 长度数据类型：单精度（32 bits float）、双精度（64 bits double）。

3）boolean 类型变量的取值：true、false。对于 boolean 占用空间的大小，从理论上讲，只需要 1 bit 就够了，但在设计的时候为了考虑字节对齐等因素，一般会考虑使其占用一个字节。由于 Java 规范没有明确的规定，因此，不同的 JVM 可能会有不同的实现。

4）char 数据类型：unicode 字符，16 位。

此外，Java 语言还提供了对这些原始数据类型的包装类（字符类型 Character，布尔类型 Boolean，数值类型 Byte、Short、Integer、Long、Float、Double）。需要注意的是，Java 中的数值类型都是有符号的，不存在无符号的数，它们的取值范围也是固定的，不会随着硬件环境或者操作系统的改变而改变。除了以上提到的 8 种基本数据类型以外，在 Java 语言中，还存在另外一种基本类型 void，它也有对应的包装类 java.lang.void，只是无法直接对它进行操作而已。包装类型和原始类型有许多不同点，首先，原始数据类型在传递参数的时候都是按值传递，而包装类型是按引用传递的。当包装类型和原始类型用作某个类的实例数据时所指定的默认值(默认初始化的时候会把对应内存中所有的位都设置为 0，例如数字是 0(包括 byte、short、int、long 等类型)，boolean 是 false，浮点（包括 float、double）是 0.0f，引用是 null)。对象引用实例变量的默认值为 null，而原始类型实例变量的默认值与它们的类型有关（如 int 默认初始化为 0）。如下例所示：

```
public class Test
{
        String s;
        int i;
        float f;
        public static void main(String args[])
        {
                Test t=new Test();
                System.out.println(t.s==null);
```

```
            System.out.println(t.i);
            System.out.println(t.f);
        }
    }
```

程序运行结果为：

```
true
0
0.0
```

除了以上需要注意的内容外，在 Java 语言中，默认声明的小数是 double 类型的，因此在对 float 类型的变量进行初始化时需要进行类型转换。float 类型有两种初始化方法：float f=1.0f 或 float f=(float)1.0。与此类似的是，在 Java 语言中，直接写的整型数字是 int 类型的，如果在给数据类型为 long 的变量直接赋值时，int 类型的值无法表示一个非常大的数字，因此，在赋值的时候可以通过如下的方法来赋值：long l= 26012402244L。

引申：

1）在 Java 语言中 null 值是什么？在内存中 null 是什么？

null 不是一个合法的 Object 实例，所以编译器并没有为其分配内存，它仅仅用于表明该引用目前没有指向任何对象。其实，与 C 语言类似，在 Java 语言中 null 代表对引用变量的值全部置 0。

2）如何理解赋值语句 String x = null？

在 Java 语言中，变量被分为两大类型：原始值（primitive）与引用值（reference）。声明为原始类型的变量，其存储的是实际的值。声明为引用类型的变量，存储的是实际对象的地址（指针，引用）。对于赋值语句 String x = null，它定义了一个变量“x”，x 中存储的是 String 引用，此处为 null。

12.4.2　什么是不可变类？

不可变类（Immutable class）是指当创建了这个类的实例后，就不允许修改它的值了，也就是说一个对象一旦被创建出来，在其整个生命周期中，它的成员变量就不能被修改了。它有点类似于常量，只允许别的程序读，不允许别的程序进行修改。

在 Java 类库中，所有基本类型的包装类都是不可变类，例如 Integer、Float 等。此外，String 也是不可变类。可能有人会有疑问，既然 String 是不可变类，为什么还可以写出如下代码来修改 String 类型的值呢？

```
public class Test
{
    public static void main(String[] args)
    {
        String s="Hello";
        s+=" world";
        System.out.println(s);
    }
}
```

程序运行结果为：

```
Hello world
```

表面上看，好像是修改 String 类型对象 s 的值。其实不是，String s= “Hello” 语句声明了一个可以指向 String 类型对象的引用，这个引用的名字为 s，它指向了一个字符串常量“Hello”。s+=" world"并没有改变 s 所指向的对象（由于 “Hello” 是 String 类型的对象，而 String 又是不可变量），这句代码运行后，s 指向了另外一个 String 类型的对象，该对象的内容为 “Hello world”。原来的字符串常量 “Hello” 还存在与内存中，并没有被改变。

在介绍完不可变类的基本概念后，下面主要介绍如何创建一个不可变类。通常来讲，要创建一个不可变类需要遵循下面 5 条基本原则：

1）类中所有的成员变量被 private 所修饰。

2）类中没有写或者修改成员变量的方法，例如：setxxx，只提供构造方法，一次生成，永不改变。

3）确保类中所有的方法不会被子类覆盖，可以通过把类定义为 final 或者把类中的方法定义为 final 来达到这个目的。

4）如果一个类成员不是不可变量，那么在成员初始化或者使用 get 方法获取该成员变量是需要通过 clone 方法来确保类的不可变性。

5）如果有必要，覆盖 Object 类中的 equals()方法和 hashCode()方法。在 equals()方法中，根据对象的属性值来比较两个对象是否相等，并且保证用 equals()方法判断为相等的两个对象的 hashCode()方法的返回值也相等，这可以保证这些对象能正确地存储到 HashMap 或 HashSet 集合中。

除此之外，还有一些小的注意事项：由于类的不可变性，在创建对象的时候就需要初始化所有的成员变量，因此最好提供一个带参数的构造方法来初始化这些成员变量。

下面通过给出一个错误的实现方法与正确的实现方法来说明在实现这种类的时候需要特别注意的问题。首先给出一个错误的实现方法如下：

```
import java.util.Date;
class ImmutableClass
{
    private Date d;
    public ImmutableClass(Date d)
    {
        this.d=d;
    }
    public void printState()
    {
        System.out.println(d);
    }
}

public class Test
{
    public static void main(String[] args)
    {
        Date d=new Date();
        ImmutableClass immuC=new ImmutableClass(d);
        immuC.printState();
        d.setMonth(5);
        immuC.printState();
```

```
        }
    }
```

程序的输出结果为：

```
Mon Nov 04 22:58:56 CST 2019
Tue Jun 04 22:58:56 CST 2019
```

需要说明的是，由于 Date 对象的状态是可以被改变的，而 ImmutableClass 保存了 Date 类型对象的引用，当被引用的对象状态改变的时候会导致 ImmutableClass 对象状态的改变。

其实，正确的实现方法应该如下所示：

```
import java.util.Date;

class ImmutableClass
{
        private Date d;
        public ImmutableClass(Date d)
        {
                this.d=(Date)d.clone(); //解除了引用关系
        }
        public void printState()
        {
                System.out.println(d);
        }
       public Date getDate()
       {
                return (Date)d.clone();
        }
}
public class Test
{
        public static void main(String[] args)
        {
                Date d=new Date();
                ImmutableClass immuC=new ImmutableClass(d);
                immuC.printState();
                d.setMonth(5);
                immuC.printState();
        }
}
```

程序的输出结果为：

```
Sun Aug 04 17:47:03 CST 2013
Sun Aug 04 17:47:03 CST 2013
```

Java 语言里面之所以设计有很多不可变类，主要是因为不可变类具有使用简单、线程安全、节省内存等优点，但凡事有利就有弊，不可变类自然也不例外，例如，不可变的对象会因为值的不同而产生新的对象，从而导致出现无法预料的问题，所以，切不可滥用这种模式。

12.4.3　值传递与引用传递有哪些区别?

方法调用是编程语言中非常重要的一个特性，在方法调用的时候，通常需要传递一些参数来完成特定的功能。Java 语言提供了两种参数传递的方式：值传递和引用传递。

值传递：在方法调用中，实参会把它的值传递给形参，形参只是用实参的值初始化一个临时的存储单元，因此形参与实参虽然有着相同的值，但是却有着不同的存储单元，因此对形参的改变不会影响实参的值。

引用传递：在方法调用中，传递的是对象（也可以看作是对象的地址），这时候形参与实参的对象指向的是同一块存储单元，因此对形参的修改就会影响实参的值。

在 Java 语言中，原始数据类型在传递参数的时候都是按值传递的，而包装类型是按引用传递的。

下面通过一个例子来介绍按值传递和按引用传递的区别。

```
public class Test
{
    public static void testPassParameter(StringBuffer ss1, int n)
    {
        ss1.append(" World"); //引用
        n=8;                  //值
    }
    public static void main(String[] args)
     {
        int i=1;
        StringBuffer s1=new StringBuffer("Hello");
        testPassParameter(s1,i);
        System.out.println(s1);
        System.out.println(i);
    }
}
```

程序运行结果为：

```
Hello World
1
```

按引用传递其实跟传递指针类似，是把对象的地址作为参数，如图 12.5 所示。

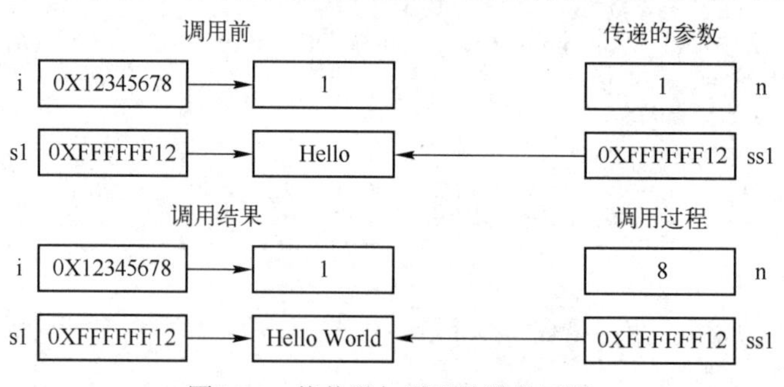

图 12.5　值传递与引用传递的区别

为了便于理解，假设 1 和“Hello”存储的地址分别为 0X12345678 和 0XFFFFFF12。在调用方法 testPassParameter 的时候，由于 i 为基本类型，因此参数是按值传递的，此时会创建一个 i 的副本，该副本与 i 有相同的值，把这个副本作为参数赋值给 n，作为传递的参数。而 StringBuffer 由于是一个类，因此按引用传递，传递的是它的引用（传递的是存储“Hello 的地址”），图 12.5 所示，在 testPassParameter 内部修改的是 n 的值，这个值与 i 是没关系的。但是在修改 ss1 的时候，修改的是 ss1 这个地址指向的字符串，由于形参 ss1 与实参 s1 指向的是同一块存储空间，因此修改 ss1 后，s1 指向的字符串也被修改了。

下面再从另外一个角度出发来对引用传递进行详细分析。

对于变量 s1 而言，它是一个字符串对象的引用，引用的字符串的值是“Hello”，而变量 s1 的值为 0x12345678（可以理解为是“Hello”的地址，或者“Hello”的引用），那么在方法调用时，参数传递的其实就是 s1 值的一个副本（0x12345678），ss1 的值也为 0x12345678。如果在方法调用的过程中通过 ss1（字符串的引用或地址）来修改字符串的内容，因为 s1 与 ss1 指向同一个字符串，所以，通过 ss1 对字符串的修改对 s1 也是可见的。但是方法中对 ss1 值的修改对 s1 是没有影响的，如下例所示：

```
public class Test
{
	public static void testPassParameter(StringBuffer ss1)
	{
		ss1 = new StringBuffer("World");
	}
	public static void main(String[] args)
	{
		StringBuffer s1 = new StringBuffer("Hello");
		testPassParameter(s1);
		System.out.println(s1);
	}
}
```

程序的运行结果为：

```
Hello
```

对运行结果分析可知，在 testPassParameter 方法中，依然假设“Hello”的地址为 0xFFFFFF12（实际上是 s1 的值），在方法调用的时候，首先把 s1 的副本传递给 ss1，此时 ss1 的值也为 0xFFFFFF12，通过调用 ss1=new StringBuffer("World")语句实际上是改变了 ss1 的值（ss1 指向了另外一个字符串“World”），但是对形参 ss1 值的改变对实参 s1 没有影响，虽然 ss1 被改变“World”的引用（或者“World”的地址），s1 还是代表字符串“Hello”的引用（或可以理解为 s1 的值仍然是“Hello”的地址）。从这个角度出发来看，StringBuffer 从本质上来讲还是值传递，它是通过值传递的方式来传递引用的。

Java 中处理 8 种基本的数据类型用的是值传递，其他的所有类型都用的是引用传递，由于这 8 种基本数据类型的包装类型都是不可变量，因此增加了对“按引用传递”的理解难度。下面给出一个示例来说明：

```
public class Test
{
	public static void changeStringBuffer(StringBuffer ss1, StringBuffer ss2)
	{
		ss1.append(" World");
		ss2=ss1;
	}
	public static void main(String[] args)
	{
		Integer a=1;
		Integer b=a;
```

```
                b++;
                System.out.println(a);
                System.out.println(b);
                StringBuffer s1=new StringBuffer("Hello");
                StringBuffer s2=new StringBuffer("Hello");
                changeStringBuffer(s1,s2);
                System.out.println(s1);
                System.out.println(s2);
        }
}
```

程序的输出结果为：

```
1
2
Hello World
Hello
```

对于上述程序的前两个输出“1”和“2”，不少读者都认为 Integer 是按值传递的而不是按引用传递的，其实这是一个理解上的误区，上述代码传递的还是引用（引用是按值传递的），只是由于 Integer 是不可变类，因此没有提供改变它值的方法，在上例中，在执行 b++后，由于 Integer 是不可变类，因此此时会创建一个新值为 2 的 Integer 赋值给 b，此时 b 与 a 其实已经没有任何关系了。

下面通过程序后面的两个输出来加深对“按引用传递”的理解。为了理解后面两个输出结果，首先必须理解引用也是按值传递的。为了便于理解，假设 s1 和 s2 指向字符串的地址分别为 0X12345678 和 0XFFFFFF12，那么在调用方法 changeStringBuffer 的时候，传递 s1 与 s2 的引用就可以理解为传递了两个地址 0X12345678 和 0XFFFFFF12，而且这两个地址是按值传递的（即传递了两个值，ss1 为 0X12345678，ss2 为 0XFFFFFF12），在调用方法 ss1.append(" World")的时候，会修改 ss1 所指向的字符串的值，因此会修改调用者的 s1 的值，得到的输出结果为“Hello World”。但是在执行 ss2=ss1 的时候，只会修改 ss2 的值而对 s2 毫无影响，因此 s2 的值在调用前后保持不变。为了便于理解，图 12.6 给出了函数调用的处理过程。

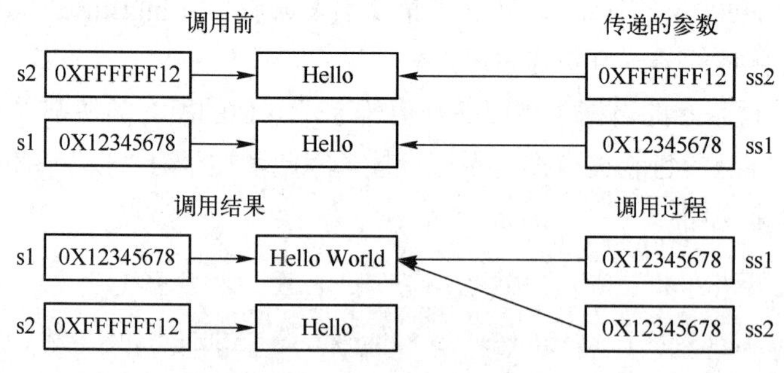

图 12.6　不变量的引用传递

从图 12.6 中可以看出，在传递参数的时候相当于传递了两个地址，然后调用 ss1.append ("World")修改了这个地址所指向的字符串的值，而在调用 ss2=ss1 时，相当于修改了函数 changeStringBuffer 内部的局部变量 ss2，这个修改与 ss1 没关系。

12.4.4　不同数据类型转换有哪些规则?

当参与运算的两个变量的数据类型不同时，就需要进行隐式地数据类型转换，转换的原则为：从低精度向高精度转换，即优先级满足 byte<short<char<int<long<float<double。例如，不同数据类型的值在进行运算时：short 类型数据能够自动转为 int 型，int 类型数据能够自动转换为 float 等。反之则需要通过强制类型转换来实现。在 Java 语言中，类型转换可以分为以下几种类型：

（1）类型自动转换

低级数据类型可以自动转换为高级数据类型，表 12.3 给出常见的自动转换的条件。

表 12.3　自动类型转换规则

操作数 1 类型	操作数 2 类型	转换后的类型
long	byte short char int	long
int	byte short char	int
float	byte short int char long	float
double	byte short int long char float	double

当类型自动转换时，需要注意以下几点问题：

1）char 类型的数据转换为高级类型（如 int、long 等），会转换为对应的 ASCII 码。

2）byte、char、short 类型的数据在参与运算的时候会自动转换为 int 型。但当使用+=运算的时候，就不会产生类型的转换（将在下一节中详细介绍）。

3）另外一个与 C/C++不同的地方是，在 Java 语言中，基本数据类型与 boolean 类型是不能相互转换的。

总之，当有多种类型的数据混合运算时，系统首先自动将所有数据转换成容量最大的数据类型，然后再进行计算。

（2）强制类型转换

当需要从高级类型转换为低级数据类型的时候就需要进行强制类型转换，表 12.4 给出可以进行强制类型转换的条件。

表 12.4　强制类型转换规则

原操作数类型	转换后操作数类型
byte	char
char	byte char
short	byte char
int	byte short char
long	byte short char int
float	byte short char int long
double	byte short char int long float

需要注意的是，在进行强制类型转换的时候可能会丢失精度。

12.4.5　强制类型转换的注意事项有哪些?

Java 语言在涉及 byte、short 和 char 类型的运算时，首先会把这些类型的变量值强制转换为

int 类型，然后对 int 类型的值进行计算，最后得到的值也是 int 类型。因此，如果把两个 short 类型的值相加，最后得到的结果是 int 类型，如果把两个 byte 类型的值相加，最后也会得到一个 int 类型的值。如果需要得到 short 类型的结果，就必须显式地把运算结果转换为 short 类型。例如对于语句 short s1 = 1; s1 = s1 + 1，由于在运行的时候会首先将 s1 转换成 int 类型，因此 s1+1 的结果为 int 类型，编译器会报错，所以，正确的写法应该是 short s1 = 1;s1 = (short)(s1 + 1)。

有一种例外情况。+=为 Java 语言规定的运算法，Java 编译器会对其进行特殊处理，因此 short s1=1;s1+=1 能够编译通过。

12.4.6 运算符优先级是什么？

Java 语言中有很多运算符，由于运算符优先级的问题经常会导致程序出现意想不到的结果，表 12.5 详细介绍了运算符的优先级。

表 12.5 运算符优先级

优先级	运算符	结合性
1	. () []	
2	+（正） –（负） ++ -- ~ !	
3	* / %	
4	+（加） –（减）	
5	<< >>（无符号右移） >>>（有符号右移）	
6	< <= > >= instanceof	
7	== !=	
8	&	从左向右
9	|	
10	^	
11	&&	
12	||	
13	?:	
14	= += -= *= /= %= &= |= ^= ~= <<= >>= >>>=	

在实际使用的时候，如果不确定运算符的优先级，最好通过括号运算符来控制运算顺序。

12.4.7 Math 类中 round、ceil 和 floor 方法的功能是什么？

round、ceil 和 floor 方法位于 Math 类中，Math 是一个包含了很多数学常量与计算方法的类，位于 java.lang 包下，能自动导入，而且 Math 类里边的方法全是静态方法。下面重点介绍这 3 个方法代表的含义。

1）round 方法表示四舍五入。round，意为环绕，其实现的原理是在原来数字的基础上先增加 0.5 然后再向下取整，等同于(int)Math.floor(x+0.5f)。它的返回值类型为 int 型。例如，Math.round(11.5)的结果为 12，Math.round(−11.5)的结果为−11。

2）ceil 方法的功能是向上取整。ceil，意为天花板，顾名思义是对操作数取顶，Math.ceil(a)，就是取大于 a 的最小的整数值。需要注意的是，它的返回值类型并不是 int 型，而是 double 型。如果 a 是正数，则把小数“入”，如果 a 是负数，则把小数“舍”。

3）floor 方法的功能是向下取整。floor，意为地板，顾名思义是对操作数取底。Math.floor(a)，就是取小于 a 的最大的整数值。它的返回值类型与 ceil 方法一样，也是 double 型。如果 a 是正数，则把小数“舍”；如果 a 是负数，则把小数“入”。

表 12.6 是一个实例分析。

表 12.6　floor、round 与 ceil 的区别

数字	Math.floor 方法	Math.round 方法	Math.ceil 方法
1.4	1.0	1	2.0
1.5	1.0	2	2.0
1.6	1.0	2	2.0
−1.4	−2.0	−1	−1.0
−1.5	−2.0	−1	−1.0
−1.6	−2.0	−2	−1.0

以下是一段测试代码：

```
class Test
{
    public static void main(String[] args)
    {
        float m=6.4f;
        float n=-6.4f;
        System.out.println("Math.round("+m+")="+Math.round(m));
        System.out.println("Math.round("+n+")="+Math.round(n));
        System.out.println("Math.ceil("+m+")="+Math.ceil(m));
        System.out.println("Math.ceil("+n+")="+Math.ceil(n));
        System.out.println("Math.floor("+m+")="+Math.floor(m));
        System.out.println("Math.floor("+n+")="+Math.floor(n));
    }
}
```

上例的运行结果为：

```
Math.round(6.4)=6
Math.round(-6.4)= -6
Math.ceil(6.4)=7.0
Math.ceil(-6.4)= -6.0
Math.floor(6.4)=6.0
Math.floor(-6.4)= -7.0
```

12.4.8　++i 与 i++有什么区别?

在编程的时候，经常会用到变量的自增或自减操作，尤其在循环中用的最多。以自增为例，有两种自增方式：前置与后置，即++i 和 i++，它们的不同点在于 i++是在程序执行完毕后自增，而++i 是在程序开始执行前进行自增。如下例所示：

```
public class Test
{
    public static void main(String[] a)
    {
        int i = 1;
```

```
                System.out.println(i++ + i++);
                System.out.println("i=" + i);
                System.out.println(i++ + ++i);
                System.out.println("i=" + i);
                System.out.println(i++ + i++ + i++);
                System.out.println("i=" + i);
        }
}
```

程序运行结果为：

```
3
i=3
8
i=5
18
i=8
```

上例中的程序运行结果让很多读者感觉不解，其实稍作分析，问题便迎刃而解了。表达式 i++ + i++首先执行第一个 i++操作，由于自增操作会稍后执行。因此，运算时 i 的值还是 1，但自增操作后，i 的值变为 2，接着执行第二个 i++，运算时，i 的值已经为 2 了，而执行了一个自增操作后，i 的值变为 3，所以 i++ + i++=1+2=3，而运算完成后，i 的值变为 3。

表达式 i++ + ++i 首先执行第一个 i++，但是自增操作会稍后执行。因此，此时 i 的值还是 3，接着执行++i，此时 i 的值变为 4，同时还要补执行 i++的自增操作，因此此时 i 的值变为 5，所以 i++ + ++i=3+5=8。

同理，i++ + i++ + i++=5+6+7=18。

12.4.9 如何实现无符号数右移操作？

Java 提供了两种右移运算符：">>"和">>>"。其中，">>"被称为有符号右移运算符，">>>"被称为无符号右移运算符，它们的功能是将参与运算的对象对应的二进制数右移指定的位数。不同点在于">>"在执行右移操作的时候，如果参与运算的数字为正数时，则在高位补 0，若为负数则在高位补 1。而">>>"则不同，无论参与运算的值为正或为负，都会在高位补 0。

此外，需要特别注意的是，对于 char、byte、short 等类型的数进行移位操作前，都会自动将数值转化为 int 型，然后才进行移位操作，由于 int 型变量只占 4 个字节（32 位），因此当右移的位数超过 32 时，移位运算没有任何意义。所以，在 Java 语言中，为了保证移动位数的有效性，使得右移的位数不超过 32，采用了取余的操作，即 a>>n 等价于 a>>(n%32)。如下例所示：

```
public class Test
{
        public static void main(String[] a)
        {
                int i=-4;
                System.out.println("-----int>>:"+i);
                System.out.println("移位前二进制：  "+Integer.toBinaryString(i));
                i>>=1;
                System.out.println("移位后二进制：  "+Integer.toBinaryString(i));
                System.out.println("-----int>>:"+i);
```

```
            i=-4;
            System.out.println("-----int>>>:"+i);
            System.out.println("移位前二进制："+Integer.toBinaryString(i));
            i>>>=1;
            System.out.println("移位后二进制："+Integer.toBinaryString(i));
            System.out.println("-----int>>>:"+i);

            short j=-4;
            System.out.println("-----short>>>:"+j);
            System.out.println("移位前二进制："+Integer.toBinaryString(j));
            j>>>=1;
            System.out.println("移位后二进制："+Integer.toBinaryString(j));
            System.out.println("-----short>>>:"+j);

            i=5;
            System.out.println("-----int>>:"+i);
            System.out.println("移位前二进制："+Integer.toBinaryString(i));
            i>>=32;
            System.out.println("移位后二进制："+Integer.toBinaryString(i));
            System.out.println("-----int>>:"+i);
        }
    }
```

程序运行结果为：

```
-----int>>:-4
移位前二进制：11111111111111111111111111111100
移位后二进制：11111111111111111111111111111110
-----int>>:-2
-----int>>>:-4
移位前二进制：11111111111111111111111111111100
移位后二进制：1111111111111111111111111111110
-----int>>>:2147483646
-----short>>>:-4
移位前二进制：11111111111111111111111111111100
移位后二进制：11111111111111111111111111111110
-----short>>>:-2
-----int>>:5
移位前二进制：101
移位后二进制：101
-----int>>:5
```

需要特别说明的是，对于 short 类型来说，由于 short 只占两字节，在移位操作的时候会先转换为 int 类型，虽然在进行无符号右移的时候会在高位补 1，当把运算结果再赋值给 short 类型的时候，只会取其中低位的两个字节，因此，高位无论补 0 还是补 1 对运算结果无影响。在上例中，-4 的二进制表示为 11111111 11111100（负数以补码格式存储），在转换为二进制的时候会以 4 字节的方式输出，高位会补 1，因此输出为 11111111111111111111111111111100，在执行无符号数右移后其二进制变为 01111111111111111111111111111110，当把运算结果再复制给 i 的时候只会取低位的两个字节，因此，运算结果的二进制表示为 11111111 11111110，对应的十进制值为-2，当把-2 以二进制形式输出的时候，同理会以 4 字节的方式输出，高位会补 1，因此输出为 11111111111111111111111111111110。

引申："<<"运算符与">>"运算符有何异同？

"<<"运算符表示左移，左移 n 位表示原来的值乘 2 的 n 次方。经常用来代替乘法操作，例如：一个数 m 乘以 16 可以表示为将这个数左移 4 位（m<<4），由于 CPU 直接支持位运算，因此位运算比乘法运算的效率高。

与右移运算不同的是，左移运算没有有符号与无符号左移，在左移的时候，移除高位的同时再低位补 0。以 4 <<3（4 为 int 型）为例，其运算步骤如下所示：

1）把 4 转换为二进制数字 0000 0000 0000 0000 0000 0000 0000 0100。

2）把该数字的高三位移走，同时其他位向左移动 3 位。

3）在最低位补 3 个零。最终结果为 0000 0000 0000 0000 0000 0000 0010 0000，对应的十进制数为 32。

与右移运算符相同的是，当进行左移运算时，如果移动的位数超过了该类型的最大位数，那么编译器会对移动的位数取模。例如对 int 型移动 33 位，实际上只移动了 33%32=1 位。

12.4.10 如何理解 Unicode 编码？

对于计算机而言，它只能识别 01 字串，但是 01 字串可读性太差，因此就需要把可读性更好的字符串转换为 01 字串存储在计算机中。那么如何建立可读字符与 01 字串之间的关系呢？这就需要一个标准，在 Java 中使用的是 Unicode 标准，这个标准定义了字符与数字之间的映射关系。

Unicode 的第一个版本是用两个字节（16 bit）来表示所有字符，其实 Unicode 标准主要涉及两个方面：

1）规范会定义字符与数字之间的映射关系，也就是说规范会给每个字符指定唯一的数字。

2）如何在计算机中存储字符对应的数字。于是出现了不同的存储方式，例如：UTF-8 和 UTF-16 等编码。

为了理解不同编码的区别，下面以 UTF-8 和 UTF-16 为例来介绍它们的区别。

UTF-16 使用定长的字节存储，也就是说，对于任意的字符，都是用两个字节来存储，而 UTF-8 则使用变长的字节来存储。例如"汉"字对应的 Unicode 编码是 6C49（二进制：01101100 01001001，十进制：27721）。如果使用 UTF-16 来存储这个汉字，那么只需要使用两个字节存储 6C49 即可。

但是如果要使用 UTF-8 来存储 6C49，首先需要确定需要几个字节来保存这个数字，而 UTF-8 由于里面有额外的标志信息，所有 1 个字节只能表示 2 的 7 次方 128 个字符，两个字节只能表示 2 的 11 次方 2048 个字符，而 3 个字节能表示 2 的 16 次方，65536 个字符。显然"汉"的编码介于 2048 与 65536 之间，因此需要 3 个字节来保存。UTF-8 使用下面的方法来确定一个字符使用了几个字节来保存：

1）1 个字节，使用 0xxxxxxx 的格式，XX 代表任意实际的编码；

2）2 个字节：110xxxxx 10xxxxxx；

3）3 个字节：1110xxxx 10xxxxxx 10xxxxxx。

显然，对于"汉"，使用 UTF-8 保存的时候，保存的内容为 11100110 10110001 10001001（E6B189）。

下面通过一个例子来加深理解：

```
import java.io.UnsupportedEncodingException;
```

```
public class Test
{
    private static final String HEX_DIGITS = "0123456789ABCDEF";
    public static String hexConvert(byte buf[], int length)
    {
        if (buf == null) return(null);
        StringBuffer sb = new StringBuffer(2 * length);
        for (int i = 0; i < length; i++)
        {
            sb.append(HEX_DIGITS.charAt((buf[i] & 0x000000F0) >> 4));
            sb.append(HEX_DIGITS.charAt(buf[i] & 0x0000000F));
        }
        return(sb.toString());
    }

    public static void encodeBytes(String str) throws UnsupportedEncodingException
    {
        System.out.println("\""+str + "\"占用的字节数");
        byte[] b;
        b = str.getBytes("UTF-8");
        System.out.println("UTF8 编码：" + b.length + "字节"+"HEX="+hexConvert(b, b.length));

        b = str.getBytes("UTF-16");
        System.out.println("UTF16 编码：" + b.length + "字节"+"HEX="+hexConvert(b, b.length));

        b = str.getBytes("Unicode");
        System.out.println("Unicode：" + b.length + "字节"+"HEX="+hexConvert(b, b.length));

        b = str.getBytes();
        System.out.println("默认编码" + System.getProperty("file.encoding") + "编码：" + b.length
+ "字节"+"HEX="+hexConvert(b, b.length));
    }

    public static void main(String[] args) throws UnsupportedEncodingException
    {
        encodeBytes("汉");
        encodeBytes("a");
    }
}
```

程序运行结果为：

```
"汉"占用的字节数
UTF8 编码：3 字节 HEX=E6B189
UTF16 编码：4 字节 HEX=FEFF6C49
Unicode：4 字节 HEX=FEFF6C49
默认编码 UTF-8 编码：3 字节 HEX=E6B189
"a"占用的字节数
UTF8 编码：1 字节 HEX=61
UTF16 编码：4 字节 HEX=FEFF0061
Unicode：4 字节 HEX=FEFF0061
默认编码 UTF-8 编码：1 字节 HEX=61
```

从运行结果可以发现，“汉”这个字符在使用 UTF-8 编码的时候与上面的分析结果相同，而使用 UTF-8 保存英文字符只需要 1 个字节。而 UTF-16 使用了 4 个字节来保存所有字符，其中开头的两个字节表示字节序，FEFF 表示大端（从左到右填充），FFEF 表示小端（从右到左填充）。如果指定字节序，那么就只需要两个字节。

上面介绍的 Unicode 只能表示 65536 个字符，为了表示更多的字符，出现了 Unicode 的第二个版本，可以用 4 个字节表示所有字符，相对应地也就出现了 UTF-8、UTF-16 和 UTF-32 等编码。这里就不详细介绍了。

JVM 规范规定 Java 采用 UTF-16 编码作为内码，也就是说在 JVM 内部，字符是用两个字节表示的。

12.4.11 常见面试笔试真题

1）下列表达式正确的（　　）。

A：byte b = 128;　　　　B：boolean flag = null;

C：float f = 0.9239;　　　　D：long a = 2147483648L;

答案：D。A 中 byte 能表示的取值范围为[−128, 127]，因此不能表示 128。B 中 boolean 的取值只能是 true 或 false，不能为 null。C 中 0.9239 为 double 类型，需要进行数据类型转换。

2）String 是最基本的数据类型吗?

答案：不是。基本数据类型包括 byte、int、char、long、float、double、boolean 和 short。

3）int 和 Integer 有什么区别？

Java 语言提供两种不同的类型：引用类型和原始类型（或内置类型）。int 是 Java 语言的原始数据类型，Integer 是 Java 语言为 int 提供的封装类。Java 为每个原始类型提供了封装类。

引用类型与原始类型的行为完全不同，并且它们具有不同的语义。而且，引用类型与原始类型具有不同的特征和用法。

4）赋值语句 float f=3.4 是否正确？

不正确。3.4 在默认情况下是 double 类型，即双精度浮点数，将 double 类型数值赋值给 float 类型的变量，会造成精度损失，因此需要强制类型转换，即将 3.4 转换成 float 类型或者将 3.4 强制写成 float 类型。所以，float f=(float)3.4 或者 float f=3.4F 写法都是可以的。

5）下面代码的输出结果是什么？

```
public class Test
{
    public static void main(String[] args)
    {
        Integer a = 1;
        Integer b = 2;
        Integer c = 3;
        Integer d = 3;
        Integer e = 321;
        Integer f = 321;
        Long g = 3L;
        Long h = 2L;
        Integer i = new Integer(1);
        Integer j = new Integer(1);
        System.out.println(c == d);
        System.out.println(e == f);
        System.out.println(c == (a + b));
        System.out.println(g.equals(a + b));
```

```
            System.out.println(i == j);
        }
    }
```

答案：运行结果为：

```
true
false
true
false
false
```

分析：在解答这道题前首先需要掌握下面几个知识点：

① 使用==比较的时候比较的是两个对象的引用（也就是地址）；

② 使用 equals 比较的是两个 Integer 对象的数值；

③ Long 对象的 equals 方法，它会首先检查方法的参数是否也是 Long 类型，如果不是则直接返回 false；

④ 在 Java 中，Integer 内部维护了一个可以保存-128～127 的缓存池；

⑤ 如果比较的某一边有操作表达式（例如 a+b），那么比较的是具体数值。

根据以上的知识点，可以得出分析结果：

① Integer c = 3;内部会调用 Integer.valueOf(3)方法，这个方法的源码如下：

```
public static Integer valueOf( int i)
{
    assert IntegerCache. high >= 127;
    if (i >= IntegerCache. low && i <= IntegerCache. high )
        return IntegerCache. cache[i + (-IntegerCache. low)];
    return new Integer(i);
}
```

从上面的代码可以看出，c 和 d 都是用过 valueOf 方法获取的且指向相同的对象，因此 c == d 为 true。

② e 和 f 超出了缓存池缓存的范围，因此会对 e 和 f 创建两个不同的对象，因此它们的地址不相等，所以 e == f 为 false。

③ 对于 c == (a + b)，由于比较的一边有表达式，因此比较的是具体数值，因此它的值为 true。

④ 对于 g.equals(a + b)，由于 g 的类型为 Long，但是 a+b 的类型为 Integer，因此 equals 方法会返回 false。

⑤ 对于 i==j，当使用 new 实例化对象的时候，它会在堆上创建新的对象并返回，因此 i 和 j 是两个独立的对象，它们有着不同的地址，因此比较结果为 false。

⑥ 下面程序的输出结果是什么？

```
int i=1;
if(i)
    System.out.println("true");
else
    System.out.println("false");
```

答案：编译错误。因为 if 条件只接受 boolean 类型的值（true 或 false），而 i 的类型为 int，不能将其隐式地转换为 boolean 类型。

⑦ 对于下述代码结果强制类型转换后，变量 a 和 b 的值分别是多少？

```
short a=128;
byte b=(byte)a;
```

a=128，b=-128。short 类型变量占两个字节，a 对应的二进制为：00000000 10000000，由于 byte 只占一个字节，在强制转换为 byte 的时候只截取低字节：10000000，因此 b 的值为-128。

⑧ 下例说法正确的是（　　）。

A：call by value（值传递）不会改变实际参数的值

B：call by reference（引用传递）能改变实际参数

C：call by reference（引用传递）不能改变实际参数的地址

D：call by reference（引用传递）能改变实际参数的内容

答案：A、C、D。

⑨ 下面程序的运行结果是多少？

```
public class Test
{
    public static void main(String[] args)
    {
        byte a = 5;
        int b = 10;
        int c = a >> 2 + b >> 2;
        System.out.println(c);
    }
}
```

答案：0。由于+的优先级比>>高，因此上面的表达式等价于 a>>(2+b)>>2，相当于 a>>12>>2。因此运行结果为 0。

⑩ Math.round(11.5)等于多少？Math.round(-11.5)等与多少？

答案：12，-11。

⑪ 设 x=1，y=2，z=3，则表达式 y+=z--/++x 的值是（　　）。

A：3　　B：3. 5　　C：4　　D：5

答案：A。

12.5 字符串与数组

12.5.1 字符串创建与存储的机制是什么?

在 Java 语言中，String 对象提供了专门的字符串常量池。为了便于理解，首先介绍在 Java 语言中字符串的存储机制，在 Java 语言中，字符串的声明与初始化主要有如下两种情况：

1）对于 String s1=new String("abc")语句与 String s2=new String("abc")语句，存在两个引用对象 s1、s2，两个内容相同的字符串对象"abc"，它们在内存中的地址是不同的。只要用到 new 总会生成新的对象。

2）对于 String s1 = "abc"语句与 String s2 = "abc"语句，在 JVM 中存在着一个字符串池，其中保存着很多 String 对象，并且可以被共享使用，s1、s2 引用的是同一个常量池中的对象。

由于 String 的实现采用了 Flyweight 的设计模式，当创建一个字符串常量的时候，例如 String s = "abc"，会首先在字符串常量池中查找是否已经有相同的字符串被定义，它的判断依据是 String 类 equals(Object obj)方法的返回值。如果已经定义，那么直接获取引用，此时不需要创建新的对象，如果没有定义，那么首先创建这个对象，然后把它加入到字符串池中，再将它的引用返回。由于 String 是不可变类，一旦创建好了就不能被修改，因此 String 对象可以被共享而且不会导致程序的混乱。

具体而言：

```
String s="abc"                    //把"abc"放到常量区中，在编译时产生
String s="ab"+"c";                //把"ab"+"c"转换为字符串常量"abc"存储到常量区中
String s=new String("abc");       //在运行时把"abc"存储到堆里面的
```

再例如：

```
String s1="abc";                  //在常量区里面存储了一个"abc"字符串对象，s1 引用这个字符串
String s2="abc";                  //s2 引用常量区中的对象，因此不会创建新的对象
String s3=new String("abc")       //在堆中创建新的对象，s3 指向堆中新建的对象
String s4=new String("abc")       //在堆中又创建一个新的对象
```

为了便于理解，可以把 String s = new String("abc")语句的执行人为地分解成两个过程：第一个过程是新建对象的过程，即 new String("abc")；第二个过程是赋值的过程，即 String s=。由于第二个过程中只是定义了一个名为 s 的 String 类型的变量，将一个 String 类型对象的引用赋值给 s，因此在这个过程中不会创建新的对象。第一个过程中 new String("abc")会调用 String 类的构方法：

```
public String(String original){
    //body
}
```

由于在调用这个构造方法的时候，传入了一个字符串常量，因此语句 new String("abc")也就等价于"abc"和 new String()两个操作了。如果在字符串池中不存在"abc"，则会创建一个字符串常量"abc"，并将其添加到字符串池中，如果存在，则不创建，然后 new String()会在堆中创建一个新的对象。所以 str3 与 str4 指向的是堆中不同的 String 对象，地址自然也不相同了。如图 12.7 所示。

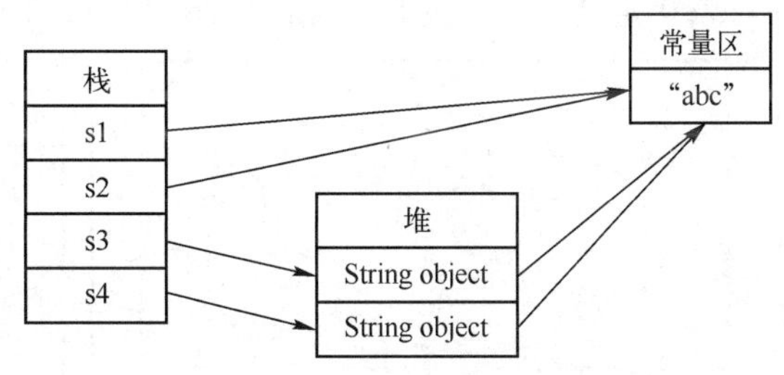

图 12.7　两种字符串存储方式

从上面的分析可以看出，在创建字符串对象的时候，会根据不同的情况来确定字符串存储在常量区还是堆中。而 intern 方法主要用来把字符串放入字符串常量池中。在以下两种情况，字符串会被放入字符串常量池中：

1）直接使用双引号声明的 String 对象都会直接存储在常量池中。

2）通过调用 String 提供的 intern 方法把字符串存储到常量池中，intern 方法会从字符串常量池中查询当前字符串是否存在，若不存在，则会将当前字符串存储到常量池中。

intern 方法在 JDK6 和 JDK7 下有着不同的工作原理，下面通过一个例子来介绍它们的不同之处。

```
public class Test
{
    public static void main(String[] args) throws Exception
    {
        String s1 = new String("a");
        s1.intern();
        String s2 = "a";
        System.out.println(s1 == s2);

        String s3 = new String("a") + new String("a");
        s3.intern();
        String s4 = "aa";
        System.out.println(s3 == s4);
    }
}
```

以上程序的运行结果为：

JDK6 以及以下的版本： false false	JDK7 以及以上的版本： false true

从上面例子的运行结果可以看出，在 JDK6 以及以前的版本中，两种写法得到的结果是类似的，从 JDK7 开始的版本对 intern 方法的处理是不同的，下面分别介绍这两种不同的实现方式。

（1）在 JDK6 以及以前版本中的实现原理

intern()方法会查询字符串常量池是否存在当前字符串，若不存在则将当前字符串复制到字符串常量池中，并返回字符串常量池中的引用。

如图 12.8 所示，在 JDK6 中的字符串常量池是在 Perm 区中，前面提到过使用引号声明的字符串会直接存储在字符串常量池中，而 new 出来的 String 对象是存储在堆区。即使通过调用 intern 方法把字符串存储字符串常量区中，由于堆和 Perm 区是两块独立的存储空间，存储在堆和 Perm 区中的对象一定会有不同的存储空间，因此，它们也有不同的地址。

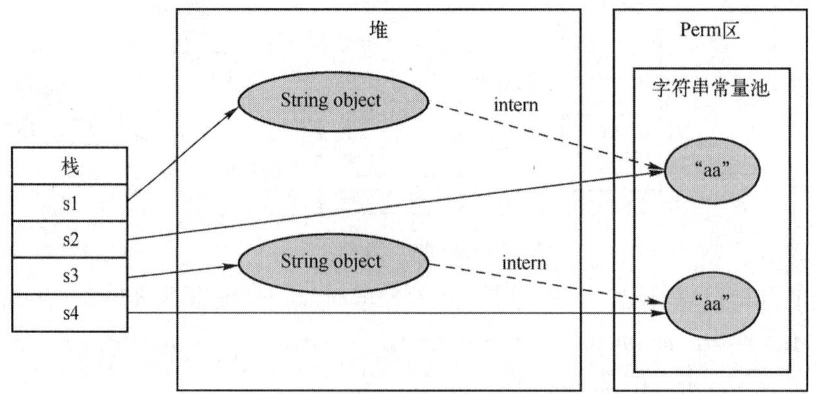

图 12.8　intern 方法在 JDK6 以及更低版本的实现原理

（2）在 JDK7 以及以上版本中的实现原理

intern()方法会先查询字符串常量池是否存在当前字符串，若字符串常量池中不存在则再从堆中查询，然后存储并返回相关引用；若都不存在则将当前字符串复制到字符串常量池中，并返回字符串常量池中的引用。实现原理如图 12.9 所示。

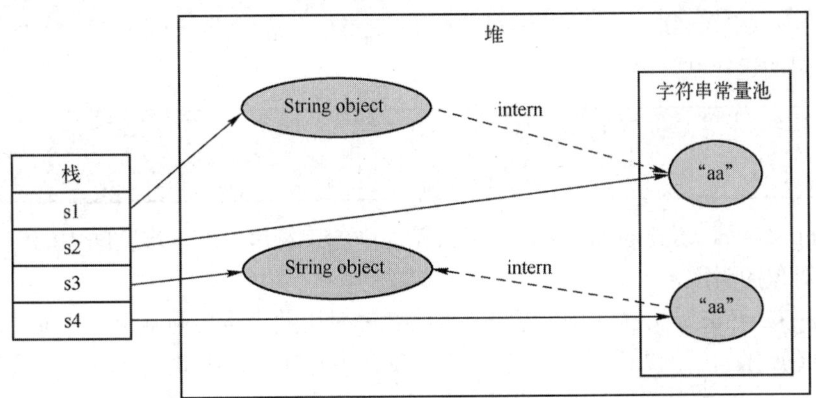

图 12.9　intern 方法在 JDK7 以及以上版本中的实现原理

1）String s1 = new String("a")。这句代码生成了两个对象。常量池中的"a"和堆中的字符串对象。s1.intern(); 这一句代码执行的时候，s1 对象首先在常量池中寻找，由于发现"a"已经在常量池里了，因此不做任何操作。

2）接下来执行 String s2 = "a"。这句代码是在栈中生成一个 s2 的引用，这个引用指向常量池中的"a"对象。显然 s1 与 s2 有不同的地址。

3）String s3 = new String("a") + new String("a")。这行代码在字符串常量池中生成"a"（由于已经存在了，不会创建新的字符串），并且在堆中生成一个字符串对象（字符串的内容为"aa"），s3 指向这个堆中的对象。需要注意的是，此时常量池中还不存在字符串"aa"。

4）接下来执行 s3.intern()。这句代码执行的过程是：首先判断"aa"在字符串常量区中不存在，因此会把"aa"存储到字符串常量区中，在 JDK6 中，会在常量池中生成一个"aa"的对象。由于在 JDK7 开始字符串常量池从 Perm 区移到堆中了，在这种情况下，常量池中不需要再存储一份对象了，而是直接存储堆中的引用。这份引用指向 s3 引用的对象。如图 12.9 所示，字符串常量区中的字符串"aa"直接指向堆中的字符串对象。由此可见，这种实现方式能够大大降低字符串所占用的内存空间。

5）执行 String s4 = "aa" 的时候，由于这个字符串在字符串常量区中已经存在（指向 s3 引用对象的一个引用），所以 s4 引用指向和 s3 一样。因此 s3 == s4 的结果 是 true。

如果把上面例子中的代码的顺序调整，那么就会得到不同的运行结果，如下例所示：

```
public class Test
{
    public static void main(String[] args) throws Exception
    {
        String s1 = new String("a");
        String s2 = "a";
        s1.intern();
        System.out.println(s1 == s2);
```

```
            String s3 = new String("a") + new String("a");
            String s4 = "aa";
            s3.intern();
            System.out.println(s3 == s4);
        }
    }
```

上述代码的运行结果为：

JDK6 以及以下的版本： false false	JDK7 以及以上的版本： false false

1）String s1 = newString(“a”)，生成了常量池中的字符串“a”、堆空间中的字符串对象和指向堆空间对象的引用 s1。

2）String s2 = “aa”，这行代码是生成一个 s2 的引用并直接指向常量池中的“aa”对象。

3）s1.intern()，由于“a”已经在字符串常量区中存在了，因此这一行代码没有什么实际作用。显然 s1 与 s2 的引用地址是不相同的。

4）String s3 = new String(“a”) + newString(“a”)，这行代码在字符串常量池中生成“a”（由于已经存在了，不会创建新的字符串），并且在堆中生成一个字符串对象（字符串的内容为“aa”），s3 指向这个堆中的对象。需要注意的是，此时常量池中还不存在字符串“aa”。

5）String s4 = “aa”， 这一行代码执行的时候，首先在字符串常量区中生成字符串“aa”，接着 s4 指向字符串常量区中的“aa”。

6）s3.intern()，由于“aa”已经存在了，所以这一行代码没有实际的作用。

引申 1：intern 方法内部是怎么实现的？

主要是通过 JNI 调用 C++实现的 StringTable 的 intern 方法来实现的，StringTable 的 intern 方法与 Java 中的 HashMap 的实现非常类似，但是 C++中的 StringTable 没有自动扩容的功能。在 JDK6 中，它的默认大小为 1009。由此可见，String 的 String Pool 使用了一个固定大小的 Hashtable 来实现，如果往字符串常量区中存储过多的字符串，那么就会造成 Hash 冲突严重，解决冲突需要额外的时间，这就会导致使用字符串常量池的时候性能会下降。因此在编写代码的时候需要注意这个问题。为了提供一定的灵活性，JDK7 中提供了下面的参数来指定 StringTable 的长度：

```
XX:StringTableSize=10000
```

引申 2：如何验证从 JDK7 开始字符串常量被移到堆中了？

可以通过 intern 方法把大量的字符串都存储在字符串常量池中，直到常量池空间不够了导致溢出，根据抛出的异常可以查看是哪部分内存不够而导致溢出的，如下例所示：

```
import java.util.*;

public class Test
{
    public static String   s = "Hello";
    public static void main(String[] args)
    {
        List<String> list = new ArrayList<String>();
```

```
                for (int i=0;i< Integer.MAX_VALUE;i++)
                {
                        String str = s + s;
                        s = str;
                        list.add(str.intern());
                }
        }
}
```

在 JDK6 以及以下的版本运行会抛出“java.lang.OutOfMemoryError: PermGen space”异常，说明字符串常量池是存储在永久代中的。而在 JDK7 以及以上的版本中运行上述代码，会抛出“java.lang.OutOfMemoryError: Java heap space”异常，说明从 JDK7 开始，字符串常量池被存储在堆中。

12.5.2 “==”、equals 和 hashCode 的区别是什么？

1）“==”运算符用来比较两个变量的值是否相等，也就是用于比较变量所对应的内存中所存储的数值是否相同，要比较两个基本类型的数据或两个引用变量是否相等，只能用“==”运算符。

具体而言，如果两个变量是基本数据类型，可以直接用“==”来比较其对应的值是否相等。如果一个变量指向的数据是对象（引用类型），那么，此时涉及了两块内存，对象本身占用一块内存(堆内存)，对象的引用也占用一块内存。例如，对于赋值语句 String s = new String()，变量 s 占用一块存储空间（一般在栈中），而 new String()则存储在另外一块存储空间里（一般在堆中），此时，变量 s 所对应的内存中存储的数值就是对象占用的那块内存的首地址。对于指向对象类型的变量，如果要比较两个变量是否指向同一个对象，即要看这两个变量所对应的内存中的数值是否相等（这两个对象是否指向同一块存储空间），这时候就可以用“==”运算符进行比较。但是，如果要比较这两个对象的内容是否相等，那么用“==”运算符就无法实现了。

2）equals 是 Object 类提供的方法之一，每一个 Java 类都继承自 Object 类，所以每一个对象都具有 equals 这个方法。Object 类中定义的 equals(Object) 方法是直接使用“==”比较的两个对象，所以在没有覆盖 equals(Object) 方法的情况下，equals(Object) 与“==”一样，比较的是引用。

相比“==”运算符，equals(Object) 方法的特殊之处就在于它可以被覆盖，所以可以通过覆盖这个方法让它不是比较引用而是比较对象的属性。例如 String 类的 equals 方法是用于比较两个独立对象的内容是否相同，即堆中的内容是否相同。例如，对于下面的代码：

```
String s1=new String("Hello");
String s2=new String("Hello");
```

两条 new 语句在堆中创建了两个对象，然后用 s1、s2 这两个变量分别指向这两个对象，这是两个不同的对象，它们的首地址是不同的，即 s1 和 s2 中存储的数值是不相同的，所以，表达式 a==b 将返回 false，而这两个对象中的内容是相同的，所以，表达式 a.equals(b)将返回 true。

如果一个类没有实现 equals 方法，那么它将继承 Object 类的 equals 方法，Object 类的 equals 方法的实现代码如下：

```
    boolean equals(Object o){
        return this==o;
    }
```

通过以上例子可以说明，如果一个类没有自己定义 equals 方法，它默认的 equals 方法（从 Object 类继承的）就是使用“==”运算符，也是在比较两个变量指向的对象是否为同一对象，此时使用 equals 方法和使用“==”会得到同样的结果，如果比较的是两个独立的对象则总返回 false。如果编写的类希望能够比较该类创建的两个实例对象的内容是否相同，那么必须覆盖 equals 方法，由开发人员自己写代码来决定在什么情况即可认为两个对象的内容是相同的。

3）hashCode()方法是从 Object 类中继承过来的，它也用来鉴定两个对象是否相等。Object 类中的 hashCode()方法返回对象在内存中地址转换成的一个 int 值，所以如果没有重写 hashCode()方法，任何对象的 hashCode()方法都是不相等的。

虽然 equals 方法也是用来判断两个对象是否相等的，但是二者是有区别的。一般来讲，equals 方法是给用户调用的，如果需要判断两个对象是否相等，可以重写 equals 方法，然后在代码中调用，就可以判断它们是否相等了。对于 hashCode()方法，用户一般不会去调用它，例如在 HashMap 中，由于 key 是不可以重复的，它在判断 key 是否重复的时候就判断了 hashCode()这个方法，而且也用到了 equals 方法。此处“不可以重复”指的是 equals 和 hashCode()只要有一个不等就可以了。所以，hashCode()相当于是一个对象的编码，就好像文件中的 md5，它与 equals 方法的不同之处就在于它返回的是 int 型，比较起来不直观。

一般在覆盖 equals 方法的同时也要覆盖 hashCode()方法，否则，就会违反 Object.hashCode 的通用约定，从而导致该类无法与所有基于散列值（hash）的集合类（HashMap、HashSet 和 Hashtable）结合在一起正常运行。

hashCode()的返回值和 equals 方法的关系如下：如果 x.equals(y)返回 true，即两个对象根据 equals 方法比较是相等的，那么调用这两个对象中任意一个对象的 hashCode()方法都必须产生同样的整数结果。如果 x.equals(y)返回 false，即两个对象根据 equals()方法比较是不相等的，那么 x 和 y 的 hashCode()方法的返回值有可能相等，也有可能不等。反过来，hashCode()方法的返回值不等，一定能推出 equals 方法的返回值也不等，而 hashCode()方法的返回值相等，则 equals 方法的返回值可能相等，也可能不等。

12.5.3 String、StringBuffer、StringBuilder 和 StringTokenizer 有什么区别?

在 Java 语言中，有 4 个类可以对字符或字符串进行操作，分别是 Character、String、StringBuffer 和 StringTokenizer，其中 Character 用于单个字符操作，String 用于字符串操作，属于不可变类，而 StringBuffer 也是用于字符串操作，不同之处是 StringBuffer 属于可变类。

String 是不可变类，也就是说 String 对象一旦被创建，其值将不能被改变，而 StringBuffer 是可变类，当对象被创建后仍然可以对其值进行修改。由于 String 是不可变类，因此适合在需要被共享的场合中使用，而当一个字符串经常需要被修改时，最好使用 StringBuffer 来实现。如果用 String 来保存一个经常被修改的字符串时会比 StringBuffer 多了很多附加的操作，同时生成了很多无用的对象，由于这些无用的对象会被垃圾回收器回收，所以会影响程序的性能。在规模小的项目里面这个影响很小，但是在一个规模大的项目里面，这会给程序的运行效率带来很大的影响。

StringBuilder 也是可以被修改的字符串，它与 StringBuffer 类似，都是字符串缓冲区，但 StringBuilder 线程是不安全的，如果只是在单线程中使用字符串缓冲区，那么 StringBuilder 的效率会更高些。因此在只有单线程访问的时候可以使用 StringBuilder，当有多个线程访问时最好使用线程安全的 StringBuffer。因为 StringBuffer 必要时可以对这些方法进行同步，因此任意特定实例上的所有操作就好像是以串行顺序发生的，该顺序与所涉及的每个线程进行的方法调用顺序一致。

String 与 StringBuffer 另外的一个区别在于当实例化 String 的时候，可以利用构造方法（String s1=new String("world")）的方式进行初始化，也可以用赋值（String s = "Hello"）的方式来初始化，而 StringBuffer 只能使用构造方法（StringBuffer s = new StringBuffer("Hello")）的方式来初始化。

String 字符串修改实现的原理为：当用 String 类型来对字符串进行修改时，其实现方法是首先创建一个 StringBuilder，然后调用 StringBuilder 的 append 方法，最后调用 StringBuilder 的 toString 方法把结果返回。举例如下：

```
String s="Hello";
s+="World";
```

以上代码等价与下述代码：

```
String s="Hello";
StringBuilder sb=new StringBuilder(s);
s.append("World");
s=sb.toString();
```

由此可以看出，上述过程比使用 StringBuilder 多了一些附加的操作，同时也生成了一些临时的对象，导致程序的执行效率降低。为了更好地说明这一问题，下面分析一个示例。

```
public class Test
{
    public static void testString()
    {
        String s = "Hello";
        String s1 = "world";
        long start = System.currentTimeMillis();
        for (int i = 0; i < 10000; i++)
        {
            s += s1;
        }
        long end = System.currentTimeMillis();
        long runTime = (end - start);
        System.out.println("testString:" + runTime);
    }

    public static void testStringBuilder()
    {
        StringBuilder s = new StringBuilder("Hello");
        String s1 = "world";
        long start = System.currentTimeMillis();
        for (int i = 0; i < 10000; i++)
        {
            s.append(s1);
```

```
        }
        long end = System.currentTimeMillis();
        long runTime = (end - start);
        System.out.println("testStringBuffer:" + runTime);
    }

    public static void main(String[] args)
    {
        testString();
        testStringBuilder();
    }
}
```

程序运行结果为：

```
testString:114
testStringBuffer:1
```

从程序的运行结果可以看出，当一个字符串需要经常被修改的时候，使用 StringBuilder 比使用 String 的性能要好很多。

在执行效率方面，StringBuilder 最高，StringBuffer 次之，String 最低，鉴于这一情况，如果要操作的数据量比较小，优先使用 String 类，如果是在单线程下操作大量数据，优先使用 StringBuilder 类，如果是在多线程下操作大量数据，优先考虑 StringBuffer 类。

StringTokenizer 是用来分割字符串的工具类，如下例所示：

```
import java.util.StringTokenizer;
public class Test
{
    public static void main(String args[])
    {
        StringTokenizer st = new StringTokenizer("Welcome to our country");
        while (st.hasMoreTokens())
        {
            System.out.println(st.nextToken());
        }
    }
}
```

程序运行结果为：

```
Welcome
to
our
country
```

12.5.4 Java 中数组是不是对象？

数组是指具有相同类型的数据的集合，它们一般具有固定的长度，并且在内存中占据连续的空间。在 C/C++语言中，数组名只是一个指针，这个指针指向了数组的首元素，既没有属性也没有方法可以调用，而在 Java 语言中，数组不仅有其自己的属性（例如 length），也有一些方法可以被调用（例如 clone）。由于对象的特点是封装了一些数据，同时提供了一些属性和方法，从这个角度来讲，数组是对象。每个数组类型都有其对应的类型，可以通过 instanceof

来判断数据的类型。示例代码如下：

```
public class Test
{
        public static void main(String[] args)
        {
                int [] a={1,2};
                int [][] b=new int[2][4];
                String [] s={"a","b"};
                if(a   instanceof int[])
                        System.out.println("the type for a is int[]");
                if(b   instanceof int[][])
                        System.out.println("the type for b is int[][]");
                if(s   instanceof String[])
                        System.out.println("the type for s is String[]");
        }
}
```

程序运行结果为：

```
the type for a is int[]
the type for b is int[][]
the type for s is String[]
```

12.5.5　数组的初始化方式有哪几种?

在 Java 语言中，一维数组的声明方式为：

```
type arrayName[] 或 type[] arrayName
```

其中 type 既可以是基本的数据类型，也可以是类，arrayName 表示数组的名字，[]用来表示这个变量的类型为一维数组。与 C/C++语言不同的是，在 Java 语言中，数组被创建后会根据数组存储的数据类型初始化成对应的初始值（例如，int 类型会初始化为 0，对象会初始化为 null）。另外一个不同之处是 Java 数组在定义的时候，并不会给数组元素分配空间，因此[]中不需要指定数组的长度，对于使用上面方式定义的数组在使用的时候还必须为之分配空间，分配方法为：

```
arrayName = new type[arraySize];      // arraySize 表示数组的长度
```

在完成数组的声明后，需要对其进行初始化，下面介绍两种初始化方法：

1）int[] a= new int[5];　//动态创建 5 个整型，默认初始化为 0

2）int[] a={1,2,3,4,5};　//声明一个数组类型变量并初始化。

当然，在使用的时候也可以把数组的声明和初始化分开来写，例如：

1）int[] a;　　　　　　//声明一个数组类型的对象 a

　a=new int[5];　　　　//给数组 a 申请可以存储 5 个 int 类型大小的空间，默认值为 0

2）int[] a;　　　　　　//声明一个数组类型的对象 a

　a=new int[]{1,2,3,4,5}; //给数组申请存储空间，并初始化为默认值

以上主要介绍了一维数组的声明与初始化的方式，下面介绍二维数组的声明与初始化的方式，二维数组有 3 种声明的方法：

1）type arrayName[][];

2）type[][] arrayName;

3）type[] arrayName[];

其中[]必须为空。

二维数组也可以用初始化列表的方式来进行初始化，它的一般形式为：

```
type arrayName[][]={{c11,c12,c13…},{c21,c22,c23…},{c31,c32,c33…}…};
```

也可以通过 new 关键字来给数组申请存储空间：

```
type arrayname[][]=new type[行数][列数]
```

与 C/C++语言不同的是，在 Java 语言中，二维数组的第二维的长度可以不同。假如要定义一个二维数组有两行，第一行有两列，第二行有三列，定义方法如下：

1）int [][] arr = {{12},{345}};

2）int[][] a =new int[2][];

a[0]=new int[]{1,2};

a[1]=new int[]{3,4,5};

对二维数组的访问也是通过下标来完成的，一般形式为 arryName[行号][列号]，下例介绍二维数组的遍历方法。

```
public class Test
{
    public static void main(String[] args)
    {
        int a[][] =new int[2][];
        a[0]=new int[]{1,2};
        a[1]=new int[]{3,4,5};
        for(int i=0;i<a.length;i++)
        {
            for(int j=0;j<a[i].length;j++)
                System.out.print(a[i][j]+" ");
        }
    }
}
```

程序运行结果为：

```
1 2 3 4 5
```

12.5.6 length 属性与 length 方法的区别是什么？

在 C/C++语言中，每当调用一个函数需要传递数组的时候，就必须同时传递数组的长度，因为在函数调用的时候传递的参数为数组的首地址，而对数组的实际长度却无法获知，这样会导致在对数组进行访问时可能产生越界。而在 Java 语言中，数组提供了 length 属性来获取数组的长度。

在 Java 语言中，length()方法是针对字符串而言的，String 提供了 length()方法来计算字符串的长度。如下例所示：

```
public class Test
{
    public static void testArray(int[] arr)
```

```
    {
        System.out.println("数组长度为：" + arr.length);
    }

    public static void testString(String s)
    {
        System.out.println("字符串长度为：" + s.length());
    }

    public static void main(String[] args)
    {
        int[] arr = { 1, 3, 5, 7 };
        String s = "1357";
        testArray(arr);
        testString(s);
    }
}
```

程序运行结果为：

```
数组长度为：4
字符串长度为：4
```

除了 length 属性与 length 方法外，Java 中还有一个计算对象大小的方法 size()，该方法是针对泛型集合而言的，用于查看泛型中有多少个元素。（备注：泛型是对 Java 语言的类型系统的一种扩展，以支持创建可以按类型进行参数化的类。可以把类型参数看作是使用参数化类型时指定的类型的一个占位符，就像方法的形式参数是运行时传递的值的占位符一样。）

12.5.7　常见面试笔试真题

1）new String(“abc”)创建了几个对象？

答案：一个或两个。如果常量池中原来有“abc”，那么只创建一个对象，如果常量池中原来没有“abc”，那么就会创建两个对象。

假设有以下代码 String s=“hello”; String t=“hello”; char c[]={'h','e','l','l','0'}，下列选项中返回 false 语句的是（　　）。

A：s.equals(t)

B：t.equals(c)

C：s==t

D：t.equals(new String(“hello”))

答案：B。从上面的介绍可以看出 A 与 D 显然会返回 true，从上一节的介绍中可以得出选项 C 的返回值也为 true。对于 B，由于 t 与 c 分别为字符串类型和数组类型，因此返回值为 false。

2）下面的程序输出结果是什么？

```
String s="abc";
String s1="ab"+"c";
System.out.println(s==s1);
```

答案：true。"ab"+"c"通过编译器就被转换为"abc"，存储在常量区，因此输出结果为 true。

3）Set 里的元素是不能重复的，那么用什么方法来区分是否重复呢？是用“==”还是 equals()？它们有何差别？

答案：用 equals()方法来区分是否重复。

4）以下数组的定义，正确的 3 条是（　　）。

A：public int a []　　B：static int [] a　　C：public [] int a

D：private int a [3]　　E：private int [3] a []　　F：public final int [] a

答案：A、B、F。

5）下列数组定义及赋值，错误的是（　　）。

A：int intArray[];

B：intArray = new int[3];intArray[1]=1; intArray[2]=2; intArray[3]=3;

C：int a[]={1,2,3,4,5};

D：int[][] a = new int[2][];a[0] = new int[3];a[1]=new int[3];

答案：B。B 中对数组的访问越界了。数组大小为 3，数组第一个元素为 intArray[0]，最后一个元素为 intArray[2]。

6）下列说法错误的有（　　）。

A：数组是一种对象　　B：数组属于一种原生类

C：int number[] = {31, 23, 33, 43, 35, 63}　　D：数组的大小可以任意改变

答案：B、D。原生类指未被实例化的类，数组一般指实例化、被分配空间的类，所以不属于原生类。

7）（　　）语句创建了一个数组实例。

A：int[] ia = new int [15];　　B：float fa = new float [20];

C：char[] ca = “Some String”;　　D：int ia [][] = {4, 5, 6} {1, 2, 3};

答案：A。

12.6 异常处理

12.6.1 finally 块中的代码什么时候被执行？

问题描述：try {}里有一个 return 语句，那么紧跟在这个 try 后的 finally {}里的 code 会不会被执行？什么时候被执行？在 return 前还是后？

在 Java 语言的异常处理中，finally 语句块的作用就是为了保证无论出现什么情况，finally 块里的代码一定会被执行。当程序执行 return 的时候就意味着结束对当前方法的调用并跳出这个方法体，任何语句要执行都只能在 return 前执行（除非碰到 exit 函数），因此 finally 块里的代码也是在 return 前执行的。此外，如果 try-finally 或者 catch-finally 中都有 return，则 finally 块中的 return 语句将会覆盖别处的 return 语句，最终返回到调用者那里的是 finally 中 return 的值。下面通过一个例子（示例 1）来说明这个问题。

```
public class Test {
    public static int testFinally(){
        try{
            return 1;
        }catch(Exception e){
            return 0;
        }finally{
```

```
                System.out.println("execute finally");
            }
        }
        public static void main(String[] args){
            int result=testFinally();
            System.out.println(result);
        }
    }
```

程序运行结果为：

```
execute finally
1
```

从上面这个例子中可以看出，在执行 return 前确实执行了 finally 中的代码。紧接着，在 finally 块里面放置一个 return 语句，例子（示例 2）如下所示：

```
public class Test {
    public static int testFinally(){
        try{
            return 1;
        }catch(Exception e){
            return 0;
        }finally{
            System.out.println("execute finally");
            return 3;
        }
    }
    public static void main(String[] args){
        int result=testFinally();
        System.out.println(result);
    }
}
```

程序运行结果为：

```
execute finally
3
```

从以上运行结果可以看出，当 finally 块中有 return 语句时，将会覆盖函数中其他 return 语句。此外，由于在一个方法内部定义的变量都存储在栈中，当这个函数结束后，其对应的栈就会被回收，此时在其方法体中定义的变量将不存在，因此 return 在返回的时候不是直接返回变量的值，而是复制一份，然后返回。因此，对于基本类型的数据，在 finally 块中改变 return 的值对返回值没有任何影响，而对于引用类型的数据，就有影响。下面通过一个例子（示例 3）来说明这个问题。

```
public class Test {
    public static int testFinally1(){
        int result=1;
        try{
            result=2;
            return result;
        }catch(Exception e){
            return 0;
        }finally{
            result=3;
```

```
                System.out.println("execute finally1");
            }
        }

        public static StringBuffer testFinally2(){
            StringBuffer s=new StringBuffer("Hello");
            try{
                return s;
            }catch(Exception e){
                return null;
            }finally{
                s.append(" World");
                System.out.println("execute finally2");
            }
        }
        public static void main(String[] args){
            int resultVal=testFinally1();
            System.out.println(resultVal);
            StringBuffer resultRef=testFinally2();
            System.out.println(resultRef);
        }
    }
```

程序运行结果为：

```
execute finally1
2
execute finally2
Hello World
```

程序在执行到 return 的时候会首先将返回值存储在一个指定的位置，然后去执行 finally 代码块，然后再返回。在方法 testFinally1 中调用 return 前首先把 result 的值 1 存储在一个指定的位置，然后再去执行 finally 块中的代码，此时修改 result 的值将不会影响到程序的返回结果。testFinally2 中，在调用 return 前首先把 s 存储到一个指定的位置，由于 s 为引用类型，因此在 finally 块中修改 s 将会修改程序的返回结果。

引申：出现在 Java 程序中的 finally 代码块是不是一定会执行？

不一定会执行，下面给出两个 finally 代码块不会执行的例子。

1）当程序在进入 try 语句块之前出现异常的时候，会直接结束，不会执行 finally 块中的代码。如下例所示：

```
public class Test {
    public static void testFinally(){
        int i=5/0;
        try{
            System.out.println("try block");
        }catch(Exception e){
            System.out.println("catch block");
        }finally{
            System.out.println("finally block");
        }
    }
    public static void main(String[] args){
        testFinally();
```

```
        }
    }
```

程序运行结果为：

```
    Exception in thread "main" java.lang.ArithmeticException: / by zero
        at Test.testFinally(Test.java:3)
        at Test.main(Test.java:13)
```

程序在执行 int i=5/0 的时候会抛出异常，导致没有执行 try 块，因此 finally 块也就不会被执行。

2）当程序在 try 块中强制退出的时候也不会去执行 finally 块中的代码，如下例所示：

```
public class Test {
    public static void testFinally(){
        try{
            System.out.println("try block");
            System.exit(0);
        }catch(Exception e){
            System.out.println("catch block");
        }finally{
            System.out.println("finally block");
        }
    }
    public static void main(String[] args){
        testFinally();
    }
}
```

程序运行结果为：

```
try block
```

上例在 try 块中通过调用 System.exit(0)强制退出了程序，因此导致 finally 块中的代码没有被执行。

12.6.2　异常处理的原理是什么？

异常是指程序运行时（非编译）所发生的非正常情况或错误，当程序违反了语义规则时，JVM 就会将出现的错误表示为一个异常并抛出。这个异常可以在 catch 程序块中进行捕获，然后进行处理。而异常处理的目的则是为了提高程序的安全性与健壮性。

Java 语言把异常当作对象来处理，并定义了一个基类（java.lang.Throwable）作为所有异常的超类。在 Java API 中，已经定义了许多异常类，这些异常类分为两大类：Error（错误）和 Exception（异常）。

违反语义规则包括两种情况。一种是 Java 类库内置的语义检查。例如数组下标越界，会引发 IndexOutOfBoundsException，访问 null 的对象时会引发 NullPointerException。另一种情况是 Java 允许开发人员扩展这种语义检查，开发人员可以创建自己的异常类（所有的异常都是 Java.lang.Throwable 的子类），并自由选择在何时用 throw 关键字抛出异常。

12.6.3　运行时异常和普通异常有什么区别？

Java 提供了两种错误的处理类，分别为 Error 和 Exception，且它们拥有共同的父类：

Throwable。

Error 表示程序在运行期间出现了非常严重的错误，且该错误是不可恢复的，由于这属于 JVM 层次的严重错误，会导致程序终止执行。此外，编译器不会检查 Error 是否被处理，因此在程序中不推荐去捕获 Error 类型的异常，主要原因是运行时异常多是由于逻辑错误导致的，属于应该解决的错误，也就是说一个正确的程序中是不应该存在 Error 的。OutOfMemoryError、ThreadDeath 等都属于错误。当这些异常发生时，JVM 一般会选择将线程终止。

Exception 表示可恢复的异常，是编译器可以捕捉到的。它包含两种类型：运行时异常（运 runtime exception）和 普通异常（有时也被叫作 checked exception）。

1）检查异常是在程序中最经常碰到的异常，所有继承自 Exception 并且不是运行时异常的异常都是检查异常，例如最常见的 IO 异常和 SQL 异常。对于这种异常，都发生在编译阶段，Java 编译器强制程序去捕获此类型的异常，即把可能会出现这些异常的代码放到 try 块中，把对异常的处理的代码放到 catch 块中。这种异常一般在如下几种情况中使用。

① 异常的发生并不会导致程序出错，进行处理后可以继续执行后续的操作；如连接数据库失败后，可以重新连接后进行后续操作。

② 程序依赖于不可靠的外部条件，如系统 IO。

2）对于运行时异常，编译器没有强制对其进行捕获并处理。如果不对这种异常进行处理，当出现这种异常时，会由 JVM 来处理。例如：NullPointerException 异常，它就是运行时异常。在 Java 语言中，最常见的运行时异常有如下几种：NullPointerException（空指针异常）、ArrayStoreException（数据存储异常）、ClassCastException（类型转换异常）、InexOutOfBoundException（数组越界异常）、ArrayStoreException（数据存储异常）、BufferOverflowException（缓冲区溢出异常）和 ArithmeticException（算术异常）等。

出现运行时异常后，系统会把异常一直往上层抛，直至遇到处理代码为止。如果没有处理块，到最上层，如果是多线程就由 Thread.run()抛出，如果是单线程就被 main()抛出。抛出之后，如果是线程，这个线程也就退出了。如果是主程序抛出的异常，那么整个程序也就退出了。所以，如果不对运行时异常进行处理，后果是非常严重的，一旦发生，要么是线程中止，要么是主程序终止。

在使用异常处理时，还需要注意以下几个问题：

1）Java 异常处理用到了多态的概念，如果在异常处理过程中，首先捕获了基类，然后再捕获子类，那么捕获子类的代码块将永远不会被执行。因此，在进行异常捕获的时候，正确的写法是：首先捕获子类，然后再捕获基类的异常信息。如下例所示：

<table>
<tr><th>正确的写法</th><th>错误的写法</th></tr>
<tr><td><pre>try{
    //access db code
}catch(SQLException e1){
    //deal with this exception
}catch(Exception e2){}</pre></td><td><pre>try{
    //access db code
}catch(Exception e1){
    //deal with this exception
}catch(SQLException e2){}</pre></td></tr>
</table>

2）尽早抛出异常，同时对捕获的异常进行处理，或者从错误中恢复，或者让程序继续执行。对捕获的异常不进行任何处理是一个非常不好的习惯，这样的代码将非常不利于调试。但也不是抛出异常越多越好，对于有些异常类型，例如运行时异常，实际上根本不必处理。

3）可以根据实际的需求自定义异常类，这些自定义的异常类只要继承自 Exception 类即可。

4）异常能处理就处理，不能处理就抛出。对于一般异常，如果不能进行行之有效的处理，最好转换为运行时异常抛出。最终没有处理的异常 JVM 会进行处理。

12.6.4　异常处理的新特性

在没有 try-with-resources 的时候，开发者往往需要编写很多重复而且不规范的代码（需要有大量的 catch 和 finally 语句）。一旦开发者忘记释放资源，就会造成内存泄漏。从 JDK7 开始引入了 try-with-resources 来解决这些问题，这个语法的出现可以使代码变得更加简洁从而增强代码的可读性，也可以更好地管理资源，避免内存泄漏。

下面给出一个在 JDK7 中使用的示例：

```
InputStream fis = new FileInputStream("input.txt");
try (InputStream fis1 = fis)
{
    while (fis1.read() != -1)
        System.out.println(fis1.read());
}
catch (Exception e)
{
    e.printStackTrace();
}
```

从这个例子可以看出，虽然在 try 语句外已经实例化了一个对象 fis，但是为了使用 try-with-resources 这个特性，需要在使用另外一个额外的引用 fis1。因为在 JDK7 中，try 语句块中不能使用外部声明的任何资源。如果把 try (InputStream fis1 = fis) 修改为 try(fis)，那么就会出现编译错误。

Java 9 针对这个缺陷进行了改进。在 Java 9 中，try 块中可以直接引用外部声明的资源，而不需要外声明一个引用。示例代码如下所示：

```
InputStream fis = new FileInputStream("input.txt");
try (fis)
{
    while (fis.read() != -1)
        System.out.println(fis.read());
}
catch (Exception e)
{
    e.printStackTrace();
}
```

12.6.5　常见面试笔试真题

1）下面程序的输出结果是（　　）。

```
public class Foo {
    public static void main(String[] args) {
        try {
            return;
        } finally {
            System.out.println("Finally");
        }
```

```
        }
    }
```

A：Finally　　　　　　　　　　　　B：编译失败

C：代码正常运行但没有任何输出　　D：运行时抛出异常

答案：A。

2）以下能使用 throw 抛出的是（　　）。

A：Error　B：Event　C：Object　D：Throwable　E：Exception　F：RuntimeException

答案：A、D、E、F。其中 Throwable 为异常处理的基类，Error、Exception 和 RuntimeException 都是 Throwable 的子类，因此都能使用 throw 抛出。

3）下面程序能否编译通过？如果把 ArithmeticException 换成 IOException 呢？

```
public class ExceptionTypeTest {
    public void doSomething()throws ArithmeticException{
        System.out.println();
    }
    public static void main(){
        ExceptionTypeTest ett = new ExceptionTypeTest();
        ett.doSomething();
    }
}
```

答案：能编译通过。由于 ArithmeticException 属于运行时异常，编译器没有强制对其进行捕获并处理，因此编译可以通过。但是如果换成 IOException 后，由于 IOException 属于检查异常，编译器强制去捕获此类型的异常。因此如果不对异常进行捕获将会有编译错误。

4）异常包含的内容为（　　）。

A：程序中的语法错误

B：程序的编译错误

C：程序执行过程中遇到的事先没有预料到的情况

D：程序事先定义好的可能出现的意外情况

答案：C。

5）以下关于异常的说法正确的是（　　）。

A：一旦出现异常，程序运行就终止了

B：如果一个方法申明将抛出某个异常，它就必须真的抛出那个异常

C：在 catch 子句中匹配异常是一种精确匹配

D：可能抛出系统异常的方法是不需要申明异常的

答案：D。

12.7 容器

12.7.1 Java Collections 框架是什么？

容器在 Java 语言开发中有着非常重要的作用，Java 提供了多种类型的容器来满足开发的需要，容器不仅在面试，在笔试中也是非常重要的一个知识点，在实际开发的过程中也是经

常会用到。因此，对容器的掌握是非常有必要也是非常重要的。Java 中的容器可以被分为以下两类。

（1）Collection

用来存储独立的元素，其中包括 List、Set 和 Queue。其中 List 是按照插入的顺序保存元素，Set 中不能有重复的元素，而 Queue 按照排队规则来处理容器中的元素。它们之间的关系如图 12.10 所示。

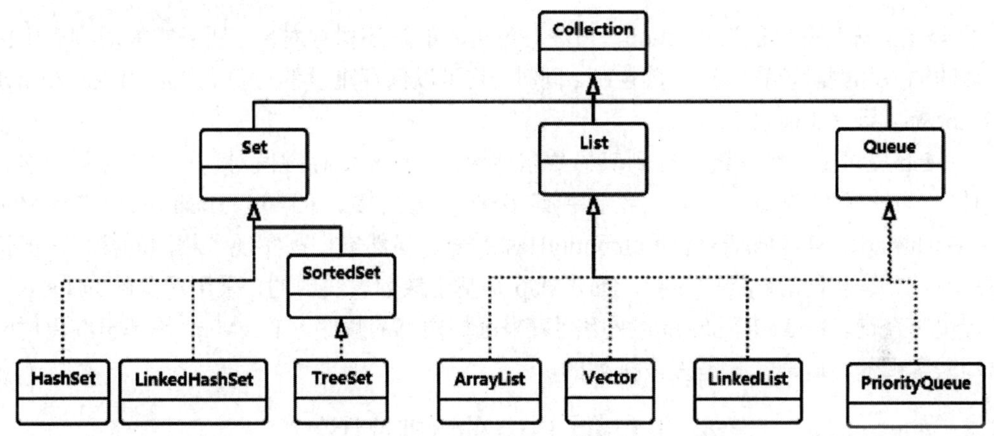

图 12.10　Collection 类图

（2）Map

用来存储键值对，这个容器允许通过键来查找值。Map 也有多种实现类，如图 12.11 所示。

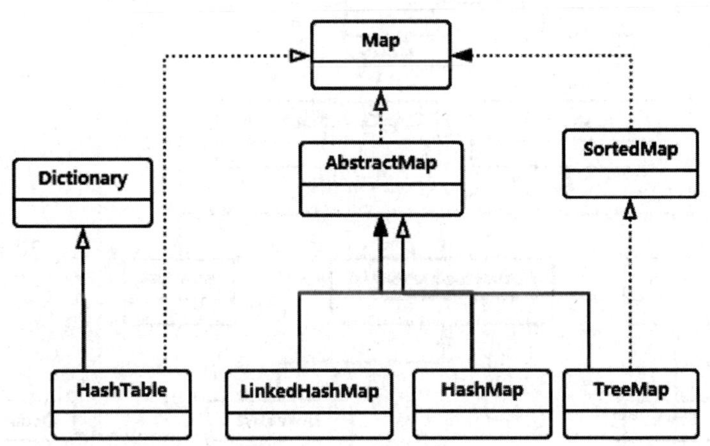

图 12.11　Map 类图

Java Collections 框架中包含了大量集合接口以及这些接口的实现类和操作它们的算法(例如排序、查找、反转、替换、复制、取最小元素、取最大元素等)，具体而言，主要提供了 List（列表）、Queue（队列）、Set（集合）、Stack（栈）和 Map（映射表，用于存储键值对）等数据结构。其中 List、Queue、Set、Stack 都继承自 Collection 接口。

Collection 是整个集合框架的基础，它里面储存一组对象，表示不同类型的 Collections，它的作用只是提供维护一组对象的基本接口而已。

下面分别介绍 List、Set 和 Map 3 个接口。

1）Set 表示数学意义上的集合概念，最主要的特点是集合中的元素不能重复，因此存入 Set 的每个元素都必须定义 equals()方法来确保对象的唯一性。该结构有两个比较常用的实现类：HashSet 和 TreeSet。其中 TreeSet 实现了 SortedSet 接口，因此 TreeSet 容器中的元素是有序的。

2）List 又称为有序的 Collection，它按对象进入的顺序保存对象，所以它能对列表中的每个元素的插入和删除位置进行精确控制。同时，它可以保存重复的对象。LinkedList、ArrayList 和 Vector 都实现了 List 接口。

3）Map 提供了一个从键映射到值的数据结构。它用于保存键值对，其中值可以重复，但键是唯一的，不能重复。Java 类库中有多个实现该接口的类：HashMap、TreeMap、LinkedHashMap、WeakHashMap 和 IdentityHashMap。虽然它们都实现了相同的接口，但执行效率却不是完全相同的。具体而言，HashMap 是基于散列表实现的，采用对象的 hashCode 可以进行快速查询。LinkedHashMap 采用列表来维护内部的顺序。TreeMap 是基于红黑树的数据结构来实现的，内部元素是按需排列的。

12.7.2 ArrayList、Vector 和 LinkedList 的区别是什么?

List 是一种线性的列表结构，它继承自 Collection 接口，是一种有序集合，List 中的元素可以根据索引进行检索、删除或者插入操作。在 Java 语言中 List 接口有不同的实现类，图 12.12 给出了部分常用的 List 的实现类。

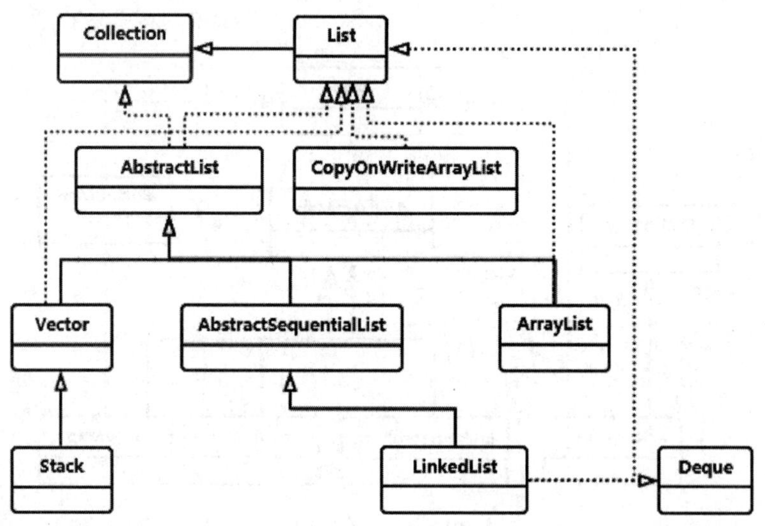

图 12.12 List 类图

1）ArrayList 是用数组实现的，数组本身是随机访问的结构。

ArrayList 为什么读取快？是因为 get(int)方法直接从数组获取数据。为什么写入慢？其实这个说法并不准确，在容量不发生变化的情况下，它一样很快。当数组的容量不够用的时候，就需要扩容，而在容量被改变的时候，grow(int)方法会被调用，这个方法会对数组进行扩容而导致写的效率下降。

2）LinkedList 是顺序访问结构，内部使用双向列表实现的。因此查询指定数据会消耗一些时间（需要遍历链表进行查询）。在头尾增加删除数据的操作非常迅速，但是如果要做随机插入，那么还是需要遍历，当然这还是比 ArrayList 的 System.arraycopy 性能要好一些。

3）Vector 与 ArrayList 相比，Vector 是线程安全的，而且容量增长策略不同。

4）Stack 是 Vector 的子类，提供了一些与栈特性相关的方法。

ArrayList、Vector、LinkedList 类均在 java.util 包中，都是可伸缩的数组，即可以动态改变长度的数组。

ArrayList 和 Vector 都是基于存储元素的 Object[] array 来实现的，它们会在内存中开辟一块连续的空间来存储，由于数据存储是连续的，因此，它们支持用序号（下标）来访问元素，同时索引数据的速度比较快。但是在插入元素的时候需要移动容器中的元素，所以对数据的插入操作执行速度比较慢。ArrayList 和 Vector 都有一个初始化的容量的大小，当里面存储的元素超过这个大小的时候就需要动态地扩充它们的存储空间。为了提高程序的效率，每次扩充容量的时候不是简单的扩充一个存储单元，而是一次就会增加多个存储单元。Vector 默认扩充为原来的两倍（每次扩充空间的大小是可以设置的），而 ArrayList 默认扩充为原来的 1.5 倍（没有提供方法来设置空间扩充的方法）。

ArrayList 与 Vector 最大的区别就是 synchronization（同步）的使用，没有一个 ArrayList 的方法是同步的，而 Vector 的绝大多数的方法（例如 add、insert、remove、set、equals、hashcode 等）都是直接或者间接同步的，所以 Vector 是线程安全的，ArrayList 不是线程安全的。正是由于 Vector 提供了线程安全的机制，使其性能上也要略逊于 ArrayList。

LinkedList 是采用双向链表来实现的，对数据的索引需要从列表头开始遍历，因此其随机访问的效率比较低，但是插入元素的时候不需要对数据进行移动，因此插入效率较高。同时，LinkedList 不是线程安全的。

那么，在实际使用时，如何从这几种容器中选择合适的使用呢？当对数据的主要操作为索引或只在集合的末端增加、删除元素，使用 ArrayList 或 Vector 效率比较高。当对数据的操作主要为指定位置的插入或删除操作，使用 LinkedList 效率比较高。当在多线程中使用容器时（即多个线程会同时访问该容器），选用 Vector 较为安全。

12.7.3　Map

Map 是一种由多组 key-value（键值对）集合在一起的结构，其中，key 值是不能重复的，而 value 值则无此限定。其基本接口为 java.util.Map，该接口提供了 Map 结构的关键方法，例如常见的 put 和 get，下面将重点介绍 HashMap 的用法。

HashMap 是最常用的 Map 结构，Map 的本质是键值对。它使用数组来存储这些键值对，键值对与数组下标的对应关系由 key 值的 hashcode 来决定，这种类型的数据结构可以称之为哈希桶。

在 Java 语言中，hashCode 是一个 int 值，虽然 int 的取值范围是$[-2^{32}, 2^{31}-1]$，但是 Java 的数组下标只能是正数，所以该哈希桶能存储$[0,2^{31}-1]$区间的哈希值。这个存储区间可以存储的数据足有 20 亿之多，可是在实际应用中，hashCode 会倾向于集中在某个区域内，这就导致了大量的 hashCode 重复，这种重复又被称为哈希冲突。

下面的代码介绍了 hashCode 在 HashMap 中的作用：

```
import java.util.HashMap;

public class HashMapSample
{
    public static void main(String[] args)
    {
        HashMap<HS, String> map = new HashMap<HS, String>();

        // 存入 hashCode 相同的 HS 对象
        map.put(new HS(), "1");
        map.put(new HS(), "2");
        System.out.println(map);

        // 存入重写过 equals 的 HS 子类对象
        map.put(new HS() {
                @Override
                public boolean equals(Object obj) { return true; }
            },
            "3");
        System.out.println(map);

        // 存入重写过 equals 和 hashCode 的 HS 子类对象
        map.put(new HS() {
                public int hashCode() { return 2;}
                public boolean equals(Object obj) { return true; }
            },
            "3");
        System.out.println(map);
    }
}

class HS
{
    /* 重写 hashCode，默认返回 1     */
    public int hashCode() { return 1; }
}
```

程序的运行结果为：

```
{capter5.collections.HS@1=2, capter5.collections.HS@1=1}
{capter5.collections.HS@1=3, capter5.collections.HS@1=1}
{capter5.collections.HS@1=3, capter5.collections.HS@1=1, capter5.collections.HashMapSample$2@2=3}
```

从上述运行结果可以观察到 3 个现象：

1）hashCode 一致的 HS 类并没有发生冲突，两个 HS 对象都被正常地存入了 HashMap；

2）hashCode 一致，同时 equals 返回 true 的对象发生了冲突，第三个 HS 对象替代了第一个；

3）重写了 hashCode 使之不一致，同时 equals 返回 true 的对象，也没有发生冲突，被正常地存入了 HashMap。

这 3 个现象说明，当且仅当 hashCode 一致，且 equals 比对一致的对象，才会被 HashMap

认为是同一个对象。

这似乎和之前介绍的哈希冲突的概念有些排斥，下面将通过对 HashMap 的源码进行分析，以阐述 HashMap 的实现原理和哈希冲突的解决方案。

12.7.4　Set

Set 是一个接口，这个接口约定了在其中的数据是不能重复的，它有许多不同的实现类，图 12.13 给出了常用的 Set 的实现类。

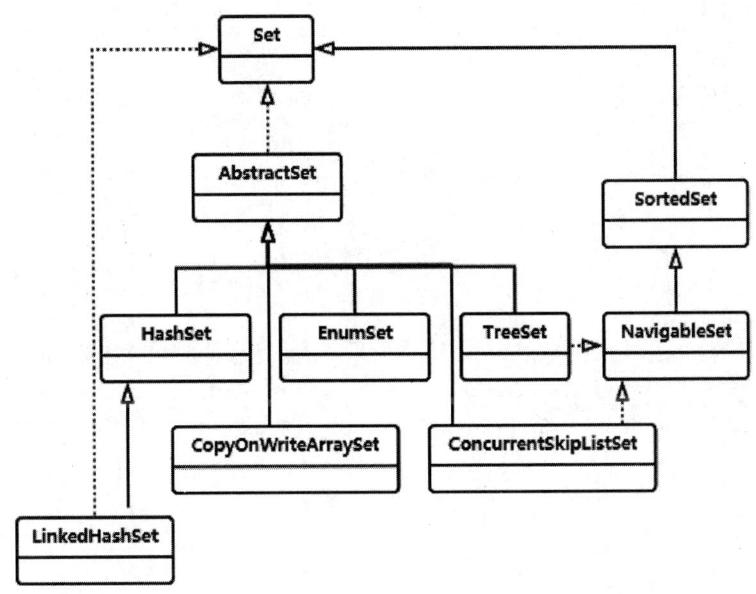

图 12.13　Set 类图

这一节重点 HashSet，在介绍 HashSet 之前，首先需要理解 HashSet 的两个重要的特性：

1）HashSet 中不会有重复的元素；

2）HashSet 中最多只允许有一个 null。

显然 HashMap 也有着相同的特性：HashMap 的 key 不能有重复的元素，key 最多也只能有一个 null。正因为如此，HashSet 内部是通过 HashMap 来实现的。只不过对于 HashMap 来说，每个 key 都可以有自己的 value；而在 HashSet 中，由于只关心 key 的值，因此所有的 key 都会使用相同的 value（PRESENT）。由于 PRESENT 被定义为 static，因此会被所有的对象共享，这样的实现过程显然会节约空间。

需要注意的是：

1）HashSet 不是线程安全的，如果想使用线程安全的 Set，那么可以使用 CopyOnWriteArraySet、Collections.synchronizedSet(Set set)、ConcurrentSkipListSet 和 Collections. newSetFromMap(NewConcurrentHashMap)。

2）HashSet 不会维护数据插入的顺序，如果想维护插入顺序，那么可以使用 LinkedHashSet。

3）HashSet 也不会对数据进行排序，如果想对数据进行排序，那么可以使用 TreeSet。

HashSet 的使用示例代码如下：

```
Set<String> hashSet = new HashSet<>();
hashSet.add("dog");
hashSet.add("cat");
hashSet.add("bird");
hashSet.add("tiger");
System.out.println(hashSet);        //[cat, bird, tiger, dog]
```

从运行结果可以看出，HashSet 中的数据是无序的。

第13章 设计模式

设计模式（Design Pattern）是一套被反复使用、多数人知晓的、经过分类编目的、代码设计经验的总结。使用设计模式的目的是为了代码重用，避免程序大量修改，同时使代码更容易被他人理解，并且保证代码可靠性。显然，设计模式不管是对自己和他人，还是对系统都是有益的，设计模式使得代码编制真正的工程化，设计模式可以说是软件工程的基石。

GoF（Gang of Four）23 种经典设计模式见表 13.1。

表 13.1 23 种经典设计模式

	创建型	结构型	行为型
类	Factory Method（工厂方法）	Adapter_Class（适配器类）	Interpreter（解释器） Template Method（模板方法）
对象	Abstract Factory（抽象工厂） Builder（生成器） Prototype（原型） Singleton（单例）	Adapter_Object（适配器对象） Bridge（桥接） Composite（组合） Decorator（装饰） Façade（外观） Flyweight（享元） Proxy（代理）	Chain of Responsibility（职责链） Command（命令） Iterator（迭代器） Mediator（中介者） Memento（备忘录） Observer（观察者） State（状态） Strategy（策略） Visitor（访问者模式）

常见的设计模式有工厂模式（Factory Pattern）、单例模式（Singleton Pattern）、适配器模式（Adapter Pattern）、享元模式（Flyweight Pattern）以及观察者模式（Observer Pattern）等。

13.1 单例模式

在某些情况下，有些对象只需要一个就可以了，即每个类只需要一个实例，例如，一台计算机上可以连接多台打印机，但是这个计算机上的打印程序只能有一个，这里就可以通过单例模式来避免两个打印作业同时输出到打印机中，即在整个的打印过程中只运行一个打印程序的实例。

简单说来，单例模式（也叫单件模式）的作用就是保证在整个应用程序的生命周期中，任何一个时刻，单例类的实例都只存在一个（当然也可以不存在）。

单例模式确保某一个类只有一个实例，而且自行实例化并向整个系统提供这个实例单例模式。单例模式只应在有真正的“单一实例”的需求时才可使用。

13.2 工厂模式

工厂模式专门负责实例化有大量公共接口的类。工厂模式可以动态地决定将哪一个类实例化，而不必事先知道每次要实例化哪一个类。客户类和工厂类是分开的。消费者无论什么时候需要某种产品，需要做的只是向工厂提出请求即可。消费者无须修改就可以接纳新产品。当然也存在缺点，就是当产品修改时，工厂类也要做相应的修改。

工厂模式包含以下几种形态：

1）简单工厂（Simple Factory）模式。简单工厂模式的工厂类是根据提供给它的参数，返回的是几个可能产品中的一个类的实例，通常情况下它返回的类都有一个公共的父类和公共的方法。设计类图如图 13.1 所示。

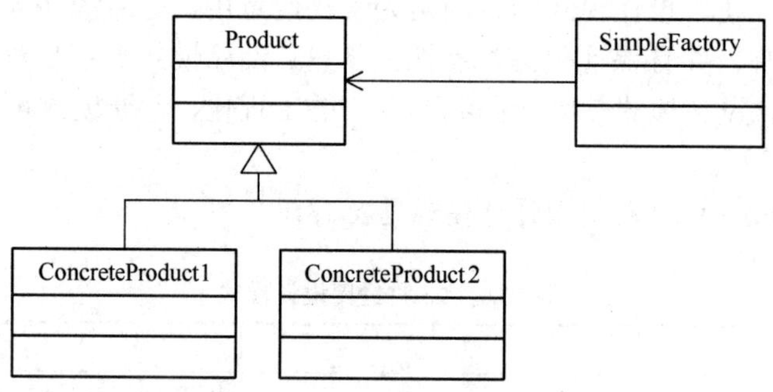

图 13.1　简单工厂模式类图

其中，Product 为待实例化类的基类，它可以有多个子类；SimpleFactory 类中提供了实例化 Product 的方法，这个方法可以根据传入的参数动态地创建出某一类型产品的对象。

2）工厂方法（Factory Method）模式。工厂方法模式是类的创建模式，其用意是定义一个用于创建产品对象的工厂的接口，而将实际创建工作推迟到工厂接口的子类中。它属于简单工厂模式的进一步抽象和推广。多态的使用，使得工厂方法模式既保持了简单工厂模式的优点，而且又克服了它的缺点。设计类图如图 13.2 所示。

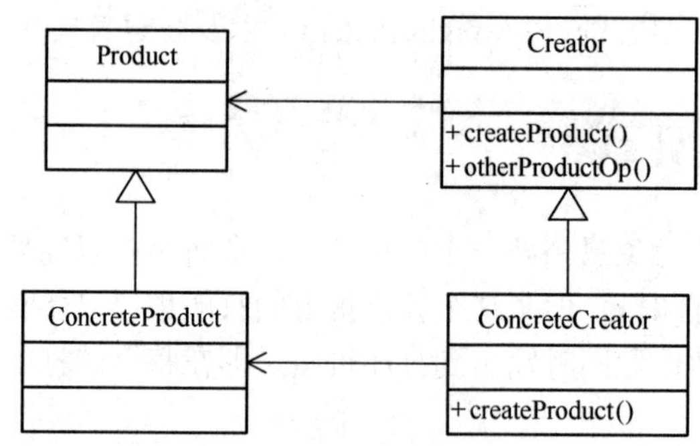

图 13.2　工厂方法模式类图

Product 为产品的接口或基类，所有的产品都实现这个接口或抽象类（例如 ConcreteProduct），这样就可以在运行时根据需求创建对应的产品类。Creator 实现了对产品所有的操作方法，而不实现产品对象的实例化。产品的实例化由 Creator 的子类来完成。

3）抽象工厂（Abstract Factory）模式。抽象工厂模式是所有形态的工厂模式中最为抽象和最具一般性的一种形态。抽象工厂模式是指当有多个抽象角色时使用的一种工厂模式，抽象工厂模式可以向客户端提供一个接口，使客户端在不必指定产品的具体的情况下，创建多个产品族中的产品对象。根据 LSP 原则（即 Liskov 替换原则），任何接受父类型的地方，都应当能够接受子类型。因此，实际上系统所需要的，仅仅是类型与这些抽象产品角色相同的一些实例，而不是这些抽象产品的实例。换句话说，也就是这些抽象产品的具体子类的实例。工厂类负责创建抽象产品的具体子类的实例。设计类图如图 13.3 所示。

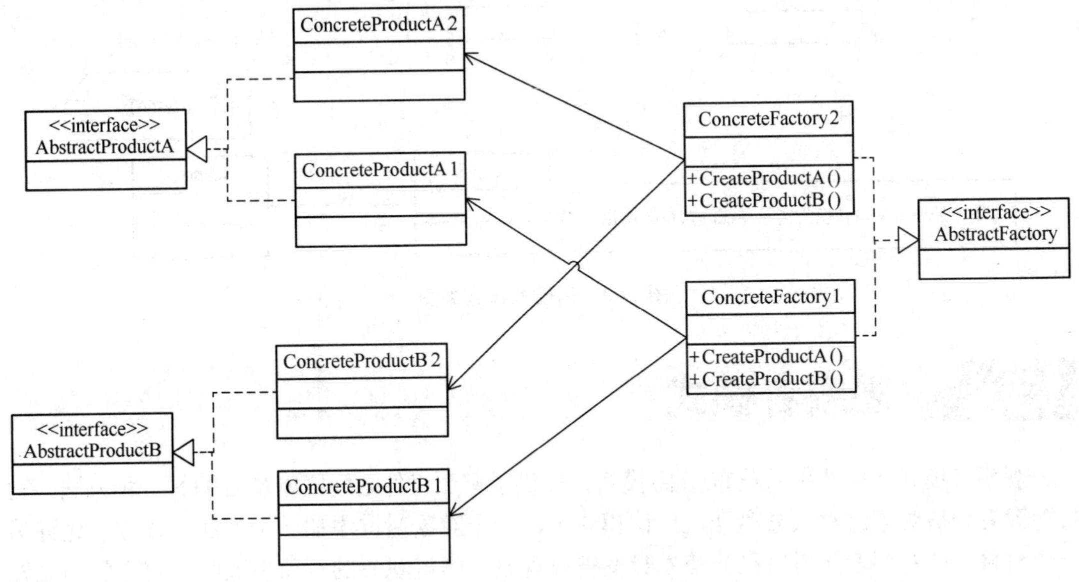

图 13.3　抽象工厂模式类图

AbstractProductA 和 AbstractProductB 代表一个产品家族，实现这些接口的类代表具体的产品。AbstractFactory 为创建产品的接口，能够创建这个产品家族中的所有类型的产品，它的子类可以根据具体情况创建对应的产品。

13.3　适配器模式

适配器模式也称为变压器模式，它是把一个类的接口转换成客户端所期望的另一种接口，从而使原本因接口不匹配而无法一起工作的两个类能够一起工作。适配类可以根据所传递的参数返还一个合适的实例给客户端。

适配器模式主要应用于“复用一些现存的类，但是接口又与复用环境要求不一致的情况”，在遗留代码复用、类库迁移等方面非常有用。同时适配器模式有对象适配器和类适配器两种形式的实现结构，但是类适配器采用“多继承”的实现方式，会引起程序的高度耦合，所以一般不推荐使用，而对象适配器采用“对象组合”的方式，耦合度低，应用范围更广。

例如，现在系统里已经实现了点、线、正方形，而现在客户要求实现一个圆形，一般的做法是建立一个 Circle 类来继承以后的 Shape 类，然后去实现对应的 display、fill、undisplay 方法，此时如果发现项目组其他人已经实现了一个画圆的类，但是他的方法名却和自己的不一样，如 displayhh、fillhh、undisplayhh，不能直接使用这个类，因为那样无法保证多态，而有的时候，也不能要求组件类改写方法名，此时，可以采用适配器模式。设计类图如图 13.4 所示。

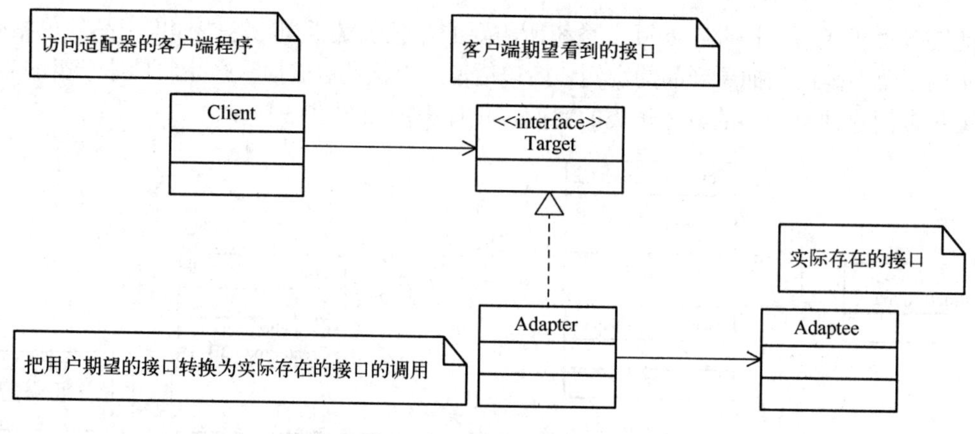

图 13.4　适配器模式类图

13.4 观察者模式

观察者模式（也被称为发布/订阅模式）提供了避免组件之间紧密耦合的另一种方法，它将观察者和被观察的对象分离开。在该模式中，一个对象通过添加一个方法（该方法允许另一个对象，即观察者注册自己）使本身变得可观察。当可观察的对象更改时，它会将消息发送到已注册的观察者。这些观察者使用该信息执行的操作与可观察的对象无关，结果是对象可以相互对话，而不必了解原因。Java 与 C#的事件处理机制就是采用的此种设计模式。

例如，用户界面可以作为一个观察者，业务数据是被观察者，用户界面观察业务数据的变化，发现数据变化后，就显示在界面上。面向对象设计的一个原则是：系统中的每个类将重点放在某一个功能上，而不是其他方面。一个对象只做一件事情，并且将它做好。观察者模式在模块之间划定了清晰的界限，提高了应用程序的可维护性和重用性。设计类图如图 13.5 所示。

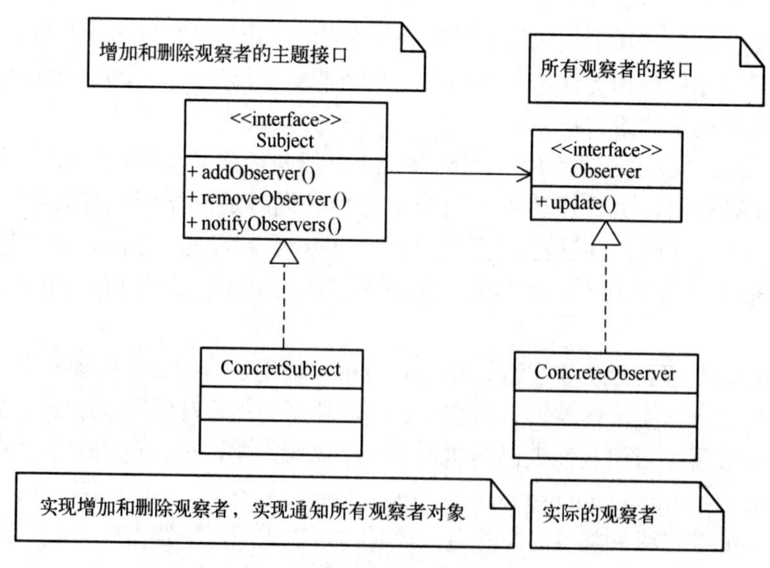

图 13.5　观察者模式类图

13.5 常见面试笔试真题

1）用 Java 语言实现一个观察者模式。

答案：观察者模式（也称为发布/订阅模式）提供了避免组件之间紧密耦合的另一种方法，它将观察者和被观察的对象分离开。在该模式中，一个对象通过添加一个方法（该方法允许另一个对象，即观察者注册自己）使本身变得可观察。当可观察的对象更改时，它会将消息发送到已注册的观察者。这些观察者收到消息后所执行的操作与可观察的对象无关，这种模式使得对象可以相互对话，而不必了解原因。Java 语言与 C#语言的事件处理机制就是采用此种设计模式。

例如，用户界面（同一个数据可以有多种不同的显示方式）可以作为观察者，业务数据是被观察者，当数据有变化后会通知界面，界面收到通知后，会根据自己的显示方式修改界面的显示。面向对象设计的一个原则是：系统中的每个类将重点放在某一个功能上，而不是其他方面。一个对象只做一件事情，并且将它做好。观察者模式在模块之间划定了清晰的界限，提高了应用程序的可维护性和重用性。设计类图如图 13.6 所示。

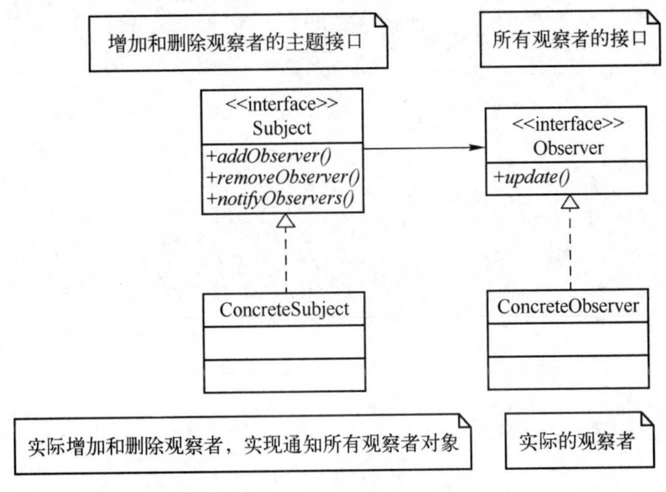

图 13.6　观察者模式设计类图

下面给出一个观察者模式的示例代码，代码的主要功能是实现天气预报，同样的温度信息可以有多种不同的展示方式：

```
import java.util.ArrayList;
interface Subject
{
    public void registerObserver(Observer o);
    public void removeObserver(Observer o);
    public void notifyObservers();
}
class Whether implements Subject
{
    private ArrayList<Observer>observers=new ArrayList<Observer>();
    private float temperature;
```

```
        @Override
        public void notifyObservers() {
            for(int i=0;i<this.observers.size();i++)
            {
                this.observers.get(i).update(temperature);
            }
        }
        @Override
        public void registerObserver(Observer o) {
            this.observers.add(o);
        }
        @Override
        public void removeObserver(Observer o) {
            this.observers.remove(o);
        }
        public void whetherChange() {
            this.notifyObservers();
        }
        public float getTemperature(){
            return temperature;
        }
        public void setTemperature(float temperature) {
            this.temperature = temperature;
            notifyObservers();
        }
}
interface Observer
{
        //更新温度
        public void update(float temp);
}
class WhetherDisplay1 implements Observer
{
        private float temprature;
        public WhetherDisplay1(Subject whether){
            whether.registerObserver(this);
        }
        @Override
        public void update(float temp) {
            this.temprature=temp;
            display();
        }
        public void display(){
            System.out.println("display1****:"+this.temprature);
        }
}
class WhetherDisplay2 implements Observer
{
        private float temprature;
        public WhetherDisplay2(Subject whether)
        {
            whether.registerObserver(this);
        }
```

```
        @Override
        public void update(float temp) {
                this.temprature=temp;
                display();
        }

        public void display()
        {
                System.out.println("display2----:"+this.temprature);
        }
}
public class Test
{
        public static void main(String[] args)
        {
                Whether whether=new Whether();
                WhetherDisplay1 d1=new WhetherDisplay1(whether);
                WhetherDisplay2 d2=new WhetherDisplay2(whether);
                whether.setTemperature(27);
                whether.setTemperature(26);
        }
}
```

2）如何实现一个线程安全的单例模式。

答案：在前面的章节中已经介绍过了单例模式，下面首先给出一个最简单的单例模式的实现：

```
class Singleton
{
        private static Singleton instance = null;

        // 把构造方法定义为私有的来防止使用者实例化对象
        private Singleton() {}

        public static Singleton getInstance()
        {
                if (instance == null)
                {
                        instance = new Singleton();
                }
                return instance;
        }
}
```

在使用这个类的时候，只能通过 Singleton.getInstance()来获取这个类的对象并使用。但是这种写法不是线程安全的。假设有两个线程 t1 和 t2 同时调用 getInstance 方法，当 t1 执行完 if (instance == null)后准备去执行 instance = new Singleton()，而线程 2 此时也执行 if (instance == null)判断，显然条件为 true，线程 2 也会去执行 instance = new Singleton()。这就导致两个线程创建了不同的对象。因此这种写法不是线程安全的。线程安全的单例模式指实现了单例模式的类在任何情况下都会返回相同的对象，即使它被多个线程同时调用。下面给出两种线程安全单例模式的实现方式：

① 在类被加载的时候直接初始化静态变量。

```
class Singleton
{
    private static Singleton instance = new Singleton();

    private Singleton() {}

    public static synchronized Singleton getInstance()
    {
        return instance;
    }
}
```

这种写法虽然是多线程安全的，但是即使这个类的实例从来不被使用，它的对象也会被实例化出来。为了避免这个缺点，下面介绍另外一种实现方式。

② 按需实例化

```
class Singleton
{
    private volatile static Singleton singleton;
    private Singleton() {}

    public static Singleton getSingleton()
    {
        if (singleton == null) {
            synchronized (Singleton.class)
            {
                if (singleton == null)
                {
                    singleton = new Singleton();
                }
            }
        }
        return singleton;
    }
}
```

这种方法会首先判断 singleton 是否为空，这个对象一旦被创建，在后期的调用过程中就不会进入同步的代码，因此，不会对效率有影响，而且只有在 getSingleton()被调用后才会实例化对象。

③ 银行系统中的电子银行各个子系统是相互独立的，例如手机银行和网络银行，为了以后更好的发展，银行决定对这些子系统进行整合，现在请你设计一套登录系统，要求如下：各个子系统具体登录过程不一样，如手机银行不需要证书，仅仅需要用户名和密码即可，而网络银行需要 UKEY 或者文件证书，但登录流程都是一致的，首先对用户进行验证，验证通过后，显示欢迎界面。登录系统能够很方便地接入更多的电子银行的形式。要求选用合适的设计模式，画出 UML 图和系统框架图。

答案：模板设计模式是指在一个方法中定义一个简单的算法骨架，而将一些步骤延迟到子类中实现，模板方法子类可以在不改变算法结构的情况下，重新定义算法中的某些步骤。实现类图如图 13.7 所示。

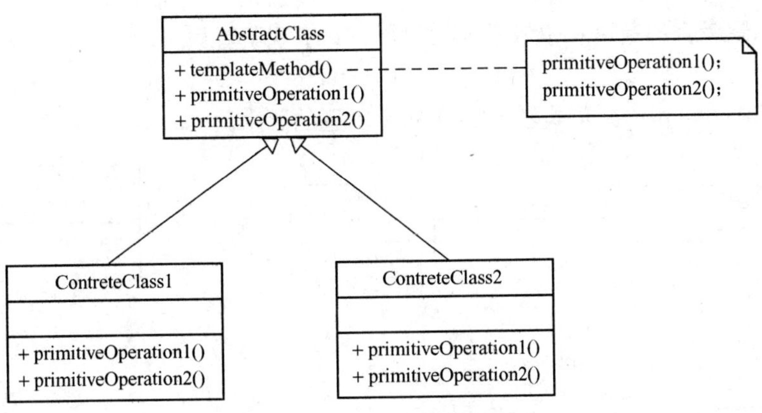

图 13.7　银行系统实现类图 1

AbstractClass 为模板抽象类，这个抽象类中定义了两个抽象方法 primitiveOperation1 和 primitiveOperation2，同时定义了算法的骨架 templateMothod 方法，这个方法内按照顺序调用了 primitiveOperation1 和 primitiveOperation2 方法，实现了算法的结构。这两个方法的具体实现细节由子类来决定。

通过对模板设计模式进行研究发现，本题所描述的系统非常适合采用模板设计模式来实现，实现类图如图 13.8 所示。

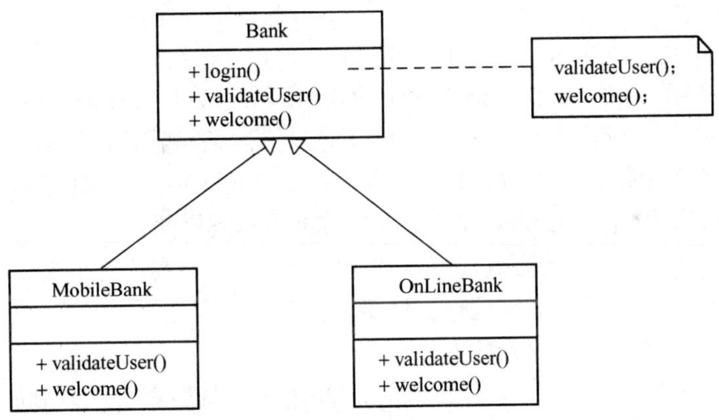

图 13.8　银行系统实现类图 2

其中，Bank 类定义了银行登录的流程，login 方法的方法体为：调用 validateUser 验证用户的登录信息，当登录成功后，调用 welcome 进入欢迎界面。

对于手机银行的子类 MobileBank，validateUser 方法采用用户名和密码的方式来验证用户的合法性，welcome 方法内实现手机银行的欢迎界面。

对于网上银行的子类 OnLineBank，validateUser 方法采用 UKEY 或者文件证书来验证用户的合法性，welcome 方法内实现网页的欢迎界面。

如果后期有其他的接入方式，只需要继承 Bank 类，同时实现这两个抽象方法即可。

④ 请设计综合对账单里的一个显示模块，此模块功能是获取数据库里的数据，在界面上进行显示，可以有表格、柱形、饼状等显示形式，当数据库里的数据改变时，这些显示形式也会立即改变，同时可以在这些显示形式上更改数据后，数据库里的数据会立即更改并且其他显示形式也需要立即改变，要求选用合适的设计模式，画出 UML 图。

答案：本题考查的是对观察者模式的理解。对于观察者模式的介绍，请参见前面真题中的介绍。

对于本题而言，可以采用类图 13.9 来实现本题的要求。

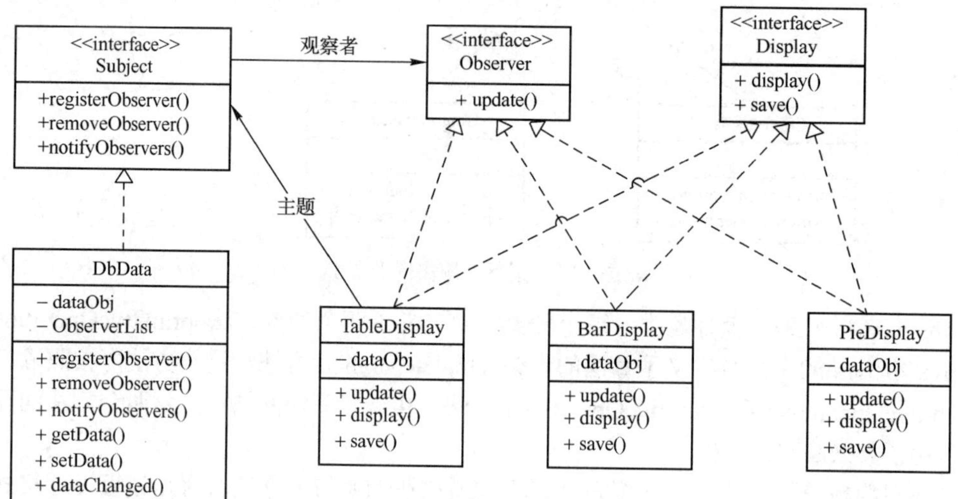

图 13.9　综合对账单实现类图

Subject 为主题接口，定义了主题的基本操作。

DbData 为具体的主题，这个类的功能是当数据库中有数据变化的时候就调用 dataChange 方法，这个方法会调用 notifyObservers 方法，而这个方法会调用所有注册的观察者的 update 方法来把最新更改的数据通知到所有的观察者（例如 TableDisplay、BarDisplay 等），观察者的 update 方法会调用内部的 display 方法把新的数据显示到界面上。

Observer 为观察者接口，关心数据库数据变化的类都需要实现这个接口中的 update 方法，只要实现这个接口的观察者对主题进行了注册，当数据库中数据发生变化的时候，这个观察者的 update 方法就会被调用来更新数据。

Display 接口为数据显示的接口，display 方法用于将从数据库中拿到的数据显示出来，save 方法用于将数据的修改保存到数据库中。

对于本题而言，只需要 3 个具体的观察者，分别为以表格形式显示的观察者、以柱状图格式显示的观察者和以饼图方式显示的观察者。以表格形式显示的观察者为例，在这个类的 update 方法中，可以把数据库更新的新的数据保存到 dataObj 属性中，同时可以调用 display 方法来把数据以表格的方式显示出来。当表格中的数据有变化的时候，可以调用 save 方法把变化的数据保存到数据库中。当数据库中的数据有变化的时候，又会通知所有的观察者更新数据。